U0230425

工业生态学基础
The Foundations of Industrial Ecology

陆钟武　著

科学出版社

北京

内 容 简 介

本书共分17章,分属6篇。第一篇(第1~3章)为绪论;第二篇(第4~6章)介绍经济增长与环境负荷;第三篇(第7~9章)为资源环境综合分析;第四篇(第10~12章)介绍生态设计和环境评价;第五篇(第13~16章)介绍循环经济和物质循环;第六篇(第17章)介绍企业的绿色化。

本书可作为我国理工科院校本科生、研究生的工业生态学教材,对于我国经济管理、资源环境和工业生产领域的从业人员和高等学校、科研院所的科技工作者也有重要的参考价值。

图书在版编目(CIP)数据

工业生态学基础＝The Foundations of Industrial Ecology/陆钟武著. —北京:科学出版社,2009

ISBN 978-7-03-025938-7

Ⅰ. 工… Ⅱ. 陆… Ⅲ. 工业-环境生态学-高等学校-教材 Ⅳ. X171

中国版本图书馆 CIP 数据核字(2009)第 199461 号

责任编辑:王志欣 牛宇锋 / 责任校对:鲁 素
责任印制:吴兆东 / 封面设计:耕者设计工作室

科 学 出 版 社 出版
北京东黄城根北街 16 号
邮政编码:100717
http://www.sciencep.com

涿州市般润文化传播有限公司 印刷
科学出版社发行 各地新华书店经销
*
2009 年 11 月第 一 版 开本:B5(720×1000)
2023 年 7 月第十一次印刷 印张:17 1/2
字数:330 000
定价:120.00 元
(如有印装质量问题,我社负责调换)

前　言

我们以无比兴奋的心情，编写这本教材，作为向伟大祖国 60 周年华诞的献礼。

工业生态学是一门新兴的、为可持续发展服务的学科。它的基本学术思想是：人类社会经济系统不是独立存在的，它是自然生态系统中的一个子系统。这样的学术思想是新颖的，非常值得称道。它能帮助人们从传统学科的狭隘视野中解脱出来，看到全局，学会综合思考问题的方法。特别重要的是：发展经济要全面考虑，不能顾此失彼，不能竭泽而渔，不能任意排放；否则虽可繁荣一时，却不能持续到永远。工业生态学的新思想、新内容，能使许多人耳目一新，茅塞顿开。

我们衷心希望大家都来学习这门学科。具体地说，一是希望大专院校的学生（本科生、硕士生、博士生），尤其是理工科学生，都能学一门工业生态学方面的课程。学时可长可短，关键是把它的基本思想和基本内容学到手，将来能更自觉、更好地为可持续发展服务。近几年来，有些院校、专业已经开设了这方面的课程，这的确是良好的开端。我们希望今后能逐渐铺开，有更多院校、专业把这门课程列入它们的教学计划。二是希望各行各业的从业人员都能补学这门课程，这是因为可持续发展的目标能否实现，人人有责，各行各业概莫能外。三是希望各级决策者都能知晓这门课程的中心思想和主要内容，这对他们作出正确的决策，肯定会有帮助。当然，学习方式要灵活，自学、研讨、培训等方式均可。

上面所说的这些希望是鼓励我们编写本教材的全部动力源泉，只要本教材能对大家学习工业生态学有所帮助，我们就会感到非常满足！

多年来，我们在学习国内外文献的同时，开展了较为广泛的研究工作。在研究工作中，我们始终坚持与中国实际相结合。中国的重要特点之一是经济持续高速增长，因此，与此有关的若干主要问题就成了我们研究工作关注的焦点。在研究工作的基础上，我们发表了不少论文。

本教材是我们这些年来的学习心得和研究工作的总结。我们的研究成果，在教材中占有较大比重，有好几章是根据我们发表的论文改写而成的。

把我们自己的研究成果纳入教材，一方面可以使其内容更加丰富多彩，提高教学质量；另一方面可以更好地与中国实际相结合。本教材在这些方面的主要进展有以下几点：

1) 从定性分析到定量分析

对于宏观层面上的某些重大问题,以前一直停留在定性分析上,无法满足实际工作者的需要。科技工作者的任务是针对这类问题提出全面的定量分析法,从而把问题分析得更加透彻。

根据我们的研究成果,本教材中引入了若干这类问题的定量分析法,例如:

(1) 经济增长与环境负荷之间的关系;

(2) 物质循环率与资源效率、环境效率之间的关系;

(3) 园区资源化率的分析;

(4) 生产流程中物流对能耗、物耗的影响等。

这些定量分析法的实用价值和具体用途,在教材中均进行了必要的说明。

2) 从静态模型到动态模型

现在通用的物流(及物质流)分析法是静态的。这种方法可以在经济不增长或缓慢增长的国度里使用,但在我国经济持续高速增长的情况下并不很适用。本教材是按动态模型进行物流(及物质流)分析的,并以我国实际情况为背景,讲述了这种方法的应用实例。

3) 拓宽学科领域,新增若干章节

工业生态学这个学科还处在发育成长期,它的总体框架尚未完全定型。它的"边界"何在,大家的看法并不一致。因此,在本教材章节的设置问题上,有一定的自由度。本教材有几章是我们新增的(与其他教材相比),其中包括:

第 5 章　经济增长过程中的资源消耗量和废物排放量;

第 6 章　穿越"环境高山";

第 8 章　生态足迹分析;

第 9 章　系统动力学分析;

第 13 章　循环经济概述;

第 16 章　生产流程中物流对能耗、物耗的影响。

我们认为以上各章本应在工业生态学的研究范围内,把它们收入本教材是顺理成章的。

此外,在第 17 章中,专设一节,讨论思维模式,希望引起读者的注意。人的思维模式有两种:一是分析思维(还原论),一是综合思维(整体论)。学习工业生态学,这两种思维都很重要,只会分析而不知道普遍联系是不够的。

4) 确保基础,删繁就简

本教材重在基础,除此之外,均属附加,不应繁琐。本教材各章都是按照这个原则编写的,尤其是以下几章写得更为简要:

第 9 章　系统动力学分析;

第 10 章　生态设计;

第 11 章　生命周期评价；

第 12 章　环境影响评价。

这是因为在这些方面可供读者参阅的文献很多，本教材不必更多重复文献中的内容。

本教材可安排 40～50 学时讲授时间。实际使用时，可根据教学计划安排的学时数，做必要调整。

本教材是陆钟武院士及其领导的学术团队，在认真总结科研成果和教学经验的基础上，编写而成。执笔者有东北大学陆钟武、杜涛、岳强、高成康，北京工业大学戴铁军，以及北京师范大学毛建素等 6 人，分工情况如下：前言由陆钟武执笔；第 1 章由戴铁军执笔；第 2 章由杜涛执笔；第 3 章由杜涛执笔；第 4 章由陆钟武和岳强执笔；第 5 章由陆钟武执笔；第 6 章由陆钟武、毛建素和岳强执笔；第 7 章由岳强和陆钟武执笔；第 8 章由岳强执笔；第 9 章由高成康执笔；第 10 章由杜涛执笔；第 11 章由杜涛执笔；第 12 章由高成康和陆钟武执笔；第 13 章由岳强执笔；第 14 章由岳强和陆钟武执笔；第 15 章由戴铁军执笔；第 16 章由陆钟武和戴铁军执笔；第 17 章由陆钟武执笔。

我们衷心感谢东北大学各级领导，特别是教务处领导对本教材的编写和出版工作给予的关心和支持；感谢科学出版社领导和责任编辑为本教材的出版工作付出的辛勤劳动；感谢装甲兵工程学院徐滨士院士、刘世参教授、史佩京博士，南开大学朱坦教授、田莉莉博士，东北环境保护督查中心文毅主任，辽宁省环境保护厅赵宇等同志为本教材编写工作提供的帮助。

本教材在编写中，我们尽可能地注意了内容的正确性，编排的合理性，以及文句的严密性。虽然如此，由于我们水平有限、知识面不够宽、实际基础不够、参阅文献不够多，本教材难免存在不足之处；尤其是按照我们自己的理解和体会发挥的一些观点、概念、理论和方法等，可能还不完善，坦诚地欢迎广大读者提出批评和意见。

目　　录

第四篇　生态设计和环境评价

第五篇 循环经济和物质循环

第六篇　企业的绿色化

第一篇 绪 论

人法地，地法天，天法道，道法自然。

——老子

可持续发展是既满足当代人的需求，又不对后代人满足其自身需求的能力构成危害的发展。

——《我们共同的未来》

科学发展观是以人为本，全面、协调、可持续的发展观。

——胡锦涛

第1章 自然生态系统和工业系统

1.1 自然生态系统

1.1.1 自然生态系统的组成

自然生态系统是在一定的空间和时间范围内,在各种生物之间以及生物群落与其无机环境之间,通过能量流动和物质循环而相互作用的一个统一整体。自然生态系统的生物结构主要由个体、种群、生物群落、生态系统组成。在一定时间和空间内,能够维持生命的具有内部结构的实体称为个体;同一物种的个体的集合体称为种群;种群的集合体称为生物群落;由生物成分和非生物成分,即生产者、消费者、分解者和非生物环境组成的一个整体称为生态系统。

1) 生产者

生产者是指以简单的无机物制造食物的自养生物,如陆地的各种绿色植物、水生的高等植物和藻类,还包括一些光能细菌和化能细菌。生产者借助于光合作用不仅为自身的生存、生长和繁殖提供营养物质和能量,而且它所制造的有机物质也是消费者和分解者唯一的能量来源,没有生产者也就不会有消费者和分解者。可见,生产者是生态系统中最基本和最关键的生物成分,是生态系统的基础。太阳能只有通过生产者的光合作用才能源源不断地输入生态系统,然后被其他生物所利用。

2) 消费者

消费者是针对生产者而言,即它们不能从无机物质制造有机物质,而是靠自养生物或其他生物为食,来获得生存能量的异养生物。主要包括各种动物,如草食动物、肉食动物和寄生动物等,此外,还包括一些寄生菌类。

3) 分解者

分解者又称还原者,主要指微生物,包括细菌、真菌、放线菌等,也包括部分以有机残屑为食的动物、腐食动物和原生动物等。其作用是把动、植物残体和排泄物等复杂有机物分解为生产者能重新利用的简单无机物,并释放出能量,其作用与生产者正好相反。分解者在生态系统中的作用是极为重要的,如果没有它们,动、植物尸体和排泄物将会堆积成灾,物质不能循环,生态系统将毁灭。分解者在任何生态系统中都是不可缺少的组成部分。

4)　非生物环境

非生物环境主要包括参加物质循环的无机元素和化合物（如 C、N、CO_2、O_2、Ca、P、K 等），联系生物和非生物成分的有机物质（如蛋白质、糖类、脂类和腐殖质等），气候因子（如光、温、水、气等）或其他物理条件（如压力等）。

三种生物成分和一种非生物成分对于生态系统来说缺一不可。如果没有环境，生物就没有生存的空间，也得不到物质和能量，因而也难以生存下去；而仅有环境没有生物成分也谈不上生态系统。

在自然生态系统中，生物与生物以及生物与非生物之间最本质的联系是通过"营养"来实现的，即通过食物链把生物与生物、生物与非生物连接成一个整体。所谓食物链（又称营养链）是指生态系统内不同生物之间在营养关系中形成的一环套一环似链条式的关系，即物质和能量从植物开始，然后一级一级地转移到大型食肉动物。一个生态系统中可以有许多条食物链，根据食物链的起点不同，可把食物链分成两大类：牧食食物链和腐食食物链。牧食食物链又称捕食食物链，一般是从绿色植物开始，然后是草食动物，一级食肉动物，二级食肉动物等。腐食食物链又称碎屑食物链，如动物尸体—埋葬虫—鸟；植物残体—蚯蚓—线虫—节肢动物等。腐食食物链是从死亡的有机体开始的。在生态系统中，牧食食物链和腐食食物链往往是同时存在的。

实际上，生态系统中的食物链很少是单条、孤立出现的，它们往往是交叉连接形成复杂结构，即食物网。所谓食物网是指生态系统中各种食物链相互交错连接形成的网状结构，它揭示了生态系统中生物之间食与被食的关系，并形象地反映了生态系统内各生物有机体之间的营养位置和相互关系。

食物链和食物网是生态系统中的重要概念，生态系统中的物质循环和能量流动正是沿着食物链（网）这条渠道进行的。正是通过食物营养关系，使生物与生物、生物与非生物间有机地结合成一个整体。

1.1.2　自然生态系统的进化

自然生态系统一直处于不断演变、进化的过程中，进化过程可划分为三个阶段。

一级生态系统（type Ⅰ ecology）：系统的各组成部分在索取资源和排放废物方面，各自独立，互不相关。各组成部分所需的资源来自"环境"，排出的废物进入"环境"，而且两者数量相等（物质守恒定律），如图 1-1 所示。

二级生态系统（type Ⅱ ecology）：系统的各组成部分相互依存，形成了物质的循环。系统内物质流大于系统与环境之间的物质流。但是，这个系统仍不可能永久持续下去。这是因为，归根到底，物质流仍是单向的，资源不可避免地逐渐减少，废物不可避免地逐渐增多，而且资源耗量与废物生成量相等，如

图 1-2 所示。

图 1-1 一级生态系统示意图

(系统内物质单向流动)

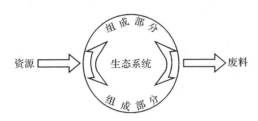

图 1-2 二级生态系统示意图

(系统内有物质的循环流动)

三级生态系统（type Ⅲ ecology）：系统内形成了物质的闭路循环，它不再从环境中索取任何资源，也不向环境排放任何废物，整个系统靠太阳能运转。因此，它是可永久持续下去的，如图 1-3 所示。

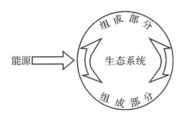

图 1-3 三级生态系统示意图

(系统内形成物质的闭路循环)

1.2 工 业 系 统

1.2.1 工业系统的组成

分析工业系统的结构，不难发现它与自然生态系统的结构很相似，我们不妨称其为工业生态系统，即"个体"类比于"企业"；"种群"类比于"同类型企业"；"生物群落"类比于"某区域范围的工业体系"；"工业生态系统"类比于"工业体系与外部环境构成"等。而且，自然生态系统中种群间的作用关系几乎全部可以用于形象地描述工业企业间的关系。

工业个体是指工业生态系统内的单个企业，如钢铁厂、水泥厂等。工业种群是指具有同一行业性质的企业，占有一定空间和时间的企业集合体。一个工业种群类似于一个工业行业，如钢铁行业、建材行业等。工业群落是指在一定时间和空间范围内，由多个工业种群为了各自的经济利益组成的有机集合体。在工业群落中，存在不同的种群，它们在群落中的地位和作用是不同的。与生物群落类似，工业群落内的种群之间存在兼并与被兼并、竞争和互惠共生的关系。

与自然生态系统相似，工业生态系统主要由生产者、消费者、分解者和非生物环境四种基本成分组成。与自然生态系统中的生物成分相仿，工业生态系统中的生产者、消费者和分解者具有以下特点：

1）生产者

生产者是利用基本环境要素（空气、水、土壤、岩石、矿物质等自然资源）生产初级产品的生产企业，如采矿厂、冶炼厂、热电厂等。

2）消费者

消费者是加工生产企业，将资源生产企业提供的初级产品加工转换成能满足人类生产生活必需的工业品，如机械制造、服装、电子、化工和食品加工企业等。

3）分解者

分解者是对工业企业产生的副产品、废品以及产品报废后进行处置，转化为可再利用资源等的企业，如废品回收公司、资源再生公司等。

在工业生态系统中，生产者、消费者、分解者和环境也是通过营养关系把它们连接起来的，即工业食物链。所谓工业食物链是指在工业生产的代谢过程中，通过工业生产的产品、副产品、废品和能量，将不同企业连接在一起而形成的一种链状资源（包括能源）利用关系。工业食物链是工业生态系统内各成分间连接的纽带。

依据工业食物链的不同属性，工业食物链可分为三类：产品食物链，副产品、废品食物链和能量食物链。以工业制成品为核心构建的食物链称为产品食物链；以工业生产中副产品、废品的再利用为核心构建的食物链称为副产品、废品食物链，也称为生态工业链，或生态链；以能量流动和梯级利用为核心构建的食物链称为能量食物链。与自然生态系统的食物链相比，产品食物链类似于牧食食物链；副产品、废品食物链类似于腐食食物链。

同样，工业食物链也不是单独存在的，多种工业食物链同时存在是工业生态系统营养结构的常态。由于工业食物链中某些工业具有"多食性"特征，使不同的工业食物链交错成网，形成工业食物网。

在工业生态系统中，物质循环和能量流动也是沿着食物链（网）这条渠道进行的，并通过这种食物营养关系，把工业生态系统中各企业有机地连接成一个整体。

1.2.2　工业系统的进化

工业系统的进化与自然生态系统也有相似性，大致可分为三个阶段。

第一阶段：简单、粗放、大量地开采资源和抛弃废物，这也正是日后产生各种环境问题的根源。

第二阶段：企业改进生产工艺和技术，采用节能环保型生产设备实现清洁生产，最大限度地减少产品生产过程中的资源消耗和污染物排放。

第三阶段：企业与企业、行业与行业之间协调配合、统一规划，形成生态工业链或生态工业网，对一个企业或行业来说是废物，对另一个企业或行业来说却可能就是资源，大幅度减少资源消耗和污染物排放。

当然，工业系统的进化不可能达到自然生态系统的状态，因此，无论怎样努力，也只能"模仿"到一定程度。但是，只要工业系统仿照自然生态系统的运行和进化规律，则可逐步优化和完善自身，最终真正成为一个与自然界和谐共存的子系统，即工业生态系统。这也正是工业生态学的终极目标。

自工业革命以来，各类工业一直在不断进步。但是，在长远的历史进程中，当今的工业系统应该说仍处于进化的初期，至多可以认为介于一级和二级生态系统之间。较为理想的工业生态系统示意图如图 1-4 所示。

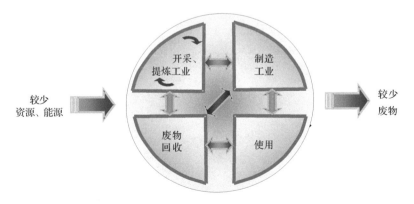

图 1-4　较为理想的工业生态系统示意图

尽可能少地从自然界索取资源（能源），尽可能少地向自然界排出废物。依靠系统内物质循环，尽可能多地生产产品，并多创造财富。

正如罗伯特·福罗什（R. A. Frosch）和尼古拉·加劳布劳斯（N. E. Gallopoulos）所说："工业生态系统的概念与自然生态系统的概念之间的类比不一定完美无缺，但如果工业体系模仿自然界的运行规则，人类将受益无穷。"

主要参考文献

蔡晓明，尚玉昌. 2000. 普通生态学. 下册. 北京：北京大学出版社

尚玉昌，蔡晓明. 2000. 普通生态学. 上册. 北京：北京大学出版社

苏伦·埃尔克曼. 1999. 工业生态学. 徐兴元译. 北京：经济日报出版社

于秀娟. 2003. 工业与生态. 北京：化学工业出版社

Graedel T E, Allenby B R. 2004. 产业生态学. 第 2 版. 施涵译. 北京：清华大学出版社

复习思考题

1. 怎样认识工业系统仿照自然生态系统的作用？
2. 你认为需要通过哪些途径可以实现理想的工业系统？

第 2 章 可持续发展观

工业生态学是为可持续发展服务的，所以有必要介绍一下可持续发展观。

2.1 基 本 概 念

可持续发展是人类在赖以生存的地球遭到日益严重破坏的情况下，在总结经验教训的基础上提出来的，是人类对自身生产、生活活动的反思以及对现实与未来忧患的领悟。

什么是可持续发展？在文献中可查到各种不同的定义，但目前比较公认的是《我们共同的未来》一书中提出的定义，即 "... development that meets the needs of the present without compromising the ability of future generations to meet their own needs ..." 翻译成中文："既满足当代人的需求，又不对后代人满足其自身需求的能力构成危害的发展。"

这个定义的特点，是用代际公平去阐明可持续发展的内涵，在当代人与后代人之间要讲公平。当代人要为后代人留有足够的发展空间。每一代人都不要穷奢极侈、挥霍资源、任意排放、糟蹋地球。一切对后代人不负责任的行为，都应受到谴责。

这个定义清楚地说明，可持续发展是指全球、全人类而言的，它是全世界各国、各地区共同的奋斗目标。所以，各国、各地区的人们要通力合作，共谋光明前途。

可持续发展不是指某个国家、地区，某个行业、单位或某种产品而言的。日常生活中听到的"某公司的可持续发展"、"某单位的可持续发展"等提法，都是似是而非的。这些提法，实际上是对可持续发展的误解。

不言而喻，人与自然和谐相处是可持续发展的前提。只有在这个前提下的发展才是可持续的。反之，如果只顾发展，不及其余，甚至提出"征服"自然，那么人类社会的发展将是不可持续的。

恩格斯早在 100 多年前就说过："我们不要过分陶醉于我们对自然界的胜利。对于每一次这样的胜利，自然界都报复了我们。"今天看来，这真是眼光远大的精辟论断。

我国古代也早就有"天人合一"的论述，明确阐明了人与自然之间的关系应该是协调，而不是对抗和征服。

遗憾的是，在经济繁荣和社会发展的耀眼光环下，人类忽视了这些深刻思想和远见卓识。

为了实现可持续发展，有待解决的资源环境问题很多，其中主要的是以下十个方面：

(1) 全球气候变化；

(2) 有毒、有害物质对人体的伤害；

(3) 水资源短缺和水质下降；

(4) 耕地面积缩小；

(5) 化石燃料耗竭；

(6) 矿物资源耗竭；

(7) 平流层臭氧消耗；

(8) 生物多样性消失；

(9) 酸性物质沉降；

(10) 霾。

然而，从根本上讲，为了实现可持续发展，无非是要努力争取做到以下几点：

(1) 可再生资源的消耗速度不超过其再生速度；

(2) 不可再生资源及稀缺资源的消耗速度不超过其可再生替代物的补充速度；

(3) 地球上的生物多样性不受到严重影响；

(4) 污染物的排放速度不超过自然生态系统的自净能力。

上述几点，不仅能帮助我们进一步理解可持续发展的本质，而且还能帮助我们理清思路，对各种资源环境问题进行分类排队。这对于明确各方面具体工作的实质，可能会有所裨益。

2.2　可持续发展观的形成

第二次世界大战后，世界经济进入繁荣发展的黄金时代。世界各国大规模发展经济，加速工业化进程。这种盛行于当时的传统的发展观误认为自然资源的供给能力具有无限性，经济增长和物质财富增长所依赖的自然资源在数量上不会枯竭；自然资源的自净能力具有无限性，人类生产和生活的废弃物排放所需要的环境容量也不会降低。事实证明，这些认识都是不正确的。

经过了十几年的经济增长，传统发展模式的弊端终于在20世纪60年代全面暴露了出来。伴随着经济指标快速增长，森林减毁、河流与大气污染、农田沙漠化以及城市生活质量全面退化等问题对人类自身的生存与发展构成了严重的威胁，直接导致了传统发展观的破产。

20 世纪 60～80 年代，人们开始认真反思，积极寻求新的发展思路和模式。于是，可持续发展观作为一种全新的发展战略和模式应运而生。

专栏 2-1　世界著名污染事件

——比利时马斯河谷烟雾事件。1930 年 12 月，比利时马斯河谷工业区排放的工业废气（主要是二氧化硫）和粉尘对人体健康造成了综合影响，在一周内引起几千人发病，致使近 60 人死亡，市民中心脏病、肺病患者的死亡率增高。

——美国洛杉矶烟雾事件。1943 年 5 月，美国洛杉矶市大量汽车废气产生的光化学烟雾造成大多数居民患眼睛红肿、喉炎、呼吸道疾患恶化等病，致使 65 岁以上老人死亡 400 多人。

——美国多诺拉事件。1948 年 10 月，美国宾夕法尼亚州多诺拉镇中二氧化硫因综合作用产生酸雾，4 天内致使 17 人死亡。

——英国伦敦烟雾事件。1952 年 12 月，由于冬季燃煤和工业排放烟雾，伦敦上空连续四五天烟雾弥漫，大气污染物在 4 天内致使 4000 多人死亡，2 个月后，又有 8000 多人陆续丧生。

——日本水俣病事件。1953 年，人们由于误食了熊本县水俣湾中含汞污水污染的水生动物，造成近万人患中枢神经疾患，66 名甲基汞患者死亡。

——日本四日市哮喘病事件。1961 年，四日市由于石油冶炼和工业燃油产生大量废气严重污染大气，引发居民呼吸道疾患剧增。

——日本爱知县米糠油事件。1963 年，爱知县多氯联苯污染物混入米糠油内，酿成 13000 多人中毒，数十万只鸡死亡的严重污染事件。

——日本富山骨痛病事件。1955 年，日本富山平原地区的人们由于饮用了含镉的河水和食用了含镉的食物，引起"骨痛病"，258 名患者中死亡 207 人。

——摘自 http://www.hudong.com/wiki

1972 年斯德哥尔摩联合国人类环境会议通过了联合国《人类环境宣言》。

1987 年，世界环境与发展委员会（WCED）向联合国提出了一份题为《我们共同的未来》的报告，对可持续发展的内涵作了界定和详尽的理论阐述。报告指出：在过去，我们关心的是经济发展对生态环境带来的影响，而现在，我们则已经迫切地感到生态压力对经济发展产生的重大影响。因此，在未来，我们应该致力于走出一条资源环境保护与经济社会发展兼顾的可持续发展之路。从一般性地考虑环境保护到强调把环境保护与人类发展结合起来，这是人类有关环境与发展思想的重要飞跃。

1992 年 6 月，联合国在巴西里约热内卢召开全球环境与发展大会，这是一次确立可持续发展作为人类社会发展新战略的具有历史意义的大会，是人类有关环境与发展问题思考的第二个里程碑。世界 183 个国家和地区、70 个国际组织的代表出席了大会，其中有 102 位国家元首和政府首脑。会议通过了《里约热内卢环境与发展宣言》和《21 世纪议程》，发表了《关于森林问题的原则声明》，签署了《气候变化框架公约》和《生物多样性公约》。第一次把可持续发展由理论和概念推向行动。这次会议以可持续发展为指导思想，不仅加深了人们对环境问题的认识，而且把环境问题与经济、社会发展结合起来，树立了环境与发展相互协调的观点，找到了一条在发展中解决环境问题的思路。里约热内卢会议为人类举起可持续发展旗帜、走可持续发展之路做了有力的动员，跨世纪的绿色时代或可持续发展时代从这次会议开始真正迈出了实质性的步伐。

2000 年 9 月，在新的千年来临之际，世界各国元首和政府首脑聚集联合国纽约总部，召开了世界可持续发展首脑会议，共同签署了《联合国千年宣言》，确定了新的千年发展目标。

2001 年 6 月 5 日启动了对全球生态系统进行的《千年生态系统评估》。

2002 年 9 月，世界各国政府首脑齐聚南非约翰内斯堡，举行可持续发展首脑峰会。会议发表了《可持续发展宣言》，深化了人类对可持续发展的认识，确认环境保护、经济发展和社会进步是可持续发展的三座基石，再次重申保护环境是世界各国政府的共同责任。

综上所述，20 世纪 90 年代以来，这些由国际社会共同制定并对环境与发展具有里程碑意义的宣言、公约和协定，不论从理论方针还是从指导实践上，都对全球经济、社会、环境带来了积极的正面影响。联合国和国际社会为实现全球可持续发展做出的积极努力，反映了全球共识和各国政府的政治承诺，在推进经济、社会与环境可持续发展方面迈出了可喜的步伐。

2.3　中国的可持续科学发展观

2.3.1　中国可持续发展历程

中国历来是一个直面挑战和勇于承担国际责任的国家，在全球环保运动的推动以及联合国环境署的指导下，20 世纪 80 年代中国即颁布了环保法律体系，确立了保护环境、控制人口增长的基本国策。

20 世纪 90 年代初期，中国积极参与国际环境与发展事务，国家领导人出席了里约热内卢联合国环境与发展大会、约翰内斯堡世界可持续发展首脑峰会等一系列重要国际会议并发表重要讲话，表明了中国坚定不移地走可持续发展之路的立场和决心，提出解决世界环境与发展问题的重要建议和主张，签署了若干国际环境与发展宣言，加入了一系列国际环境公约和协定，承担和履行自己的责任和义务，得到国际社会的高度评价和赞扬。

1992 年夏天，中共中央国务院发布了《环境与发展十大对策》。这在中国环境与发展历史上是第一次，《里约环境与发展宣言》提出的可持续发展思想，首次直接融入该十大对策中。1992 年秋天，中国共产党第十四次代表大会决定，中国实行社会主义市场经济，并将环境保护列为中国 90 年代改革和建设的十大任务。

20 世纪 90 年代中期开始，中国开始实行有决定意义的两个根本性转变：一是计划经济体制向市场经济体制转变，发挥市场配置资源的基础性作用；二是粗放型经济增长方式向集约型经济增长方式转变，提高资源能源利用效率。这两个转变对中国经济社会可持续发展产生了深刻的影响。

1994 年，国务院制定并发布了《中国 21 世纪议程》，明确表明了中国政府履行《里约环境与发展宣言》责任和义务，以及实施经济社会可持续发展的行动计划和具体措施。该议程是世界上第一个国家级的 21 世纪行动计划。

1996 年，国务院发布了《关于环境保护若干问题的决定》，确定了"一控双达标"的目标，即全国实施排污总量控制、2000 年排污达到规定的排放标准、重点城市达到规定的环境质量标准；提出了关闭"15 小"，即依法关闭污染严重，资源消耗高的小煤矿、小造纸等 15 类小型企业等重要措施。

2001 年底，中国加入 WTO。这是中国融入经济全球化、促进环境与贸易可持续发展的实际行动，意味着中国将执行 WTO 基本规则，在世界环境与贸易领域发挥建设性作用。

2.3.2　中国的科学发展观

2003 年 10 月，胡锦涛总书记在党的十六届三中全会上明确提出了中国的科学发展观，即以人为本，全面、协调、可持续的发展观。其主要内涵如下：

以人为本，就是要以实现人的全面发展为目标，从人民群众的根本利益出发谋发展、促发展，不断满足人民群众日益增长的物质文化需要，切实保障人民群众的经济、政治和文化权益，让发展的成果惠及全体人民；

全面发展，就是以经济建设为中心，全面推进经济、政治、文化建设，实现经济发展的社会全面进步；

协调发展，就是要统筹城乡发展、统筹区域发展、统筹经济社会发展、统筹人与自然和谐发展、统筹国内发展和对外开放，推进生产力和生产关系、经济基础和上层建筑相协调，推进经济、政治、文化建设的各个环节、各个方面相协调；

可持续发展，就是要促进人与自然的和谐，实现经济发展和人口、资源、环境相协调；坚持走生产发展、生活富裕、生态良好的文明发展道路，保证一代接一代地永续发展。

2005 年，国务院发布了《关于落实科学发展观加强环境保护的决定》，确立了以人为本、人与自然和谐为内涵的科学发展观，提出了水和大气污染控制目标，以及 2010 年基本遏制生态恶化和加强农村环境保护等基本目标，确定了实现这些目标的任务和措施。

2005 年 2 月，温家宝总理在省部级主要领导干部"树立和落实科学发展观"

专题研究班结业式上的讲话中又明确指出："科学发展观的内涵极为丰富，涉及经济、政治、文化、社会发展各个领域，既有生产力和经济基础问题，又有生产关系和上层建筑问题；既管当前，又管长远；既是重大的理论问题，又是重大的实践问题。我们要全面理解和正确把握科学发展观的主要内涵和基本要求，认真加以贯彻落实。"

此后，经过不断探索和实践，中国在以人为本、人与自然和谐为内涵的科学发展观的基础上，确立了可持续发展、开放发展、和谐发展、和平发展的基本方针，确定了建设小康社会、资源节约和环境友好型社会、和谐社会的发展目标，确定了转变传统发展模式，走节约资源、保护环境和可持续发展的新型工业化道路，建立了科学、民主、综合决策机制，环境保护从"边缘化"状态提升到发展决策的战略位置。中国采取的一系列战略性决策和措施，体现了我国应对环境与发展挑战的积极立场和坚定决心，为中国环境与发展提供了有力的机制保障。

2.3.3　科学发展观与可持续发展观的关系

科学发展观与可持续发展观在发展、和谐、公平等方面具有同一性：两者都强调发展并把发展作为第一要义；两者都强调人与自然的和谐；两者都强调代际和代内的公平，当代人的发展不能以牺牲后代人的发展为代价，同时代人之间以均富、合作、互补、平等为原则。从科学发展观的内涵可以看出，可持续发展是科学发展观的重要内容。

相对于可持续发展而言，科学发展观的创新主要体现在以下方面：

第一，科学发展观的目的更加明确。科学发展观坚持以人为本，明确回答了"为谁发展"的问题。以人为本的人，不是抽象的人，也不是某个人、某些人，而是广大人民群众。科学发展观强调发展的出发点和归宿都是为了满足广大人民群众不断增长的物质文化需要而发展，从人民群众的根本利益出发谋发展、促发展，发展的成果又要惠及全体人民，以保障人的全面发展。

第二，科学发展观的主体更加突出。以人为本的科学发展观，不仅回答了"为谁发展"这一根本问题，还回答了"依靠谁发展"的问题。胡锦涛同志说，相信谁、依靠谁、为了谁，是否始终站在最广大人民的立场上，是区分唯物史观和唯心史观的分水岭，也是判断马克思主义政党的试金石。坚持以人为本的科学发展观，就是要坚持无论何时、何地、何种情况下都始终相信和依靠人民群众。人民群众是我们发展的动力，人民群众是社会主义现代化建设的力量源泉和胜利之本。

第三，科学发展观具有更高的目标要求。坚持以人为本就是要以实现人的全面发展为目标。人的全面发展大体可概括为物质、精神和社会三个层面。物质层面指满足广大人民群众物质生活需要,就目前而言,这是实现全体社会成员共同富裕和人的全面发展的物质基础;精神层面指满足精神生活方面的需要,目的是使人的精神生活更加充实,文化生活更加丰富多彩;社会层面指满足人的社会交往和社会关系需要,人是一切社会关系的总和,人的社会性特征要求我们,在社会发展过程中要不断调整、变革人们的社会关系,适时进行经济基础和上层建筑领域的革新和体制改革,加快社会建设。全面协调可持续发展不仅主张人与自然的和谐,还主张人与人、人与社会的和谐,着力于构建和谐社会、和谐世界。

第四,科学发展观的内容更加丰富。科学发展观的根本要求和方法手段是全面协调可持续发展,回答了"发展什么"和"怎样发展"的问题。科学发展观强调统筹兼顾,要求在解决发展中出现的不平衡问题时,关键要做到统筹全局、兼顾各方,正确处理各种复杂的矛盾。它主张发展的全面性,强调要以经济建设为中心,全面推进经济、政治、文化和社会建设,实现经济发展和社会全面进步。它主张发展的协调性,强调统筹城乡发展、统筹区域发展、统筹经济社会发展、统筹人与自然和谐发展、统筹国内发展和对外开放,推进生产力和生产关系、经济基础和上层建筑相协调,推进经济、政治、文化、社会建设的各个环节、各个方面相协调。它主张发展的可持续性,强调要促进人与自然的和谐,实现经济发展和人口、资源、环境相协调,坚持走生产发展、生活富裕、生态良好的文明发展道路,保证世世代代永久持续发展。

第五,科学发展观更具中国特色。我国是一个人口众多、资源相对不足、生态环境承载能力较弱的国家,发展的任务十分繁重。改革开放以来,我国经济社会发展虽取得了举世瞩目的伟大成就,但东西部发展不平衡,城乡差距拉大,贫富悬殊的矛盾异常突出,"高投入、高消耗、高污染"所带来的生态环境压力越来越大,严重制约了经济社会的可持续发展。全面协调可持续的科学发展观完全符合中国实际,以科学发展观统领我国经济社会发展的全局,是建设中国特色社会主义的必然选择。

主要参考文献

胡锦涛. 2009. 努力把贯彻落实科学发展观提高到新水平. 求是,(1):1

世界环境与发展委员会. 1997. 我们共同的未来. 王之佳,柯金良译. 长春:吉林人民出版社

宋健. 2007. 拯救地球护卫家园. 世界环境,(2):74~75

苏伦·埃尔克曼. 1999. 工业生态学. 徐兴元译. 北京:经济日报出版社

温家宝. 2008. 关于深入贯彻落实科学发展观的若干重大问题. 求是,(21):1

中国环境与发展回顾和展望高层课题组. 2007. 中国环境与发展回顾和展望. 北京:中国环境科学出版社

复习思考题

1. 怎样认识可持续发展观和科学发展观的内涵？
2. 地球资源环境问题产生的根源是什么？
3. 人类如何才能做到可持续发展？

第3章 工业生态学概述

3.1 工业生态学及其兴起

3.1.1 工业生态学基本概念

工业生态学是一门为可持续发展服务的学科，是一门研究工业（或产业，下同）系统和自然生态系统之间的相互作用、相互关系的学科。

关于工业生态学的基本概念有很多种表述，其中，引用较多的是 Graedel 和 Allenby 在他们合著的 *Industrial Ecology* 中的表述：

"Industrial Ecology is the means by which humanity can deliberately and rationally approach and maintain a desirable carrying capacity，given continued economic，cultural，and technological evolution. The concept requires that an industrial system be viewed not in isolation from its surrounding systems，but in concept with them. It is a systems view in which one seeks to optimize the total materials cycle from virgin material，to finished material，to component，to product，to obsolete product，and to ultimate disposal. Factors to be optimized include resources，energy，and capital. "

翻译成中文为："工业生态学是一种工具。人们利用这种工具，通过精心策划、合理安排，可以在经济文化和技术不断进步和发展的情况下，使环境负荷保持在所希望的水平上。为此要把工业系统同它周围的环境协调起来，而不是把它看成孤立于环境之外的独立系统。这是一个系统的观点，它要求人们尽可能优化物质的整个循环系统，从原料到制成的材料、零部件、产品直到最后的废弃物，各个环节都要尽可能优化，优化的因素包括资源、能源、资金。"

这段表述，强调了"精心策划、合理安排"。也就是说，为了妥善解决资源环境问题，一定要在工业生态学的指引下精心策划、合理安排，绝不要主观臆断、草率决策，否则可能适得其反，甚至造成重大损失，并为此付出沉重代价。

工业生态学，又称"产业生态学"，涉及第一、第二和第三产业。其实，无论是工业，还是产业，都不是孤立存在的，它与人类的其他各种活动都是相互关联的。从这个视角看问题，工业生态学的外延是很广泛的，甚至可以把人类的各种活动都包括进来，如矿业、制造业、农业、建筑业、交通运输、服务业、消费者、商贸业、废物回收业等。总之，把工业生态学的视野局限在工厂的围墙之内，是万万不可的。

3.1.2　工业生态学研究的兴起

自 20 世纪 50 年代开始，人们将生态学引入产业政策，认为复杂的工业生产和经济活动中存在着与自然生态学相似的问题与现象，可以运用生态学的理论和方法来研究现代工业的运行机制。20 世纪 60 年代末，日本通产省工业咨询委员会下属的一个工业生态工作小组通过研究，提出应以生态学观点重新审视现有的工业体系，谋求在生态环境中发展经济的理念。1972 年 5 月，该小组发表了题为"工业生态学：生态学引入工业政策的引论"的报告。1983 年，比利时政治研究与信息中心出版了《比利时生态系统：工业生态学研究》专著，书中反映了分别为生物学家、化学家、经济学家等六位作者对工业系统存在问题的思考。

1989 年 9 月，Frosch 和 Gallopoulos 发表了题为"制造业的战略"一文，提出了工业生态学的概念，成为工业生态学研究的最初标志。文章认为工业系统应向自然生态系统学习，逐步建立类似于自然生态系统的工业生态系统。在这样的系统中，每个工业企业都与其他工业企业相互依存、相互联系，构成一个复合的大系统，可以运用一体化的生产方式代替过去简单化的传统生产方式，最终减少工业对自然生态环境的影响。

自 20 世纪 90 年代开始，工业生态学进入了蓬勃发展阶段：20 世纪 90 年代初，美国科学院举行会议，提出和形成了工业生态学的基本框架；1997 年出版了全球第一份《工业生态学杂志》（*Journal of Industrial Ecology*）；1998 年，美国矿产资源局（USGS）认为物质与能量流动的研究对于工业生态学研究具有重要意义；2000 年，美国跨部门研究工作小组发表"工业生态学——美国的物质与能量流动"的报告，对工业生态学和物质能量流动的关系进行了阐述；2000 年，世界范围内成立了工业生态学国际学会（the International Society for Industrial Ecology，ISIE），标志着工业生态学正式进入有组织的系统研究阶段。

20 世纪 90 年代末，我国学者开始关注和研究工业生态学。2001 年 10 月，在陆钟武院士的倡导下，东北大学主持召开了国内首次"工业生态学国际研讨会"；2002 年 11 月，国家环境保护总局（现国家环境保护部）批准东北大学、中国环境科学研究院、清华大学联合建立"国家环境保护生态工业重点实验室"，这是我国工业生态学研究领域的第一个重点实验室。2004 年 3 月，清华大学出版社出版了美国 Graedel 和 Allenby 教授的著作《产业生态学》第 2 版（中文版）。2004 年 11 月，清华大学联合耶鲁大学在国内主持召开了第一次"工业生态学教学研讨会"。经过十几年的发展，国内工业生态学研究和实践已初见成效，发表了一批各具特色的研究论文，出版了一批教材和专著。

随着工业生态学研究的兴起，越来越多的大学开始将其纳入教学体系。目前欧美许多所大学开设了工业生态学课程，我国也有不少所大学开展了工业生态学教学及研究工作。

3.2　基本思想和特点

工业生态学的基本学术思想有三层含义：

首先，人类社会经济系统不是独立存在的，而是自然生态系统中的一个子系统，如图 3-1 所示，即工业是经济系统中的一个子系统，经济是人类社会系统的一个子系统，人类社会又是自然生态系统的一个子系统。

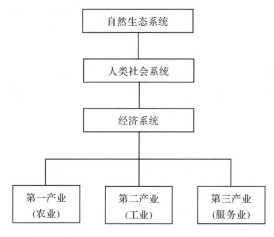

图 3-1　工业系统与自然生态系统的关系

归根结底，工业、经济、人类社会都是以自然生态系统为基础的，也必然都受制于它。

其次，工业、经济、人类社会系统要与自然生态系统和谐相处。

工业生产从自然界获取资源，产生的污染物又向自然界排放。可见，自然界既是"源"，又是"汇"。但是，这个"源"和"汇"的容量都不是无穷大。如果"源"被过量抽取，甚至所剩无几，或者"汇"被填得过满，甚至往外溢出，那么自然界就会发生变化，同时人类社会就会受到影响，可持续发展就会成为问题。

因此，人们要十分警觉地注意这些变化，随时进行跟踪、分析和预测，防微杜渐，采取措施，为可持续发展创造条件。一定要学会与自然生态系统和谐相处，不能把工业、经济、人类社会看成是自然生态系统以外的独立系统，不能任意地改造自然环境，不能无所顾忌地从自然界索取资源、向自然界排放污染物，否则，一定会得到自然界的报复。

最后，工业系统要效仿自然生态系统。

在与自然生态系统和谐相处的基础上，工业系统要尽量效仿自然生态系统的运行模式。虽然工业系统不可能完全达到自然生态系统的状态，但是，一定可以不断进步和优化，最终实现与自然生态系统协调共生。

工业生态学这些新颖的学术思想帮助人们统观全局，学会综合思考问题的方法。它以全新的视角来审视工业、经济的发展与自然生态系统的关系和相互作用，把工业系统视为自然生态系统的一个三级子系统，遵从自然生态系统的发展规律，重新设计、控制和优化工业活动，统筹兼顾，保持适当的平衡，努力使工业、经济与自然生态系统协调发展，进而实现人类社会的可持续发展。

同时应该指出，学习和实践工业生态学要与具体情况相结合。中国正处于快速工业化进程中，重要特点之一是经济持续高速增长。一方面，资源消耗量大，污染物排放量大的问题较为突出，亟待解决；另一方面，不同于多数经济平稳发展国家的静态特征，物质流呈显著的非稳、动态特征，没有现成理论和方法可循。因此，我们始终坚持工业生态学研究与中国实际紧密结合，学习工业生态学基本思想和理论，探索适合中国国情的研究方法，解决中国的实际问题，更好地为中国的可持续发展服务。

工业生态学的基本特点是：

（1）整体性。从全局和整体的视角，研究工业系统组成部分及其与自然生态系统的相互关系和相互作用。

（2）全过程。充分考虑产品、工艺或服务整个生命周期的环境影响，而不是只考虑局部或某个阶段的影响。

（3）长远发展。着眼于人类与生态系统的长远利益，关注工业生产、产品使用和再循环利用等技术未来潜在的环境影响。

（4）全球化。不仅要考虑人类工业活动对局部地区的环境影响，而且还要考虑区域性和全球性的重大影响。

（5）科技进步。科技进步是工业系统进化的决定性因素之一，工业应从自然生态系统的进化规律中获得知识，逐步把现有的工业系统改造成为符合可持续发展要求的系统。

（6）多学科综合。工业生态学具有典型的多学科性特点，涉及自然科学、工业技术和人文科学等许多学科，如图 3-2 所示。各学科从各自不同的角度去研究工业生态学，是全面推进工业生态学的必要条件，大学里的许多专业都应开设工业生态学这门课程，开展工业生态学方面的工作，最好组成跨学科的队伍。

重点要强调的是，工业生态学的研究思路是以整体论为基础的，这种思路

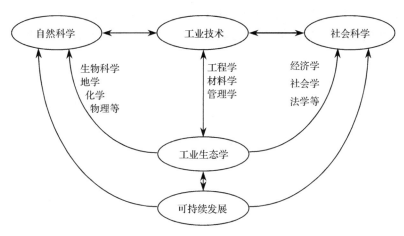

图 3-2　工业生态学的多科性

完全不同于研究"微观"问题的还原论的思路。所以,为了开展工业生态学方面的工作,必须养成从系统的角度看问题的习惯。

不难看出,我国和其他发展中国家是实施工业生态学最为理想的场所。我国人口密集,工业和经济快速发展,遵循工业生态学原则,探索可持续发展道路具有巨大的潜力。因此,我国能否坚持工业生态学实践,坚决走生态工业的发展道路,不仅对我国自身,而且对全世界都具有重大影响。

3.3　本书框架和主要内容

工业生态学这门学科,还处在发育成长期。它的总体框架尚未完全定型,它的"边界"何在,大家的看法并不一致。这门学科各部分的内容,更是随着研究工作的不断深入,在逐渐发生变化。因此,在教材编写过程中,在章节的设置和各章节的内容编排等问题上,均有较大的自由度。

本教材的章节设置和各章节内容的取舍,都是根据我们这些年来学习和研究工业生态学的心得确定下来的。全教材共分 17 章,分属 6 篇:

第一篇(第 1～3 章)绪论。

主要介绍自然系统和工业系统的组成、特点及其对比分析,可持续发展的基本概念和内涵,工业生态学的基本概念、主要学术思想、研究领域和研究内容等,为后续章节中有关理论、知识及研究方法的学习打下基础。

第二篇(第 4～6 章)经济增长与环境负荷。

从分析人类社会经济系统与自然界之间的物质交换规律入手,应用工业生态学理论,研究稳态社会经济系统和非稳态社会经济系统在环境保护方面的不同特点和对应措施，提出我国的环保总体思路和工作内容；从 IPAT 方程出发，研究和分析经济增长与环境负荷之间的定量关系；提出穿越"环境高山"的理论。

第三篇（第 7～9 章）资源环境综合分析。

介绍总物流分析、生态足迹分析、系统动力学分析等工业生态学基本分析方法和工具，说明各种方法的基本原理和分析过程；论述社会层面的物质流分析方法和研究实践。

第四篇（第 10～12 章）生态设计和环境评价。

主要介绍生态设计、生命周期评价、规划环境影响评价、新建和改造项目（或工程）的环境影响评价等内容。论述生态设计及生命周期评价的基本概念和分析方法；介绍规划环评和项目环评的主要内容、工作程序和基本要求等。

第五篇（第 13～16 章）循环经济和物质循环。

介绍循环经济的基本概念、内涵和意义，论述循环经济的经济学基础、发达国家的经验以及我国的实践；论述企业之间和企业内部的物质流分析方法和实践。

第六篇（第 17 章）企业的绿色化。

介绍绿色企业的概念和特征；讨论企业的社会责任；论述环境保护在企业中的地位，探讨企业内部适应绿色化进程的管理模式变革；指出企业环保工作思路和工作内容，提出企业环保工作的原则；指出企业实现绿色化的方向和途径。

应该说明的是，工业生态学的研究领域与内容相当广泛，本书远不能涵盖其全部，如法律、法规、政策等内容本书就没有涉及。这些还有待于该领域研究者的进一步研究和实践。

3.4　工业生态学今后的发展

应该说，工业生态学研究是伴随着人类可持续发展观的形成和实践而逐步兴起和发展的。可持续发展战略的实施是人类历史上前所未有的一次综合实践活动，没有现成的理论和经验可供借鉴和学习。随着其实践活动的不断推进和深入，人们迫切需要一种新的理论来探索、研究和指导这种实践，处理和解决好工业、经济发展与生态环境破坏之间的尖锐矛盾。在此背景下，工业生态学应运而生并快速发展。

由于其先进的理念和科学的方法论，工业生态学很快被人们接纳并付诸于实践。特别是随着循环经济、生态工业园在美国、德国以及日本等国家取得巨大的成功，以资源节约、实现环境友好和可持续发展为特征的新的经济模式受到世界各国的关注，纷纷采取相应的举措以增强本国经济可持续发展的能力。

当前，我国正处于工业化进程之中，这一特殊的发展阶段产生了不断增长的环境负荷，带来长期环境破坏的巨大隐患。20 世纪 90 年代以来，国内学者逐渐认识到传统的污染末端治理方法无法从根本上解决我国的环境污染问题，工业生态学研究和循环经济实践受到越来越多的关注和重视，并取得了诸多研究和实践成果，为我国转变经济增长方式，加快建设资源节约型、环境友好型社会，促进社会、经济、环境的协调发展发挥了重要作用。

今后，应从以下方面进一步加强我国工业生态学的研究与实践。

（1）要针对工业生态学的学术思想和整体框架等主要问题进行充分讨论。学习、宣传工业生态学的基本观点和方法，取得广泛共识，是开展研究工作的基础。目前，对工业生态学学术思想和研究内容的理解和认识还存在各种不同意见，应该通过学习和讨论，统一该领域研究人员的思想和认识，进一步推进我国工业生态学的研究和实践。

（2）要加强工业生态学高级专门人才的培养。提倡各高校从工科专业本科毕业生或在职教师中招收工业生态学硕士、博士研究生，毕业后专门从事工业生态学领域的教学和科研工作。要力争在较多高等院校中为本科生开设工业生态学必修课或选修课，为在职人员组织和开设多种形式的讲座或培训班。

（3）争取在研究生学科目录中增设工业生态学学科。为加快培养我国从事工业生态学研究的硕士、博士研究生，应向国务院学科建设委员会提出申请报告，建议在硕士、博士研究生学科目录中，增设工业生态学学科。

（4）继续加强工业生态学方向的科学研究工作。充分运用工业生态学的观点、理论和方法，在实际工作中迈出坚实的步伐是当务之急。特别要注意的是，在我国开展工业生态学的科研工作，不能照搬欧美思维模式和研究方法，重点要强调创新，强调密切联系中国实际。只有这样，才能逐步形成具有中国特色的工业生态学理论和实践体系，真正为我国的可持续发展作出贡献。

必须看到，我国是发展中国家，要提高社会生产力、增强综合国力和不断提高人民生活水平，就必须毫不动摇地把发展国民经济放在第一位，各项工作都要紧紧围绕经济建设这个中心来开展。我国是在人口基数大、人均资源少、经济和科技水平都比较落后的条件下实现经济快速发展的，这使本来就已经短缺的资源和脆弱的环境面临更大的压力。在这种形势下，我们只有遵循可持续发展战略思想，加快工业生态学研究和实践，从国家整体利益的高度来协调和组织各部门、各地方、各社会阶层和全体人民的行动，才能在顺利完成预期经济发展目标的同时，保护好自然资源和改善生态环境，实现国家长期、稳定的发展。

主要参考文献

邓南圣，吴峰. 2002. 工业生态学——理论与应用. 北京：化学工业出版社

金涌. 2003. 生态工业：原理与应用. 北京：清华大学出版社

劳爱乐，耿勇. 2003. 工业生态学和生态工业园. 北京：化学工业出版社

李素芹，苍大强，李宏. 2007. 工业生态学. 北京：冶金工业出版社

苏伦·埃尔克曼. 1999. 工业生态学. 徐兴元译. 北京：经济日报出版社

王寿兵，吴峰，刘晶茹. 2006. 产业生态学. 北京：化学工业出版社

于秀娟. 2003. 工业与生态. 北京：化学工业出版社

Allenby B R. 2005. 工业生态学——政策框架与实施. 翁端译. 北京：清华大学出版社

Erkman S，Ramaswamy R. 2003. Applied Industrial Ecology—a New Platform for Planning Sustainable
　　Societies. Bangalore：Aicra Publishers

Graedel T E，Allenby B R. 1995. Industrial Ecology. 1st Edition. New Jersey：Prentice Hall

Graedel T E，Allenby B R. 2003. Industrial Ecology. 2nd Edition. New Jersey：Prentice Hall

Graedel T E，Allenby B R. 2004. 产业生态学. 第 2 版. 施涵译. 北京：清华大学出版社

复习思考题

1. 怎样认识目前世界范围内的资源环境问题？
2. 中国的资源环境问题应如何解决？
3. 如何理解工业生态学？
4. 工业生态学对促进我国可持续发展有哪些作用？

第二篇　经济增长与环境负荷

走出一条科技含量高、经济效益好、资源消耗低、环境污染少、人力资源优势得到充分发挥的新型工业化路子。

　　　　　　　——《党的"十六大"报告》(2002年)

　　"十一五"时期要努力实现以下经济社会发展的主要目标：……到2010年实现人均国内生产总值比2000年翻一番。……单位国内生产总值能源消耗降低20％左右。……主要污染物排放总量减少10％。……

　　　　　　　——《中华人民共和国国民经济和社会发展第十一个五年规划纲要》

第4章　环境保护的基本思路和工作内容

本章将在分析人类社会经济系统与自然界之间物质交换的基础上，提出环境保护的基本思路和工作内容。

4.1　基 本 概 念

人类社会经济系统与自然界之间的物质交换如图 4-1 所示。

图 4-1　社会经济系统与自然界之间的物质交换

* 通常不把空气看成是资源，但在质量平衡中，必须列入此项，否则输入与输出不相等。

人类社会经济系统，从自然界所索取的是生物资源、非生物资源、水和空气等四类资源，向自然界排放的是废水、废气和固体废物等三类废物（或称为污染物）。系统内部是复杂的物质代谢过程。

社会经济系统可划分为稳态和非稳态两类。凡是系统内的物质量不随时间变化的，都是稳态系统，否则是非稳态系统。

4.1.1　稳态社会经济系统

因为稳态社会经济系统内的物质量，不随时间变化，所以，根据质量守恒定律，在单位时间内（例如在一年内），稳态社会经济系统输入的物质量等于它向自然界输出的物质量，即

生物资源量＋非生物资源量＋水量＋空气量＝废水量＋废气量＋固体废物量

或

$$\sum 资源消耗量 = \sum 废物排放量 \qquad (4\text{-}1)$$

式（4-1）表明：稳态社会经济系统各类资源消耗量之和与各类废物排放量之和，两者始终是相等的。要想降低废物排放量，就得减少资源消耗量。

由于废物排放量的大小，对环境质量的好坏具有决定性影响，所以我们将式（4-1）进一步扩展成如下形式：

$$\sum 资源消耗量 = \sum 废物排放量 \rightarrow 环境质量 \qquad (4\text{-}2)$$

生物资源量	废气量	大气质量指标
非生物资源量	废水量	地表水质量指标
水量	固体废物量	地下水质量指标
空气量		土地污染状况指标
		其他指标
（Ⅰ）	（Ⅱ）	（Ⅲ）

式（4-2）是稳态社会经济系统在环境方面的基本关系式。式中：环境质量是各项环境指标的统称，其中包括大气质量、地表水质量、地下水质量、土地污染状况等；符号→表示各类废物排放量之和对环境质量"具有决定性影响"。

式（4-2）中的全部变量被划分为三类：第Ⅰ类——各种资源消耗量；第Ⅱ类——各种废物排放量；第Ⅲ类——各项环境质量指标。这三类变量之间的关系是：①第Ⅰ类变量的总和决定了第Ⅱ类变量的总和；②第Ⅱ类变量对第Ⅲ类变量具有决定性影响。在因果关系上，第Ⅰ类变量是源头上的"因"，而第Ⅲ类变量是最终的"果"。可见，在环保工作中，要特别关注资源消耗量与环境质量之间的关系。

4.1.2 非稳态社会经济系统

因为非稳态社会经济系统内的物质量是变化的，所以，根据质量守恒定律，单位时间内（例如在一年内），非稳态社会经济系统输入的物质量，等于它向自然界输出的物质量，加上系统内物质的净增量，即

$$\sum 资源消耗量 = \sum 废物排放量 + \sum 系统内物质的净增量 \qquad (4\text{-}3)$$

式中："Σ系统内物质的净增量"一项，主要是指新增的建筑物、基础设施以及各种耐用品（如机器、车辆等）的总和。在系统内的物质增多时，它的净增量为正值；反之则为负值。

若用符号 Δ 代表"Σ系统内物质的净增量"一项，并将其移到式（4-3）等号左侧，得

$$\sum 资源消耗量 - \Delta = \sum 废物排放量 \qquad (4\text{-}3')$$

式（4-3）和式（4-3'）表明，在非稳态社会经济系统中，各类资源消耗量之和与各类废物排放量之和，两者之间的差值是 Δ 值。在 Δ 值为定值的情况下，资源消耗量越大，废物排放量就越大；要想降低废物排放量，就得减少资源消耗量。

同理，可将式（4-3′）扩展成如下形式：

$$\sum 资源消耗量 - \Delta = \sum 废物排放量 \rightarrow 环境质量$$
$$（\text{I}）\qquad\qquad\qquad （\text{II}）\qquad\qquad （\text{III}）$$

$$(4\text{-}4)$$

式（4-4）是非稳态社会经济系统在环境方面的基本关系式。式中三类变量的划分以及三类变量之间的关系与式（4-2）中相同。第 I 类变量是"因"，第 III 类变量是"果"。可见，在环保工作中，要特别关注资源消耗量与环境质量之间的关系。

此外，由于系统内物质的净增量是由资源转变而成的，所以，提高这个转变效率、延长这些物质的使用寿命，是降低资源消耗量，从而降低废物排放量、改善环境的一个重要途径。

4.2　环境保护的基本思路

在上面分析的基础上，得出的环境保护工作思路如图 4-2 所示。

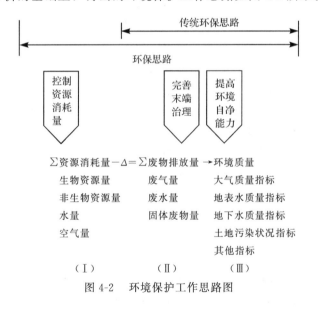

图 4-2　环境保护工作思路图

由图 4-2 可见，环境保护包括三个方面的工作，即控制资源消耗量、完善末端治理和提高环境自净能力。现分别概述如下：

（1）控制资源消耗量。控制资源消耗量就是要降低资源消耗量。这是从源头上提高环境质量的治本之策，是环保工作的重点；反映在产品上，是单位产品的资源消耗量；反映在国民经济上，是万元国内生产总值（万元 GDP）的资源（能源）消耗量。大量数据表明，我国正是在这些指标上相当落后，所以环境形势才相当严峻。今后，要努力扭转这种局面，才能使我国的环境状况整体上得到好转。

专栏 4-1　节　能　减　排

　　我国《"十一五"规划纲要》提出，"十一五"期间（2006～2010 年）单位国内生产总值能耗降低 20% 左右、主要污染物排放总量减少 10%。这是贯彻落实科学发展观、构建社会主义和谐社会的重大举措；是建设资源节约型、环境友好型社会的必然选择；是推进经济结构调整，转变增长方式的必由之路；是维护中华民族长远利益的必然要求。

　　　　　　　　　　　　　　　　　　　　　　　　　　——摘自《"十一五"规划纲要》

专栏 4-2　2008 年单位国内生产总值能耗下降 4.59%

　　经过各方面努力，节能减排已取得积极进展，2008 年单位国内生产总值能耗比上年下降 4.59%，化学需氧量、二氧化硫排放总量分别减少 4.42% 和 5.95%。2006～2008 三年累计，单位国内生产总值能耗下降 10.08%，化学需氧量、二氧化硫排放量分别减少 6.61% 和 8.95%。

　　　　　　　　　　　　　　　　　　　　　　　　　　——摘自《2009 年政府工作报告》

　　（2）完善末端治理。末端治理是指在生产过程的末端，针对产生的污染物开发并实施有效的治理技术。例如，烟气脱硫、污水净化、垃圾处理等。在不少情况下，末端治理是提高环境质量的必要措施，因为它能削减排入环境中的废物量。在我国不少地方和企业，废水、废气、固体废弃物的处理设施，还很不齐全。今后，需进一步配备和完善起来。要在进行末端治理的同时，实现对废物的再资源化，这样对于降低资源消耗量才会有一定贡献，才能避免二次污染的发生。必须说明，末端治理并不是到处都适用的，在有些情况下（例如农田的面污染问题等），它是完全无能为力的。

　　（3）提高环境自净（及自修复）能力。这是借助自然界的力量改善环境的重要措施。必须人工地保护、修复和改善自然生态环境，例如治理河道、植树造林、退耕还林、退耕还草、限牧禁渔等都是重要工作。在这方面，我国今后的任务也是十分繁重的。

　　而传统的环保思路，如图 4-2 所示，并没有把资源消耗量的控制包括在内，不够全面，是环保工作的起步阶段。

　　总之，以控制资源消耗量为重点，进一步完善末端治理，提高环境自净能力，标本兼治，是环境保护工作的基本思路。按照这个思路，加强各方面的工作，定能有效地提高环境质量。

4.3　环境保护的工作内容

　　在控制资源消耗量方面的主要工作为：

　　（1）控制高耗能高污染行业过快增长。电力、钢铁、有色、建材、石油加工、化工等行业，是能源消耗和污染排放的大头。要按照管住增量、调整存量、上大压小、扶优汰劣的思路，加大调控力度。一要严格控制新建高耗能项目；严把土地、信贷两个闸门，提高节能环保市场准入门槛；严格执行新建项目节能评估审查、环境影响评价制度和项目核准程序，建立相应的项目审批问责制。二要落实限制高耗能高污染产品出口的各项政策；继续运用调整出口退税、加征出口关税、削减出口配额、将部分产品列入加工贸易禁止类目录等措施，控制高耗能、高污染产品出口。三要清理和纠正各地在电价、地价、税费等方面对高耗能高污染行业的优惠政策，严肃查处违反国家规定和政策的行为。

专栏 4-3　淘汰落后生产能力

"十一五"期间，关停 5000 万 kW 小火电机组，今年（即 2007 年）要关停 1000 万 kW；五年淘汰落后炼铁产能 1 亿 t、落后炼钢产能 5500 万 t，今年力争分别淘汰 3000 万 t 和 3500 万 t。加大淘汰水泥、电解铝、铁合金、焦炭、电石等行业落后产能的力度。

——摘自《2007 年政府工作报告》

近两年（即 2006~2007 年）……依法淘汰一大批落后生产能力，关停小火电 2157 万 kW、小煤矿 1.12 万处，淘汰落后炼铁产能 4659 万 t、炼钢产能 3747 万 t、水泥产量 8700 万 t。

——摘自《2008 年政府工作报告》

---

　　(2)　调整产业结构。发展第三产业、环保产业、"静脉"产业和淘汰落后产业。第三产业，主要包括流通和服务两大部门，相对于第二产业来说，能耗小、污染少，要逐步优化第三产业的发展。环保产业，是指在国民经济结构中，以防治环境污染、改善生态环境、保护自然资源为目的而进行的技术产品开发、商业流通、资源利用、信息服务、工程承包等活动的总称。静脉产业，即资源再生利用产业，是以保障环境安全为前提，以节约资源、保护环境为目的，运用先进的技术，将生产和消费过程中产生的废物转化为可重新利用的资源和产品，实现各类废物的再利用和资源化的产业。

　　(3)　调整产品结构。发展高附加值产品，开发环境友好材料和环境友好产品。

　　(4)　发展循环经济、推进清洁生产。实施我国现行的《循环经济促进法》和《清洁生产促进法》，减少生产、流通和消费过程中的资源消耗和废物产生（减量化），将废物直接作为产品使用，或者将废物的全部或者部分作为其他产品的部件予以使用（再利用），以及将废物直接作为原料进行利用或者对废物进行再生利用（资源化）。

　　(5)　提升技术水平。开发、推广节能、降耗技术，推广产品的环境设计，提升传统产业。

　　(6)　提升管理水平。向集约型经济转变，加强环境管理，加紧进行企业的（ISO14000）认证，开展"产品生命周期分析"工作。

（7）调整能源结构。加强核电建设，加大天然气比重，发展可再生能源的利用，如水能、风能、太阳能、生物质能、地热能、潮汐能等。

专栏 4-4　我国可再生能源发展状况

在《可再生能源法》及其配套政策的推动下，我国可再生能源已进入快速发展阶段。到 2008 年底，我国可再生能源利用量约为 2.5 亿 t 标准煤，约占一次能源消费总量的 9%。其中：

水电——全国水电装机总容量达到 1.72 亿 kW，年发电量 5600 多亿 kW 时，占全部发电量的 16%。

风电——全国风电装机容量达到 1200 多万 kW。特别是在风电特许权项目建设的支持下，我国风电设备制造产业已形成规模，已有多家企业可批量生产 1.5MW 的风电机组，2MW、3MW 机组也已开始生产。

太阳能——光伏电池产量达 200 多万 kW 时，是世界上第一大光伏电池生产国。

太阳能热水器年生产能力达到 4000 万 m^2。全国太阳能热水器使用量超过 1.25 亿 m^2，占世界太阳能热水器总使用量的 60% 以上。

生物质能——户用沼气池达到 2800 多万口，大中型沼气设施有 8000 多处，沼气年利用量约为 120 亿 m^3。

——摘自"可再生能源进入快速发展阶段"，史立山，《经济日报》，2009 年 2 月 14 日

（8）改变消费观念。提倡勤俭节约，反对铺张浪费。

（9）改变经营观念、策略。发展产品租赁。

在完善末端治理方面的主要工作为：

（10）完善末端治理。增设和完善废气、废水、固废的治理装置等。

在提高环境自净能力方面的主要工作为：

（11）生态环境的保护、修复、改善。治理河道，植树造林，退耕还林、还草，限牧禁渔等。

在其他保障措施方面的主要工作为：

（12）加强宣传教育。媒体宣传，科普教育，大、中、小学教育。

（13）制定和修订法律、法规。在资源环境方面，制定新法律、法规，修改、补充现有法律、法规。从资源环境的角度重新审视各类法律、法规，并进行适当调整和修订，使各类法律、法规，在资源环境问题上，互相协调一致。

（14）制定政策。制定新的政策，修改、补充现有的政策（技术、价格、税收、金融等）。扩大实施差别电价和水价政策。健全排污收费及污水、垃圾处理收费制度。制定节能节水和环保产品目录等。

主要参考文献

刘东峰. 2007-7-13. 单位 GDP 能耗三年来首次由升转降. 科学时报，A1 版

陆钟武. 2005. 以控制资源消耗量为突破口做好环境保护规划. 环境科学研究，18(6)：1～6

陆钟武，蔡九菊. 1993. 系统节能基础. 北京：科学出版社，8

曲格平. 2005. 我国中长期环境与资源保护的战略目标与任务. 中国发展观察，(6)：20～21

曲格平. 2006. 中国的环境保护之路. 世界，(7)：40～43

陶在朴. 2003. 生态包袱与生态足迹. 北京：经济科学出版社：32～61

温家宝. 2007. 高度重视狠抓落实 进一步加强节能减排工作——在全国节能减排工作电视电话会议上的
讲话. 上海节能，(3)：1～3

温家宝. 2008-3-20. 政府工作报告. 光明日报，第 2 版

周生贤. 2006. 实现历史性转变开创环保工作新局面. 求是，(12)：47～49

复习思考题

1. 你认为我国目前的社会经济系统更接近于稳态还是非稳态？对于我国的环境保护工作来说，你从资源-
环境关系式能得到什么启示？

2. 正确的环保工作思路应是怎样的？它与传统的环保工作思路有怎样的差别？正确的和传统的环保工作
思路分别会产生怎样的环境影响？

第5章 经济增长过程中的资源消耗量和废物排放量

本章将从 IPAT 方程出发，研究经济增长过程中的资源能源消耗量和废物排放量问题。

5.1 IPAT 方程

IPAT 方程也称为控制方程或主方程，即

$$I = P \times A \times T \tag{5-1}$$

式中：I 为环境负荷；P 为人口；A 为人均国内生产总值 GDP（或国民生产总值 GNP）；T 为单位 GDP（或 GNP）的环境负荷。

式（5-1）中的环境负荷 I 可以特指各种资源消耗量或废物产生量。以能源为例，式（5-1）可写为

$$能源消耗量 = 人口 \times \frac{GDP}{人口} \times \frac{能源消耗}{GDP}$$

以 SO_2 为例，式（5-1）可写为

$$SO_2\ 产生量 = 人口 \times \frac{GDP}{人口} \times \frac{SO_2\ 产生量}{GDP}$$

请注意，废物产生量与废物排放量不是一回事，不能混为一谈。在废物的末端治理或资源化措施比较得力的情况下，它们两者之间在数量上会有很大差别。在上述 IPAT 方程中，环境负荷所指的只能是单位 GDP 的废物产生量，而不能是它的排放量，因为公式丝毫未涉及废物的末端治理和资源化等手段。关于经济增长过程中废物排放量的计算方法，5.3 节将进行必要的讨论。

IPAT 方程虽然很简单，但是很重要，这是因为它在环境与经济之间架起了一座桥梁。

现举一个例题说明式（5-1）的一般用法。

例 5-1. 设 2005 年我国人口为 $P_0 = 13.07 \times 10^8$ 人，人均 GDP 为 $A_0 = 1.39 \times 10^4$ 元/人，万元 GDP 能源消耗为 $T_0 = 1.22$t 标准煤/万元 GDP；2010 年人口为 $P = 13.4 \times 10^8$ 人，人均 GDP 为 $A = 1.95 \times 10^4$ 元/人，万元 GDP 能源消耗比 2005 年降低 20%。求 2010 年全国的 GDP、能源消耗量，并与 2005 年进行对比。

解：计算 2005 年 GDP 值 G_0。

$$G_0 = P_0 \times A_0$$
$$= 13.07 \times 10^8 \times 1.39 \times 10^4$$
$$= 18.17 \times 10^{12} \text{（元）}$$

计算 2010 年 GDP 值 G。

$$G = P \times A$$
$$= 13.4 \times 10^8 \times 1.95 \times 10^4$$
$$= 26.13 \times 10^{12} \text{（元）}$$

与 2005 年相比，有

$$\frac{G}{G_0} = \frac{26.13 \times 10^{12}}{18.17 \times 10^{12}} = 1.438$$

即 2010 年 GDP 比 2005 年增长 43.8%。

计算 2005 年能源消耗量 I_0。

$$I_0 = P_0 \times A_0 \times T_0$$
$$= 13.07 \times 10^8 \times 1.39 \times 10^4 \times 1.22 \times 10^{-4}$$
$$= 22.2 \times 10^8 \text{（t 标准煤）}$$

计算 2010 年能源消耗量 I。

$$I = P \times A \times T$$
$$= 13.4 \times 10^8 \times 1.95 \times 10^4 \times 1.22 \times (1 - 0.2) \times 10^{-4}$$
$$= 25.5 \times 10^8 \text{（t 标准煤）}$$

与 2005 年相比，有

$$\frac{I}{I_0} = \frac{25.5 \times 10^8}{22.2 \times 10^8} = 1.15$$

即 2010 年能源消耗比 2005 年增加 15%。

5.2　IGT 方程——经济增长过程中的环境负荷

5.2.1　IGT 方程

IPAT 方程还可写成其他形式，如

$$I = G \times T \tag{5-2}$$

式中：$G = P \times A$，G 也就是 GDP（或 GNP）。式（5-2）可称做 IGT 方程。

在式（5-2）两侧同除以 P，则得

$$\frac{I}{P} = A \times T$$

或写做

$$E = A \times T \tag{5-2'}$$

式中：$E = \dfrac{I}{P}$，即人均环境负荷。

式 (5-2′) 是人均环境负荷与人均 GDP（或人均 GNP）之间的基本关系式，其中各参数之间的关系与式（5-2）相同。

现举两个例题说明式（5-2）的一般用法。

例 5-2. 设某地 2005 年 GDP 为 $G_0 = 2500 \times 10^8$ 元，能源消耗量为 $I_0 = 3500 \times 10^4$ t 标准煤；按计划 2010 年万元 GDP 能源消耗比 2005 年降低 20%。(1) 若 2010 年 GDP 增至 3400×10^8 元，求该年能源消耗量；(2) 若 2010 年 GDP 增至 5000×10^8 元，求该年能源消耗量。

解：(1) 2010 年 GDP 增至 3400×10^8 元。

计算 2005 年单位 GDP 能源消耗 T_0。

$$T_0 = \frac{3500 \times 10^4}{2500 \times 10^8} = 1.4 \times 10^{-4} \ (\text{t 标准煤/元 GDP})$$

即 $T_0 = 1.4$（t 标准煤/万元 GDP）。

计算 2010 年万元 GDP 能源消耗 T。

$$T = T_0 \times (1 - 0.2) = 1.4 \times (1 - 0.2) = 1.12 \ (\text{t 标准煤/万元 GDP})$$

计算 2010 年能源消耗量 I。

$$I = G \times T = 3400 \times 10^8 \times 1.12 \times 10^{-4} = 3808 \times 10^4 \ (\text{t 标准煤})$$

故

$$\frac{I}{I_0} = \frac{3808 \times 10^4}{3500 \times 10^4} = 1.088$$

即 2010 年该地能源消耗比 2005 年增加 8.8%。

(2) 2010 年 GDP 增至 5000×10^8 元。

在本例 (1) 中，已求得 2005 年万元 GDP 能源消耗 $T_0 = 1.4$，而 2010 年为 $T = 1.12$t 标准煤/万元 GDP。故 2010 年能源消耗量 I 为

$$I = G \times T = 5000 \times 10^8 \times 1.12 \times 10^{-4} = 5600 \times 10^4 \ (\text{t 标准煤})$$

而

$$\frac{I}{I_0} = \frac{5600 \times 10^4}{3500 \times 10^4} = 1.6$$

即 2010 年该地能源消耗将为 5600×10^4t 标准煤，比 2005 年增加 60%。

例 5-3. 已知某市 2000 年 GDP 为 $G_0 = 1500 \times 10^8$ 元，新水耗量为 $I_0 = 18 \times 10^8$ m^3；2010 年 GDP 增至 $G = 4500 \times 10^8$ 元。问：如新水耗量只允许增加 20%，2010 年万元 GDP 新水耗量应为多少？并与 2000 年作对比。

解：按式（5-2）计算 2000 年万元 GDP 新水耗量 T_0。

$$T_0 = \frac{I_0}{G_0} = \frac{18 \times 10^8}{1500 \times 10^8} \times 10^4 = 120 \ (\text{m}^3/万元\ \text{GDP})$$

计算 2010 年新水耗量 I，按题意有

$$I = (1+0.2) \times 18 \times 10^8 = 21.6 \times 10^8 \ (\text{m}^3)$$

计算 2010 年万元 GDP 新水耗量 T。

$$T = \frac{I}{G} = \frac{21.6 \times 10^8}{4500 \times 10^8} \times 10^4 = 48 \ (\text{m}^3/万元\ \text{GDP})$$

可见，在此期间，万元 GDP 新水耗量应从 120 m^3/万元 GDP 降至 48m^3/万元 GDP，即应降低为原值的 1/2.5。

5.2.2　IGT 方程的另一种形式

按 IGT 方程，基准年的环境负荷 I_0 为

$$I_0 = G_0 \times T_0 \tag{5-2a}$$

式中：G_0、T_0 分别为基准年的 GDP 和单位 GDP 的环境负荷。

基准年以后第 n 年的环境负荷 I_n 为

$$I_n = G_n \times T_n \tag{5-2b}$$

式中：G_n、T_n 分别为第 n 年的 GDP 和单位 GDP 的环境负荷。因 $G_n = G_0(1+g)^n$，其中 g 是从基准年到第 n 年 GDP 的年增长率；$T_n = T_0(1-t)^n$，其中 t 是从基准年到第 n 年单位 GDP 环境负荷的年下降率，故将以上两式代入式（5-2b），得

$$I_n = G_0 \times T_0 \times (1+g)^n \times (1-t)^n \tag{5-3}$$

或

$$I_n = I_0 \times (1+g)^n \times (1-t)^n \tag{5-3'}$$

若已知基准年的 G_0、T_0 值（或 I_0 值）及 g、t 值，即可按式（5-3）或式（5-3'）计算第 n 年的环境负荷 I_n 值。

为了便于计算，在表 5-1 和表 5-2 中分别列出了 $(1+g)^n$ 和 $(1-t)^n$ 的计算值。这两张表的使用方法很简单。例如，若已知 $g=0.07$，$n=5$，则可在表 5-1 中查得 $(1+0.07)^5 = 1.403$。又例如，若已知 $t=0.04$，$n=5$，则可在表 5-2 中查得 $(1-0.04)^5 = 0.815$。

表 5-1　$(1+g)^n$ 的计算值

n \ g	0.01	0.02	0.03	0.04	0.05	0.06	0.07	0.08	0.09	0.10
1	1.010	1.020	1.030	1.040	1.050	1.060	1.070	1.080	1.090	1.100
2	1.020	1.040	1.061	1.082	1.103	1.124	1.145	1.166	1.188	1.210
3	1.030	1.061	1.093	1.125	1.158	1.191	1.225	1.260	1.295	1.331
4	1.041	1.082	1.126	1.170	1.215	1.262	1.311	1.360	1.412	1.464

续表

g\n	0.01	0.02	0.03	0.04	0.05	0.06	0.07	0.08	0.09	0.10
5	1.051	1.104	1.159	1.217	1.276	1.338	1.403	1.469	1.539	1.611
6	1.062	1.126	1.194	1.265	1.340	1.419	1.501	1.587	1.677	1.772
7	1.072	1.149	1.230	1.316	1.407	1.504	1.606	1.714	1.828	1.949
8	1.083	1.172	1.267	1.369	1.477	1.594	1.718	1.851	1.993	2.144
9	1.094	1.195	1.305	1.423	1.551	1.689	1.838	1.999	2.172	2.358
10	1.105	1.219	1.344	1.480	1.629	1.791	1.967	2.159	2.367	2.594

g\n	0.11	0.12	0.13	0.14	0.15	0.16	0.17	0.18	0.19	0.20
1	1.110	1.120	1.130	1.140	1.150	1.160	1.170	1.180	1.190	1.200
2	1.232	1.254	1.277	1.300	1.323	1.346	1.369	1.392	1.416	1.440
3	1.368	1.405	1.443	1.482	1.521	1.561	1.602	1.643	1.685	1.728
4	1.518	1.574	1.630	1.689	1.749	1.811	1.874	1.939	2.005	2.074
5	1.685	1.762	1.842	1.925	2.011	2.100	2.192	2.288	2.386	2.488
6	1.870	1.974	2.082	2.195	2.313	2.436	2.565	2.700	2.840	2.986
7	2.076	2.211	2.353	2.502	2.660	2.826	3.001	3.185	3.380	3.583
8	2.305	2.476	2.658	2.853	3.059	3.278	3.511	3.759	4.021	4.300
9	2.558	2.773	3.004	3.252	3.518	3.803	4.108	4.435	4.785	5.160
10	2.839	3.106	3.395	3.707	4.046	4.411	4.807	5.234	5.695	6.192

表 5-2　　$(1-t)^n$ 的计算值

t\n	0.01	0.02	0.03	0.04	0.05	0.06	0.07	0.08	0.09	0.10
1	0.990	0.980	0.970	0.960	0.950	0.940	0.930	0.920	0.910	0.900
2	0.980	0.960	0.941	0.922	0.903	0.884	0.865	0.846	0.828	0.810
3	0.970	0.941	0.913	0.885	0.857	0.831	0.804	0.779	0.754	0.729
4	0.961	0.922	0.885	0.849	0.815	0.781	0.748	0.716	0.686	0.656
5	0.951	0.904	0.859	0.815	0.774	0.734	0.696	0.659	0.624	0.590
6	0.941	0.886	0.833	0.783	0.735	0.690	0.647	0.606	0.568	0.531
7	0.932	0.868	0.808	0.751	0.698	0.648	0.602	0.558	0.517	0.478
8	0.923	0.851	0.784	0.721	0.663	0.610	0.560	0.513	0.470	0.430
9	0.914	0.834	0.760	0.693	0.630	0.573	0.520	0.472	0.428	0.387
10	0.904	0.817	0.737	0.665	0.599	0.539	0.484	0.434	0.389	0.349

t n	0.11	0.12	0.13	0.14	0.15	0.16	0.17	0.18	0.19	0.20
1	0.890	0.880	0.870	0.860	0.850	0.840	0.830	0.820	0.810	0.800
2	0.792	0.774	0.757	0.740	0.723	0.706	0.689	0.672	0.656	0.640
3	0.705	0.681	0.659	0.636	0.614	0.593	0.572	0.551	0.531	0.512
4	0.627	0.600	0.573	0.547	0.522	0.498	0.475	0.452	0.430	0.410
5	0.558	0.528	0.498	0.470	0.444	0.418	0.394	0.371	0.349	0.328
6	0.497	0.464	0.434	0.405	0.377	0.351	0.327	0.304	0.282	0.262
7	0.442	0.409	0.377	0.348	0.321	0.295	0.271	0.249	0.229	0.210
8	0.394	0.360	0.328	0.299	0.272	0.248	0.225	0.204	0.185	0.168
9	0.350	0.316	0.286	0.257	0.232	0.208	0.187	0.168	0.150	0.134
10	0.312	0.279	0.248	0.221	0.197	0.175	0.155	0.137	0.122	0.107

现举两个例题，说明式（5-3）和式（5-3′）的一般用法。

例 5-4.　以 2005 年为基准，设某地在 2006～2010 年期间 GDP 年增长率为 $g=0.07$，单位 GDP 能源消耗量年下降率为 $t=0.04$。问：该地 2010 年能源消耗比 2005 年增加百分之几？

解：因为

$$I_n = I_0 \times (1+g)^n \times (1-t)^n$$

故有

$$\frac{I_n}{I_0} = (1+g)^n \times (1-t)^n$$

将 $n=5$，$g=0.07$，$t=0.04$ 代入上式，得

$$\frac{I_5}{I_0} = (1+0.07)^5 \times (1-0.04)^5$$

查表 5-1 和表 5-2，将查得的 $(1+0.07)^5$ 和 $(1-0.04)^5$ 的值代入上式，得

$$\frac{I_5}{I_0} = 1.403 \times 0.815 = 1.143$$

即 2010 年能源消耗量比 2005 年增加 14.3%。

例 5-5.　若将例 5-4 中的 g 值提高为 0.09、0.11、0.13、0.15、0.17，问：在这五种情况下该地 2010 年的能源消耗比 2005 年分别增加百分之几？

解：计算方法同例 5-4。计算结果列于下表中。

t	g	I_5/I_0	能耗增加的百分数/%
0.04	0.09	$(1+0.09)^5(1-0.04)^5=1.254$	25.4
	0.11	$(1+0.11)^5(1-0.04)^5=1.373$	37.3
	0.13	$(1+0.13)^5(1-0.04)^5=1.501$	50.1
	0.15	$(1+0.15)^5(1-0.04)^5=1.639$	63.9
	0.17	$(1+0.17)^5(1-0.04)^5=1.786$	78.6

由上表可见，各种情况下的能源消耗量与 GDP 年增长率密切相关。

5.2.3　单位 GDP 环境负荷年下降率的临界值

由式 (5-3′) 可导出单位 GDP 环境负荷年下降率 t 的临界值 t_k。将式 (5-3′) 写成如下形式：

$$I_n = I_0 \times [(1+g) \times (1-t)]^n \tag{5-4}$$

由式 (5-4) 可见，在 GDP 增长过程中，环境负荷的变化可能出现逐年上升、保持不变，以及逐步下降三种情况。其条件分别是：

(1) 环境负荷 I_n 逐年上升，即

$$(1+g) \times (1-t) > 1 \tag{5-5a}$$

(2) 环境负荷 I_n 保持不变，即

$$(1+g) \times (1-t) = 1 \tag{5-5b}$$

(3) 环境负荷 I_n 逐年下降，即

$$(1+g) \times (1-t) < 1 \tag{5-5c}$$

式 (5-5b) 是在经济增长过程中，环境负荷保持原值不变的临界条件。从中可求得 t 的临界值 t_k 为

$$t_k = 1 - \frac{1}{1+g} = \frac{g}{1+g} \tag{5-6}$$

式中：t_k 为单位 GDP 环境负荷年下降率的临界值。

因此，以 t_k 为判据，环境负荷在经济增长过程中的变化，有以下三种可能：

(1) 若 $t < t_k$，则环境负荷逐年上升；

(2) 若 $t = t_k$，则环境负荷保持原值不变；

(3) 若 $t > t_k$，则环境负荷逐年下降。

由此可见，式 (5-6) 虽然很简单，但对于建设资源节约型、环境友好型社会，具有十分重要的意义。

由式 (5-6) 可见，t_k 值略小于 g 值，见表 5-3。

表 5-3　$t_k = g/(1+g)$ 的计算值

g	0.01	0.02	0.03	0.04	0.05	0.06	0.07	0.08
t_k	0.0099	0.0196	0.0291	0.0385	0.0476	0.0566	0.0654	0.0741
g	0.09	0.10	0.11	0.12	0.13	0.14	0.15	
t_k	0.0826	0.0909	0.0991	0.1071	0.1150	0.1228	0.1304	

由表 5-3 可见，g 值越大，t_k 值就越大。也就是说，GDP 增长越快，越不容易实现在经济增长的同时，环境负荷保持不变或逐年下降。目前中国的情况正是如此。这就是建设资源节约型、环境友好型社会的难点所在。

例 5-6. 设某地 2005 年能源消耗量为 $I_0 = 3000 \times 10^4$ t 标准煤，按计划 GDP 年增长率为 $g = 0.07$，求以下三种情况下该地 2010 年的能源消耗量：

(1) $t = t_k$；(2) $t = 0.04$；(3) $t = 0.07$。

解：(1) $t = t_k$。

计算 $g = 0.07$ 时的 t_k 值。

$$t_k = \frac{g}{1+g} = \frac{0.07}{1+0.07} = 0.065\,42$$

计算该地 2010 年能源消耗量 I_n。

按式 (5-3′) 有

$$I_n = I_0 (1+g)^n (1-t_k)^n = I_0 (1+g-t_k-g \times t_k)^n$$

方法 1：将 $t_k = g/(1+g)$，$n = 5$ 代入上式，得

$$I_5 = I_0 \times 1^5$$

故

$$I_5 = I_0$$

方法 2：将 $g = 0.07$，$t_k = 0.065\,42$，$n = 5$，$I_0 = 3000 \times 10^4$ 代入上式，得

$$\begin{aligned}
I_5 &= 3000 \times 10^4 \times (1+0.07-0.065\,42-0.07 \times 0.065\,42)^5 \\
&= 3000 \times 10^4 \times 1.0^5 \\
&= 3000 \times 10^4 \text{（t 标准煤）}
\end{aligned}$$

用以上两种方法均可，结果是相同的，即该地 2010 年能源消耗量与 2005 年持平，仍为 3000×10^4 t 标准煤。

(2) $t = 0.04$。

计算该地 2010 年的能源消耗量 I_5。

$$\begin{aligned}
I_5 &= 3000 \times 10^4 \times (1+0.07)^5 \times (1-0.04)^5 \\
&= 3000 \times 10^4 \times 1.403 \times 0.815 \\
&= 3430 \times 10^4 \text{（t 标准煤）}
\end{aligned}$$

可见，该地 2010 年能源消耗比 2005 年增加 430×10^4 t 标准煤。

（3）　$t=0.07$。

计算该地 2010 年的能源消耗量 I_5。

$$I_5 = 3000 \times 10^4 \times (1+0.07)^5 \times (1-0.07)^5$$
$$= 3000 \times 10^4 \times 1.403 \times 0.696$$
$$= 2930 \times 10^4 \text{（t 标准煤）}$$

可见，该地 2010 年能源消耗比 2005 年减少 70×10^4 t 标准煤。

以上三种情况的计算结果汇总如下：

（1）　$t=t_k=0.065\,42$，2010 年能源消耗量与 2005 年持平。

（2）　$t=0.04$，2010 年能源消耗比 2005 年增加 430 万 t 标准煤。

（3）　$t=0.07$，2010 年能源消耗比 2005 年减少 70 万 t 标准煤。

5.2.4　GDP 年增长率与单位 GDP 环境负荷年下降率之间的合理匹配

在我国第十一个五年规划（2006～2010 年，简称"十一五"规划）中，提出了两方面的具体目标值，即：①实现 2010 年人均 GDP 比 2000 年翻一番；②单位国内生产总值能源消耗比"十五"期末降低 20% 左右；主要污染物排放总量减少 10%。现就该规划中 GDP 年增长率与单位 GDP 能耗年下降率两者之间的合理匹配，做如下理解。

如设 2000～2010 年的十年间 GDP 翻一番，则相当于 $g \approx 0.07$；从 2005～2010 年的五年间单位 GDP 能源消耗量降低 20%，则相当于 $t \approx 0.04$。现按 $g=0.07$，$t=0.04$ 计算，结果如下：

——2010 年 GDP 比 2005 年增长 40.3%；

——2010 年能源消耗量比 2005 年增加 14.3%。

可见，GDP 大幅增长，而能源消耗量增加不多。在 g 和 t 两个关键变量之间，匹配得很是恰当。

然而，有些地方的规划，在这方面或多或少有些偏颇。主要是 g 值偏高，拉大了 g 和 t 之间的差值。但是，相信在科学发展观的指导下，权衡轻重，反复推敲，应该会逐步把这两个变量匹配得更加恰如其分的。

5.3　I_eGTX 方程——经济增长过程中的废物排放量

5.2 节已说过，IGT 方程中的环境负荷 I，不仅可特指各种资源（能源）消耗量，而且可特指各种废物产生量。但是请注意，废物产生量并不是废物排放量，这是因为并未把废物的末端治理和资源化等手段考虑在内。

而本节要讨论的是经济增长过程中废物排放量的上升和下降问题。为此，要对 IGT 方程作必要的修改。

5.3.1　I_eGTX 方程

研究经济增长过程中废物排放量的上升和下降问题，首先要掌握的一个公式为

$$I_e = G \times T \times X \qquad (5\text{-}7)$$

式中：I_e 为废物排放量；G 为 GDP；T 为单位 GDP 废物产生量；X 为废物排放率，等于废物排放量/废物产生量，其值在 $0\sim1$ 之间，即 $0 < X \leqslant 1$。

式（5-7）可称为 I_eGTX 方程，可用于计算各种废物排放量。以 SO_2 为例，式（5-7）可写为

$$SO_2 \text{ 排放量} = GDP \times \frac{SO_2 \text{ 产生量}}{GDP} \times \frac{SO_2 \text{ 排放量}}{SO_2 \text{ 产生量}}$$

若令 $T_e = T \times X$，式（5-7）可表达成如下形式：

$$I_e = G \times T_e \qquad (5\text{-}8)$$

式中：T_e 为单位 GDP 废物排放量。

式（5-8）可称为 I_eGT_e 方程。以 SO_2 为例，式（5-8）可写为

$$SO_2 \text{ 排放量} = GDP \times \frac{SO_2 \text{ 排放量}}{GDP}$$

在编制经济与社会发展规划时，按照 IGT 方程、I_eGTX 方程或 I_eGT_e 方程、或从它们派生出来的其他公式，通过反复推敲，就可以把规划期内各种废物排放量确定下来。

例 5-7.　设某地 2005 年 GDP 为 $G_0 = 1000 \times 10^8$ 元，单位 GDP 的 SO_2 产生量为 $T_0 = 0.04$ t/万元 GDP，SO_2 排放率 $X_0 = 0.8$。按规划，2010 年 GDP 将增至 $G_5 = 1500 \times 10^8$ 元，单位 GDP 的 SO_2 产生量将降为 $T_5 = 0.035$t/万元 GDP，SO_2 排放量比 2005 年降低 10%。问：（1）在规划期内需新增脱硫能力是多少？（2）规划期末（2010 年）的 X_5 应降低到什么程度？

解：（1）计算 2005 年已具有的脱硫能力。

按 IGT 方程，计算 SO_2 产生量。

$$I_0 = G_0 \times T_0$$

将已知的 G_0、T_0 值代入上式，得 2005 年 SO_2 产生量为

$$I_0 = 1000 \times 10^8 \times 0.04 \times \frac{1}{10^4} = 40 \times 10^4 \text{（t）}$$

按 I_eGTX 方程，计算 SO_2 排放量。

$$I_{e0} = G_0 \times T_0 \times X_0 = I_0 \times X_0$$

将已知的 X_0 和 I_0 值代入上式，得 2005 年 SO_2 排放量为

$$I_{e0} = 40 \times 10^4 \times 0.8 = 32 \times 10^4 \text{（t）}$$

计算脱硫量 $I_0 - I_{e0}$

$$I_0 - I_{e0} = (40 - 32) \times 10^4 = 8.0 \times 10^4 \quad (\text{t})$$

可见，2005 年已具有的脱硫能力是每年脱 8 万 t SO_2。

（2）计算规划期内需新增的脱硫能力。

按 IGT 方程，计算 2010 年 SO_2 产生量。

$$I_5 = G_5 \times T_5$$

将已知的 G_5、T_5 值代入上式，得 2010 年 SO_2 产生量为

$$I_5 = 1500 \times 10^8 \times 0.035 \times \frac{1}{10^4} = 52.5 \times 10^4 \quad (\text{t})$$

按题意 SO_2 排放量应比 2005 年减少 10%，即 $I_{e5} = 0.9 I_{e0}$。将 I_{e0} 值代入上式，得 2010 年 SO_2 排放量为

$$I_{e5} = 0.9 \times 32 \times 10^4 = 28.8 \times 10^4 \quad (\text{t})$$

故脱硫量为

$$I_5 - I_{e5} = (52.5 - 28.8) \times 10^4 = 23.7 \times 10^4 \quad (\text{t})$$

假设 2005 年已具有的 8 万 t 脱硫能力一直保持正常运行，则规划期内需新增脱硫能力为

$$(23.7 - 8.0) \times 10^4 = 15.7 \times 10^4 \quad (\text{t})$$

（3）计算 2010 年 SO_2 排放率 X_5。

$$X_5 = \frac{I_{e5}}{I_5}$$

将 I_{e5} 及 I_5 值代入上式，得

$$X_5 = \frac{28.8 \times 10^4}{52.5 \times 10^4} = 0.5486$$

即规划期内，SO_2 排放率应从 $X_0 = 0.8$ 降为 $X_5 = 0.5486$。

5.3.2　$I_e GTX$ 方程的另一种形式

按照 $I_e GTX$ 方程，基准年的废物排放量 I_{e0} 为

$$I_{e0} = G_0 \times T_0 \times X_0 \tag{5-7a}$$

式中：G_0、T_0、X_0 分别为基准年的 GDP、单位 GDP 废物产生量和废物排放率。

基准年以后第 n 年的废物排放量 I_{en} 为

$$I_{en} = G_n \times T_n \times X_n \tag{5-7b}$$

式中：G_n、T_n、X_n 分别为第 n 年的 GDP、单位 GDP 废物产生量和废物排放率。其中

$$G_n = G_0 (1+g)^n$$

$$T_n = T_0 (1-t)^n$$

$$X_n = X_0 (1-x)^n$$

式中：g 为从基准年后第 1 年到第 n 年 GDP 的年增长率；t 为在此期间单位 GDP 废物产生量的年下降率；x 为在此期间废物排放率的年下降率。

将以上三式代入式（5-7b）中，得

$$I_{en} = G_0 \times T_0 \times X_0 \times (1+g)^n \times (1-t)^n \times (1-x)^n \qquad (5-9)$$

或

$$I_{en} = I_{e0} \times (1+g)^n \times (1-t)^n \times (1-x)^n \qquad (5-9')$$

若已知基准年的 G_0、T_0、X_0 值（或 I_{e0} 值）及 g、t、x 值，即可按式（5-9）或式（5-9'）计算第 n 年的废物排放量 I_{en} 值。

因 $T_{e0} = T_0 \times X_0$，所以式（5-7a）可写为

$$I_{e0} = G_0 \times T_{e0} \qquad (5-8a)$$

式中：T_{e0} 为基准年单位 GDP 废物排放量。

因 $T_{en} = T_n \times X_n$，所以式（5-7b）可写为

$$I_{en} = G_n \times T_{en} \qquad (5-8b)$$

式中：T_{en} 为第 n 年单位 GDP 废物排放量。

例 5-8.　以 2005 年为基准，设某地 2006～2010 年 GDP 年增长率为 $g = 0.07$，单位 GDP 的 SO_2 产生量年下降率为 $t = 0.04$，SO_2 排放率年下降率为 0.03。问：该地 2010 年 SO_2 排放量比 2005 年减少百分之几？

解：由式（5-9'）知

$$\frac{I_{en}}{I_{e0}} = (1+g)^n \times (1-t)^n \times (1-x)^n$$

将 $n = 5$，$g = 0.07$，$t = 0.04$，$x = 0.03$ 代入上式，得

$$\frac{I_{e5}}{I_{e0}} = (1+0.07)^5 \times (1-0.04)^5 \times (1-0.03)^5$$

由 5.2 节中的表 5-1 和表 5-2 查得 $(1+0.07)^5 = 1.403$，$(1-0.04)^5 = 0.815$，$(1-0.03)^5 = 0.859$，代入上式，得

$$\frac{I_{e5}}{I_{e0}} = 1.403 \times 0.815 \times 0.859 = 0.982$$

即与 2005 年相比，2010 年 SO_2 排放量减少 1.8%。

5.3.3　废物排放率年下降率的临界值

由式（5-9'）可导出废物排放率年下降率 x 的临界值 x_k。将式（5-9'）写成如下形式：

$$I_{en} = I_{e0} \times [(1+g) \times (1-t) \times (1-x)]^n \qquad (5-10)$$

由式（5-10）可见，I_{en} 与 I_{e0} 之间可能出现三种情况，其条件分别如下：

(1)　废物排放量 I_{en} 逐年上升，即

$$(1+g)\times(1-t)\times(1-x)>1 \tag{5-11a}$$

(2)　废物排放量 I_{en} 保持不变，即

$$(1+g)\times(1-t)\times(1-x)=1 \tag{5-11b}$$

(3)　废物排放量 I_{en} 逐年下降，即

$$(1+g)\times(1-t)\times(1-x)<1 \tag{5-11c}$$

式（5-11b）是废物保持原值不变的临界条件，从中可求得 x 的临界值 x_k 为

$$x_k=1-\frac{1}{(1+g)\times(1-t)} \tag{5-12}$$

式中：x_k 是废物排放率年下降率的临界值。

因此，以 x_k 为判据，在经济增长过程中废物排放量的变化有以下三种可能：

(1)　若 $x<x_k$，则废物排放量逐年上升；

(2)　若 $x=x_k$，则废物排放量保持不变；

(3)　若 $x>x_k$，则废物排放量逐年下降。

由此可见，式（5-12）虽然很简单，但对于环境治理具有十分重要的意义。

例 5-9. 设某地 2005 年 SO_2 排放量为 40×10^4 t，其后 5 年内 GDP 年增长率 $g=0.07$，单位 GDP SO_2 产生量年下降率 $t=0.04$。求以下三种情况下该地 2010 年的 SO_2 排放量：(1) $x=x_k$；(2) $x=0.01$；(3) $x=0.05$。

解：(1) $x=x_k$。

按式（5-12）计算 $g=0.07$，$t=0.04$ 情况下的 x_k 值。

$$x_k=1-\frac{1}{(1+0.07)\times(1-0.04)}=0.0265$$

计算该地 2010 年 SO_2 排放量 I_{e5}。

将 $I_{e0}=40\times10^4$，$g=0.07$，$t=0.04$，$x=x_k=0.0265$ 代入式（5-9'），得

$$I_{e5}=40\times10^4\times[(1+0.07)\times(1-0.04)\times(1-0.0265)]^5$$
$$=40\times10^4\times1.0^5$$
$$=40\times10^4\ (t)$$

即该地 2010 年 SO_2 排放量与 2005 年持平。

(2) $x=0.01$。

计算该地 2010 年 SO_2 排放量 I_{e5}。

$$I_{e5}=40\times10^4\times(1+0.07)^5\times(1-0.04)^5\times(1-0.01)^5$$
$$=43.5\times10^4\ (t)$$

即该地 2010 年 SO_2 排放量比 2005 年增加 3.5×10^4 t。

(3) $x=0.05$。

计算该地 2010 年 SO_2 排放量 I_{e5}。

$$I_{e5}=40\times10^{4}\times(1+0.07)^{5}\times(1-0.04)^{5}\times(1-0.05)^{5}$$
$$=35.4\times10^{4}\ \ (t)$$

即该地 2010 年 SO_2 排放量比 2005 年减少 4.6×10^{4} t。

以上计算结果汇总如下:

(1) $x=x_k=0.0265$, 2010 年 SO_2 排放量与 2005 年持平。

(2) $x=0.01$, 2010 年 SO_2 排放量比 2005 年增加 3.5×10^{4} t, 比 2005 年增加 8.75%。

(3) $x=0.05$, 2010 年 SO_2 排放量比 2005 年减少 4.6×10^{4} t, 比 2005 年减少 11.5%。

例 5-10. 以 2005 年为基准年, 在其后的 5 年内某地单位 GDP SO_2 产生量年下降率为 $t=0.04$, SO_2 排放率年下降率为 $x=0.05$。问: 在 GDP 年增长率为 $g=0.07$、0.09、0.11、0.13、0.15、0.17 等六种情况下, 该地 2010 年的 SO_2 排放量比 2005 年分别增减百分之几?

解: 计算方法同前例, 计算结果列于下表中。

t	x	g	I_5/I_0	SO_2 排放量的增减/%
0.04	0.05	0.07	$(1+0.07)^{5}(1-0.04)^{5}(1-0.05)^{5}=0.885$	-11.5
		0.09	$(1+0.09)^{5}(1-0.04)^{5}(1-0.05)^{5}=0.971$	-2.9
		0.11	$(1+0.11)^{5}(1-0.04)^{5}(1-0.05)^{5}=1.063$	$+6.3$
		0.13	$(1+0.13)^{5}(1-0.04)^{5}(1-0.05)^{5}=1.162$	$+16.2$
		0.15	$(1+0.15)^{5}(1-0.04)^{5}(1-0.05)^{5}=1.268$	$+26.8$
		0.17	$(1+0.17)^{5}(1-0.04)^{5}(1-0.05)^{5}=1.383$	$+38.3$

我国"十一五"规划提出的指标是: 2010 年主要污染物(SO_2、化学需氧量)排放总量分别比 2005 年减少 10%。按此指标衡量, 在上表中只有 $g=0.07$, $t=0.04$, $x=0.05$ 这一种情况符合要求; 其他五种情况均不可取。在这些情况下, 要想使 SO_2 排放量减少, 就得调高 t 和 x 值, 而调得过高又不可行。因此, 要点是在"十一五"规划的指导下, 从实际出发, 统筹兼顾, 仔细掂量, 把 g、t、x 这三个参数匹配好。

主要参考文献

陆钟武. 2005. 关于进一步做好循环经济规划的几点看法. 环境保护, (1): 14~17, 25

陆钟武. 2007. 经济增长与环境负荷之间的定量关系. 环境保护, (7): 13~18

陆钟武, 毛建素. 2003. 穿越"环境高山"——论经济增长过程中环境负荷的上升与下降. 中国工程科学, 5(12): 36~42

中国共产党第十六届中央委员会. 2005-10-19. 中共中央关于制定国民经济和社会发展第十一个五年规划的建议. http://www.gmw.cn/01gmrb/2005-10/19/content_319048.htm

Chertow M R. 2001. The IPAT equation and its variants: changing views of technology and environmental impact. Journal of Industrial Ecology, 4(4): 13~30

Graedel T E, Allenby B R. 2003. Industrial Ecology. 2nd Edition. New Jersey: Prentice Hall: 5~7

Rao P K. 2000. Sustainable Development: Economics and Policy. New Jersey: Blackwell Publishing: 97~100

复习思考题

1. 20世纪末，设某地人口为 $P_0=0.42\times10^8$ 人，人均 GDP 为 $A_0=800$ 美元/人；21世纪中叶，人口为 $P=0.56\times10^8$ 人，人均 GDP 为 $A=8500$ 美元/人。（1）如在此期间不允许环境负荷上升，问万美元 GDP 环境负荷应降低多少？（2）如允许环境负荷上升30%，问万美元 GDP 环境负荷应降低多少？

2. 已知某市2000年 GDP 为 $G_0=1500\times10^8$ 元，新水耗量为 $I_0=18\times10^8$ m³；2020年 GDP 增至 $G=7000\times10^8$ 元。如到2020年新水耗量只允许增加20%，问2020年万元 GDP 新水耗量应为多少，并与2000年作对比。

3. 若将例5-8中的 g 值提高到0.09，0.11，0.13，0.15，0.17，在这五种情况下该地2010年 SO₂ 排放量比2005年分别增加百分之几？从中你发现了什么规律。

4. 查阅你所在省份和城市的国民经济和社会发展"十一五"规划，根据规划中的经济增长指标和能源消耗指标，计算"十一五"期间的经济增长量和能源消耗增长量，思考一下 GDP 的年增长率与单位 GDP 环境负荷的年下降率两者之间是否匹配？

第6章 穿越"环境高山"

目前我国正处在工业化的进程中，要最终完成工业化的全过程，还有较长一段路要走。这条路究竟怎样走才能实现经济和环境"双赢"，是必须做出选择的重大问题。这是因为：①经济增长的势头可能还将延续，今后只有走对了路，才能避免环境负荷的快速上升；否则，我国严重的环境问题就很难扭转。②我国是最大的发展中国家，经济和环境负荷总量，在世界上都已占有一定份额，将来还会越来越大。环境负荷总量若得不到有效控制，不仅我国自身承受不了，而且对于世界都会有较大影响。

党的十六大及时指出，我国必须走出一条经济效益好、资源消耗低、环境污染少、人力资源得到充分发挥的新型工业化路子来。党的十七大提出要深入贯彻落实科学发展观。这是高瞻远瞩的宏伟战略目标，它给全国人民指明了方向，意义十分重大。环保和经济工作者的任务，是把这条新型工业化道路以及科学发展观进一步具体化，并把它落到实处。

环境和发展，两者必须联系起来，才能看清问题的本质。这个观点，是从20世纪80年代起人们才逐渐认识到的。近来国内外出版了一些有分量的专著，很有参考价值。

本章将论述在我国工业化的进程中，避免出现严重环境问题的原则思路；对经济增长过程中环境负荷的上升和下降问题进行必要的理论分析；以能源消耗量为例，分析一些国家和我国一些省份在经济增长过程中环境负荷的变化情况；并对我国未来的环境负荷进行预测。

6.1 基 本 思 想

一二百年来，西方各发达国家的经济增长与环境负荷的升降过程以及未来的趋势，如图 6-1(a) 所示。图中横坐标是"发展状况"，它比经济状况的含义更广泛些；纵坐标是"资源消耗"，强调的是环境负荷的源头方面。由图可见，在经济增长的过程中，环境负荷的升降分为三阶段，即工业化阶段：环境负荷不断上升；大力补救阶段：环境负荷以较慢的速度上升，达到顶点后，逐步下降；远景阶段（尚未完全实现）：环境负荷继续下降，直到很低的程度。在前两个阶段的一部分时间里，有些国家的环境问题曾经十分严重。今后的任务是不断地降低环境负荷，沿着图中的虚线往前走。

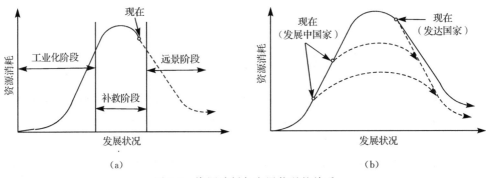

图 6-1　资源消耗与发展状况的关系

发展中国家的经济增长，起步较晚，至今仍在工业化的征途中。这些国家应以发达国家的历史为鉴，认真吸取其经验教训，不去重复它们的错误。也就是说，不要等到工业化的后期，才采取补救措施，而要当机立断，立即采取有力措施，争取早日进入第二和第三阶段，如图 6-1(b) 所示。这样，就可以在工业化进程的后半段时间内，避免出现十分严重的环境问题。

如果把图 6-1 中描绘发达国家环境负荷的曲线看成是一座高山，那么发展经济就是一次翻山活动。发达国家已经基本上翻过了这座"环境高山"，经济大幅度发展了，但是也曾付出过沉重的环境代价。所以，发展中国家最好不要再走发达国家从山顶上翻过去的老路，而需另走一条新路，那就是在半山腰上开凿一条隧道，从其中穿过去。这样，翻山活动变成了穿山活动，付出的代价（环境负荷）较低，而前进的水平距离（经济增长）却没变。

如果我国今后继续走传统的工业化老路，往山顶上爬，那么可以预料，未来的资源环境问题必将十分严重。所以，这条路是走不得的，也是走不通的。我国唯一的正确选择是下决心在"环境高山"的半山腰穿过去，走出一条新型工业化的道路，避开资源环境问题最严重的阶段。而且这个决心下得越早越好。这是属于"机不可失，时不再来"的一种选择。如果错过当前的时机，等若干年后再下决心，就可能为时已晚。

6.2　理 论 分 析

本节将运用第 5 章中的一些公式，对穿越"环境高山"思想，进行理论分析。分析过程中设定：工业化可划分为前、中、后三期；GDP 的增速前期较慢，中期较快，后期重新放慢；后工业化时期的 GDP 增速亦较慢。

1）　资源消耗量方面

分析资源消耗量在穿越"环境高山"过程中的变化，主要运用第 5 章中的以下几个基本公式：

$$I_0 = G_0 \times T_0$$
$$I_n = G_n \times T_n$$
$$I_n = G_0 \times T_0 \times (1+g)^n \times (1-t)^n$$

以及

$$t_k = \frac{g}{1+g}$$

以上各式中：I_0、I_n 分别为基准年和第 n 年的资源消耗量；G_0、G_n 分别为基准年和第 n 年的 GDP 值；T_0、T_n 分别为基准年和第 n 年的单位 GDP 资源消耗量；g 为从基准年到第 n 年 GDP 年增长率；t 为从基准年到第 n 年单位 GDP 资源消耗量的年下降率；t_k 是 t 的临界值。

穿越"环境高山"的实质，就是在工业化前期和中期，尽可能提高 t 值，缩小它与 t_k 的差距；GDP 增速放缓后，及早使 $t = t_k$，进而使 $t > t_k$。这样就可以做到在 GDP 增长过程中，资源消耗缓慢增长，然后逐步下降。

例 6-1. 设某国工业化开始前 GDP 值为 G_0，单位 GDP 能耗量为 T_0，能耗量为 $I_0 = G_0 \times T_0$。工业化各期的延续时间和各期的 g、t 值如下表所列。表中 t 值的变化有两个方案，即方案 1 和方案 2。现按这两个方案，求解该国在工业化过程中经济增长与能源消耗量之间的关系曲线。

		前期	中期	后期第一阶段	后期第二阶段
延续时间/a		10	30	5	5
g		0.04	0.08	0.05	0.04
t	方案 1	0.02	0.04	0.04	0.04
	方案 2	0.00	0.00	0.0476（t_k）	0.0385（t_k）

解：按以上各式编写计算程序，依次输入表中方案 1 和方案 2 的有关数据，输出各年度的 G_n 和 I_n 值。把这些输出值标绘在图上，得到完全不同的两条曲线，如图 6-2 所示。图中，横坐标是 G_n/G_0，即 GDP 的增长倍数；纵坐标是 I_n/I_0，即能耗量的增加倍数。

按方案 1 的计算结果，如图 6-2 中曲线 1 所示。在工业化期间，G_n 增至 $23.13 \times G_0$，而 I_n 仅增至 $3.692 \times I_0$，节能效果较为显著。

按方案 2 的计算结果，如图 6-2 中曲线 2 所示。由于在工业化前期、中期，单位 GDP 能耗量始终没有降低，即 $t = 0$，因此，能耗量与 GDP 同步增长。直到后期才大力采取补救措施，使能耗量不再增加，然而，这时的能耗量已高达

$14.90 \times I_0$，失去了有效节能的时机。

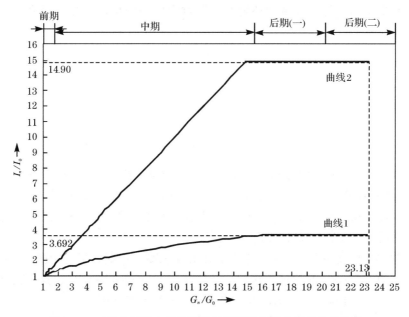

图 6-2　工业化过程中经济增长与能源消耗量之间的关系曲线

　　图 6-2 中的两条曲线都没有延伸到后工业化时期。但是，可以肯定，到那时能耗量必将逐步减少。

　　在本例中，曲线 1 代表的是穿越"环境高山"，而曲线 2 代表的是翻越"环境高山"。对比这两种情况，GDP 增长完全相同，而能耗量的变化却差别很大。这就是为什么要强调走穿越"环境高山"之路的道理所在。

　　2）　废物排放量方面

　　分析废物排放量在穿越"环境高山"过程中的变化，主要运用第 5 章中的以下几个基本公式：

$$I_{e0} = G_0 \times T_0 \times X_0$$

$$I_{en} = G_n \times T_n \times X_n$$

$$I_{e0} = G_0 \times T_{e0}$$

$$I_{en} = G_n \times T_{en}$$

$$I_{en} = G_0 \times T_0 \times X_0 \times (1+g)^n \times (1-t)^n \times (1-x)^n$$

以及

$$x_k = 1 - \frac{1}{(1+g) \times (1-t)}$$

以上各式中：I_{e0}、I_{en} 分别为基准年和第 n 年的废物排放量；G_0、G_n 分别为基准

年和第 n 年的 GDP 值；T_0、T_n 分别为基准年和第 n 年的单位 GDP 废物产生量；T_{e0}、T_{en} 分别为基准年和第 n 年的单位 GDP 废物排放量；X_0、X_n 分别为基准年和第 n 年的废物排放率；g 为从基准年到第 n 年 GDP 年增长率；t 为从基准年到第 n 年单位 GDP 废物产生量的年下降率；x 为从基准年到第 n 年废物排放率的年下降率；x_k 为 x 的临界值。

穿越"环境高山"的实质，从废物排放量方面来说，就是在工业化过程中，尽可能提高 t 值，并在此基础上，尽可能提高 x 值。这样就可以做到在 GDP 增长过程中，废物排放缓慢增长，然后逐步下降。

例 6-2.　设某国工业化开始前 GDP 值为 G_0，单位 GDP SO_2 产生量为 T_0，SO_2 排放率为 X_0，SO_2 排放量 $I_{e0} = G_0 \times T_0 \times X_0$。工业化各期的延续时间和各期的 g、t 和 x 值如下表所列。表中 t 和 x 值的变化各有两个方案，即方案 1 和方案 2。现按这两个方案，求解该国在工业化过程中经济增长与 SO_2 排放量之间的关系曲线。

		前期	中期第一阶段	中期第二阶段	后期第一阶段	后期第二阶段
延续时间/a		10	15	15	5	5
g		0.04	0.08		0.05	0.04
t	方案 1	0.02	0.04		0.04	0.04
	方案 2	0.00	0.00		0.00	0.00
x	方案 1	0.01	0.02	0.05	0.03	0.02
	方案 2	0.00	0.00	0.00	0.0476（x_k）	0.0385（x_k）

解：按以上各式编写计算程序，依次输入表中方案 1 和方案 2 的有关数据，输出各年度的 G_n 和 I_n 值。把这些输出值标绘在图上，得到完全不同的两条曲线，如图 6-3 所示。图中，横坐标是 G_n/G_0，即 GDP 的增长倍数；纵坐标是 I_{en}/I_{e0}，即 SO_2 排放量的增加倍数。

按方案 1 的计算结果，如图 6-3 中的曲线 1 所示。在工业化期间，G_n 增至 $23.13 \times G_0$，而 I_{en} 降至 $0.887 \times I_{e0}$，其中因 t 的作用使 SO_2 的产生量降低到 $3.701 \times I_{e0}$，因 x 的作用使 SO_2 的排放量从 $3.701 \times I_{e0}$ 进一步降低到 $0.887 \times I_{e0}$，SO_2 减排效果较为显著。

按方案 2 的计算结果，如图 6-3 中的曲线 2 所示。由于在工业化前期、中期，单位 GDP SO_2 排放量始终没有降低，即 $t = 0$，$x = 0$，因此，SO_2 排放量与 GDP 同步增长，直到后期才大力采取补救措施，使 SO_2 排放量不再增加，然而，这时的 SO_2 排放量已高达 $14.90 \times I_{e0}$，失去了有效减排 SO_2 的时机。

图 6-3 中的两条曲线都没有延伸到后工业化时期。但是，可以肯定，到那时 SO_2 排放量必将逐步减少。

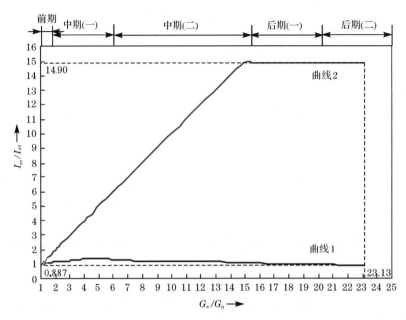

图 6-3　工业化过程中经济增长与 SO_2 排放量之间的关系曲线

在本例中，曲线 1 代表的是穿越"环境高山"，而曲线 2 代表的是翻越"环境高山"。对比这两种情况，GDP 增长完全相同，而 SO_2 排放量的变化却差别很大。这就是为什么要强调走穿越"环境高山"之路的道理所在。

6.3　实例及其分析

以能源消耗量为例，分析一些国家和我国一些省份经济增长过程中环境负荷的升降实况。

6.3.1　国家级实例及分析

在 1980～1999 年，一些国家人均 GNP[*] 增长过程中人均年能源消耗量变化的实况，如图 6-4 所示。图中的每根折线代表一个国家，每根折线上的三个点分别是 1980 年、1990 年、1999 年该国的坐标点。每根折线第三个点上的箭头表明线的走向。

---

[*] 1999 年 GNP 数据为 2000 年值，详见《中国现代化报告 2003——现代化理论、进展与展望》附表 4-13。

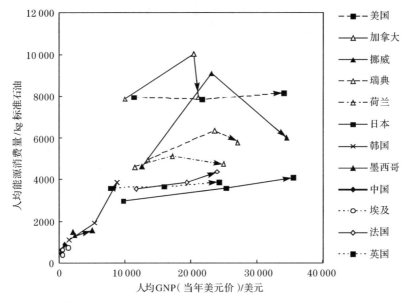

图 6-4 几个国家的人均能源负荷-人均 GNP 变化曲线

图 6-4 的整个画面好像是一幅群山图,"环境高山"的轮廓显现的比较清楚。图中加拿大、挪威、瑞典、荷兰四国,人均能源消耗量自 1990 年开始下降;其他发达国家则在 1980~1999 年基本保持稳定或稍有上升;发展中各国,就完全是另一种情况,它们的箭头全都直指上方。运用第 5 章中有关公式,对各国的数据进行必要的计算后,可得到以下看法:

(1) 在 20 世纪 90 年代,加拿大、挪威、瑞典、荷兰的共同点是 $t > t_k$,所以人均能源消费量下降。例如,挪威 $g = 4\%$,$t_k = 3.85\%$,而 $t = 8\%$,所以,人均能源消费量(标准石油)从 9083kg/a 降为 5965kg/a;又例如,加拿大 $g = 1\%$,$t_k = 0.99\%$,而 $t = 3\%$,所以,人均能源消费量(标准石油)从 10 009kg/a 降为 7929kg/a。

(2) 其他发达国家的 t 值比较接近或等于它们各自的 t_k 值,所以,人均能源消费量稍有上升或基本不变。

(3) 发展中各国的情况是,单位 GNP 能源消费量的下降,远远跟不上人均 GNP 的增长,所以人均能源消费量大幅度上升。例如,韩国在 1980~1990 年,单位 GNP 能源消费量以每年 7% 的速度下降,但人均 GNP 以每年 14% 的速度上升,前者比后者低得多,所以人均能源消费量(标准石油)从 1087kg/a 上升为 1898kg/a。

(4) 从一些国家单位 GNP 能源消费量的比较(表 6-1)可见,各国之间的差异相当大。能源利用最好的国家是日本,利用很差的是中国。

表 6-1　　一些国家的千美元能源消费量（以标准石油计）（单位：kg/千美元）

年份	日本	挪威	荷兰	美国	加拿大	墨西哥	韩国	中国
1980	300	363.6	400.5	698	774.4	711	715	1452
1990	140	392.8	295.8	359	489.0	522	351	1616
1999	114	127.7	187.7	239	357.3	304	434.5	1033

图 6-5 是中、美、日三国在过去的半个世纪里，经济增长与能源消耗的实况。由图可见，近 30 年来，美国和日本的年能源消耗量都已基本稳定。中国则不然，能源消费量与 GDP 同步增长，只是近几年来能源消费量上升的速度才慢下来。中、美两国的曲线连起来看，中国还正在往"环境高山"上爬。日本的情况很不一样，能源消费量从来就不曾上升到很高的数量。可以认为，在能源消耗问题上，日本所走的路子就是穿越"环境高山"。

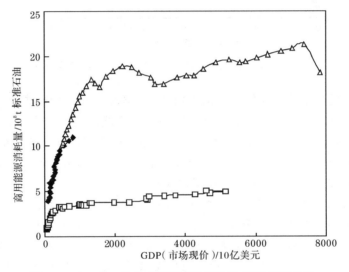

图 6-5　中、美、日三国商用能源消耗量-GDP 关系曲线

6.3.2　省级实例及分析

1980～2005 年，我国一些省、自治区和直辖市人均 GDP 增长过程中人均能源消耗量变化的实况，如图 6-6 所示。图中的每一根折线代表一个省、自治区、直辖市，每根折线上的四个点分别是 1980 年、1990 年、2000 年、2005 年该省或市的坐标点。运用第 5 章中有关公式，经必要计算后，可以见到以下几点：

（1）各省、自治区和直辖市的共同特点是 $t < t_k$，人均能源消费量随人均 GDP 的增长而上升。浙江省最突出，1990～2005 年，单位 GDP 能源消费量每

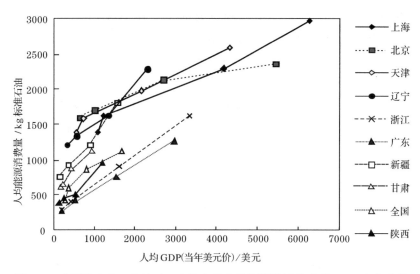

图 6-6 中国几个省、自治区、直辖市的人均能源消耗量-人均 GDP 变化曲线

年递减约 5%，但人均 GDP 每年递增约 15%，所以人均能源消费量（以标准石油计）从 411kg/a 上升到 1623kg/a。经济发展较快的其他省、市，如广东省、上海市，也大致如此。

(2) 各省、自治区和直辖市单位 GDP 能源消费量的差别较大，见表 6-2。以 2005 年为例，广东省单位 GDP 能源消费量为 412kg/千美元，而甘肃省达 1179kg/千美元，两者的比值为 1：2.9。各省、市情况不同，但相互交流经验看来十分重要。

表 6-2 中国几个省、自治区、直辖市的单位 GDP 能源消费量（以标准石油计）

（单位：kg/千美元）

年份	广东	上海	浙江	辽宁	新疆	甘肃
1980	1364	1257	1529	3655	4533	3760
1990	825	1311	926	2369	2452	2843
2000	491	550	557	1203	1337	1866
2005	412	459	469	955	1101	1179

6.4 中国环境负荷的预测

中国 2001 年 GDP 增长率为 7.3%；在下面的预测中，假设今后 20 年内 GDP 按 $g=0.07$ 递增。

为了便于讨论问题，设中国 2001 年的 GDP 为 G_0，环境负荷为 I_0，单位

GDP 环境负荷为 T_0；单位 GDP 环境负荷的年下降率（t 值）按 $t=0.0$，$t=0.04$，$t=t_k=0.0654$ 三种情况考虑。在上述条件下，按式 $G_n=G_0(1+g)^n$，$T_n=T_0(1-t)^n$，$I_n=G_0 \times T_0 \times (1+g)^n \times (1-t)^n$ 计算 2005 年、2010 年、2020 年的 G、T 及 I 值，计算结果如表 6-3 所示。

表 6-3　中国 2005 年、2010 年、2020 年 G、I 及 T 的计算值

年份	GDP（G）	环境负荷（I）	单位 GDP 环境负荷（T）
2001	G_0	I_0	T_0
		$g=0.07$，$t=0.00$	
2005	$1.311G_0$	$1.311I_0$	T_0
2010	$1.838G_0$	$1.838I_0$	T_0
2020	$3.617G_0$	$3.617I_0$	T_0
		$g=0.07$，$t=0.04$	
2005	$1.311G_0$	$1.113I_0$	$0.849T_0$
2010	$1.838G_0$	$1.273I_0$	$0.693T_0$
2020	$3.617G_0$	$1.665I_0$	$0.460T_0$
		$g=0.07$，$t=t_k=0.0654$	
2005	$1.311G_0$	I_0	$0.763T_0$
2010	$1.838G_0$	I_0	$0.544T_0$
2020	$3.617G_0$	I_0	$0.277T_0$

表 6-3 可用于中国各种环境负荷的 2005 年、2010 年、2020 年的预测。

以能源消耗为例，2001 年能源消耗量（以标准煤计）为 $I_0=13.2 \times 10^8$ t，GDP 为 $G_0=95\,933.3$ 亿元人民币（当年价），由此算得单位 GDP 的能源消耗量为 $T_0=1.376 \times 10^4$ t/亿元人民币。

将以上 G_0、I_0、T_0 值代入表 6-3 后得表 6-4。

表 6-4　中国 2005 年、2010 年、2020 年 GDP、能耗、单位 GDP 能耗的计算值（以标准煤计）

年份	GDP /亿元人民币	能耗/10^4t	单位 GDP 能耗 /（10^4t/亿元人民币）
2001	95 933.3	132 000	1.376
	$g=0.07$，$t=0.00$		
2005	125 749.0	173 025.1	1.376
2010	176 369.5	242 676.6	1.376
2020	346 945.4	477 381.6	1.376
	$g=0.07$，$t=0.04$		
2005	125 749.0	146 958.3	1.169
2010	176 369.5	168 061.8	0.953

续表

年份	GDP /亿元人民币	能耗/10^4t	单位 GDP 能耗 /(10^4t/亿元人民币)
2020	346 945.4	219 795.7	0.634
	$g=0.07$, $t=t_k=0.0654$		
2005	125 749.0	132 000	1.050
2010	176 369.5	132 000	0.749
2020	346 945.4	132 000	0.381

由表 6-4 可见，在 GDP 年递增率 0.07 的情况下，如不采取措施降低单位 GDP 能源消耗量，即 $t=0.00$，总能源消耗量将与 GDP 同步增长，2005 年、2010 年和 2020 年将分别达到 17.3×10^8t 标准煤、24.3×10^8t 标准煤和 47.7×10^8t 标准煤。如此巨大的能源消耗量，不仅供应困难，而且环境也承受不了。

当 $t=0.04$ 时，因 $t<t_k$，总能源消耗量将逐年上升，2005 年、2010 年和 2020 年将分别达到 14.7×10^8t 标准煤、16.8×10^8t 标准煤和 22.0×10^8t 标准煤，年递增率为 2%～3%。这对于能源供应和环境状况的压力仍不小。

若将 t 值提高到临界值 0.0654，则能源消耗量将一直保持 2001 年的水平。为此单位 GDP 能源消耗量在 2005 年、2010 年和 2020 年必须分别达到 10500t 标准煤/亿元人民币、7490t 标准煤/亿元人民币和 3810t 标准煤/亿元人民币，分别相当于 2001 年的 0.763 倍、0.544 倍和 0.277 倍。只要努力，那么中国将顺利地穿越"能源高山"，走出一条经济增长和能源节约的新路。

6.5 环境保护规划编制中的几个问题

国家、省市、区等各个层面都要适时地制定环境保护规划，在规划的编制过程中，要注意以下几个问题：

（1）单位 GDP 环境负荷的年下降率，应成为环境保护规划中的重要指标，也是制定年度计划的重要依据。但是，在以往的有些规划中，只能见到 GDP 的年增长率，却很少见到单位 GDP 环境负荷的年下降率。这说明，对于前者重视有余，而对于后者的重要性仍认识不足。大量事实说明，资源之所以短缺，环境之所以恶化，其根本原因就在于 GDP 的年增长率和单位 GDP 环境负荷的年下降率两个指标之间没有匹配好，失去了平衡。

在 21 世纪头 10 年中，我国经济将翻一番。这大致相当于 $g=0.07$，即 7%。由第 5 章式（5-6）可知与之相对应的 t_k（单位 GDP 环境负荷的年下降率的临界值）值为 0.0654，即单位 GDP 的环境负荷每年必须降低 6.54% 以上，才能保证在经济增长的同时，环境负荷保持不变或逐年下降。如果达不到这个要求，环境负荷必将逐年上升。如何针对各种资源和污染物，合理地确定它们各自的 t 值以及与之相对应的措施，无疑是规划的重点和难点。

有些地方提出 10 年内 GDP 翻一番以上（g 值大于 0.07，甚至高达 0.11）。在这种情况下，合理地确定各种资源和污染物的 t 值，就更为困难，这是因为如果把 t 值定得比 t_k 值小很多，虽然规划实施起来比较容易，但是将来一定会出现严重的资源、环境问题。反过来，如果把 t 值定得很高，使之接近 t_k 值，虽然在资源、环境方面的情况会好得多，但是将来这个 t 值是否能真正落实，也是问题。只有认真对待，反复磋商，才有可能按可持续发展的要求，合理地把这个关键性的指标定下来，否则后果是严重的。

总之，在环境保护规划中，单位 GDP 环境负荷年下降率（t 值）的选取十分重要，必须权衡利弊，慎重抉择。

（2）恰当地控制全国的环境负荷总量。各种资源消耗量、各种废物排放量，究竟要分别控制到什么程度，才算"恰当"，决不是轻而易举就能确定下来的。大量的调查研究工作是必不可少的。

关于这个问题，我们的想法是要区别对待。我国有些资源已十分匮乏（如土地、水等），有些废物排放量已十分巨大（如 SO_2、工业废水等）。对于这些资源和废物，要提出严格的要求，甚至提出零增长、负增长的要求。

按 $I = G \times T$ 方程理解，为了达到在经济增长的同时，环境负荷保持不变的要求，就要做到 GDP（即式中的 G）增长的倍数，等于万元 GDP 环境负荷（即 T）降低的倍数。

对于其他种类的环境负荷，要求可以稍放松一些。以能源为例，如果在 21 世纪头 20 年内，我国计划用翻一番的能源，实现 GDP 翻两番，那么，在头十年内，GDP 翻一番的同时，能源最多也只能增加 42%*。按照方程 $I = G \times T$ 理解：G 值翻一番，T 值必须降低 29% 以上。

我们更长远的目标是在经济增长的同时，环境负荷逐年下降，一直降到很低的程度。为此，必须使单位 GDP 环境负荷的年下降率（t 值）大于 t_k 值。相信将来这是完全可以做到的。事实上，有些发达国家，从 20 世纪 90 年代起，其环境负荷已开始不断下降了。

（3）在全国范围内编制各级政府和各行各业相互配套的环境保护规划，是件十分复杂的工作。为此，要事先建立一套切实可行的工作程序。

我们的初步设想是先要在调查研究的基础上，经过反复协商，确定各种主要资源和废物的全国控制额度。然后把这些额度，按各地、各行业的具体情况，

---

* GDP 翻一番，环境负荷增加 42%，相当于 GDP 翻两番，环境负荷翻一番，因为 $(1 + 0.42)^2 = 2$。

分配下去，作为各地、各行业制订规划的依据。由于情况各不同，有的地区和行业的某些种类的资源消耗量和废物排放量必须实现"负增长"，才能给其他地区和行业留出"正增长"的余地。

　　此外，还要按照远期的限额确定年度工作的目标，也就是说要确定单位GDP各种资源消耗量和废物排放量的年下降率（平均的），并提出相应的措施。只有每年都完成目标任务，最终才有可能实现远期目标。

> **专栏 6-1　建立可持续发展的量化指标**
>
> 　　确定资源宏观总量与微观定额两套指标体系。资源的宏观总量指标体系用来明确各地区、各行业乃至各单位、各企业的资源使用权指标，使宏观区域发展与资源承载能力相适应。水资源的微观定额指标体系用来规定单位产品或服务的用水量指标，通过控制用水定额的方式，来提高水的利用效率，达到节水目标。
>
> 　　在控制总量的同时要把资源的使用权分配下去，分配到各行各业，分配到各个行政区划。不仅如此，包括矿产、有色金属、森林、水、能源、耕地在内的中国最重要的资源都应该实行总量控制。
>
> 　　　　　　　　——摘自"建立可持续发展的量化标准"，汪恕诚，《绿叶》，2007 年第 4 期，12～13

　　凡是要求在经济增长的同时，保持不变或逐年下降的各种资源和废物，它们的 t 值的确定方法可参照第 5 章式（5-6）。在有些情况下，加强末端治理是十分必要的。其他种类的资源和废物的 t 值，虽可比 t_k 值小些，但在 GDP 10 年内翻一番的过程中，资源消耗量和废物排放量的增长也不允许超过一定限度。

　　以上所说的做法，是"自上而下设置天花板"的做法。

　　这种做法，实际上是在资源、环境方面实行计划管理，有一定的强制性。看来，它对于经济高速增长的中国，可能是完全必要的。

　　早先的环境保护规划，是按照传统的思路编制的。近几年来，环保思路在逐步更新，尤其是中央提出新型工业化道路、循环经济和科学发展观以来，观念更新的步伐更快了，各种规划也做得更全面、更好了，这是十分可喜的。希望今后能在原有基础上，以控制资源消耗量为突破口，把各级政府和各行各业的环保规划做得更好！

主要参考文献

国家环境保护总局规划与财务司. 2001. 国家环境保护"十五"计划读本. 北京：中国环境科学出版社

江泽民. 2002-11-18. 全面建设小康社会，开创中国特色社会主义事业新局面——在中国共产党第十六次全国代表大会上的报告. 人民日报，第 1～4 版

莱斯特·R·布朗. 2002. 生态经济——有利于地球的经济构想. 林自新等译. 北京：东方出版社

陆钟武，毛建素. 2003. 穿越"环境高山"——论经济增长过程中环境负荷的上升与下降. 中国工程科学，5（12）：36～42

瑞典斯德哥尔摩国际环境研究院. 2002. 绿色发展，必选之路——中国人类之发展报告 2002. 北京：中国财政经济出版社

世界经济年鉴编辑委员会. 2002. 世界经济年鉴 2002/2003 年卷. 北京：经济科学出版社：32

世界银行. 1999-06-24. 99 世行发展指标. http://www.gse.pku.edu.cn/dateset/cei/worlddate/wdbxaw. htm

唐奈勒·H·梅多斯，丹尼斯·L·梅多斯，约恩·兰德斯. 2001. 超越极限——正视全球性崩溃，展望 可持续的未来. 赵旭等译. 上海：上海译文出版社

中国科学院可持续发展战略研究组. 2002. 中国现代化进程战略构想. 北京：科学出版社

中华人民共和国国家统计局编. 2002. 中国统计年鉴 2002. 北京：中国统计出版社：53，249

周月梅. 2003. 中国现代化报告 2003——现代化理论、进展与展望. 北京：北京大学出版社：193～194，253～254

Graedel T E，Allenby B R. 1995. Industrial Ecology. 1st Edition. New Jersey：Prentice Hall：7，31

Graedel T E，Allenby B R. 2003. Industrial Ecology. 2nd Edition. New Jersey：Prentice Hall：5～7

Rao P K. 2000. Sustainable Development：Economics and Policy. New Jersey：Blackwell Publishing：97～100

复习思考题

1. "环境高山"是一个很形象的比喻，能否穿越"环境高山"的关键点在哪？以我国能源消费为例，你 觉得采取哪些措施能够促进我国穿越能源消费这座"高山"？

2. 以钢铁消费量为例，试分析一下美国、日本、中国历史上钢铁消费量与 GDP，以及人均钢铁消费量和 人均 GDP 的变化，从中你发现了哪些规律？

第三篇　资源环境综合分析

天地与我并生，而万物与我为一。

——庄子

地球能满足人类的需要，但满足不了人类的贪婪。

——甘地

第 7 章　总物流分析

在宏观层面上，总物流分析工作的主要内容是在统计资料的基础上，全面盘点一个国家（或地区，下同）某一年内各种资源的投入量和它们在各方面的支出量，并与当年和前几年国内外的数据进行对比分析。目的是摸清情况，明确进一步搞好本国节能、降耗、减排工作的方向，提出建议，供决策者参考。

在微观层面上，对企事业单位、家庭，甚至商品（或服务）等，也可在若干简化条件下做总物流分析。

有关物流分析的文献，可追溯到 1968 年 Ayres 等关于社会代谢方面的文章。在那以后，经过 20 多年摸索，1990 年奥地利、日本分别提出国家级总物流分析报告。其他工业化国家也陆续开展相关的研究，并逐步走上正轨，编制年度分析报告。

近几年来，我国有些单位开展了总物流分析的研究，大多数偏重于物质投入量的分析，取得了一些成绩，为今后系统全面地进行国家级物流分析打下了基础。

本章只讲宏观层面上的总物流分析，共分 5 节，即：7.1 节总物流模型；7.2 节关于隐藏流；7.3 节关于再生资源；7.4 节主要指标；7.5 节国家级案例。

7.1　总物流模型

图 7-1 是一个国家第 τ 年的总物流模型。

如图所示，第 τ 年投入的物流有三股，它们的流量分别是：

（1）　$M_{1,\tau}$——国内资源量，其中包括国内从自然界取得的生物资源、非生物资源、水和空气；

（2）　$M_{2,\tau}$——进口资源量，其中包括从国外进口的资源和各种产品；

（3）　$M_{3,\tau}$——再生资源投入量，即在第 τ 年内回收回来的循环利用的资源量。

第 τ 年，支出的物流有五股，它们的流量分别是：

（4）　$M_{4,\tau}$——国内消费量；

（5）　$M_{5,\tau}$——出口资源量，其中包括出口的资源和各种产品；

（6）　$M_{6,\tau}$——国内物资净增量，其中包括新增的建筑物、基础设施、机器、交通工具等以及各种物资库存的净增量；

（7）　$M_{7,\tau}$——污染物排放量，其中包括废气、废水、固废；

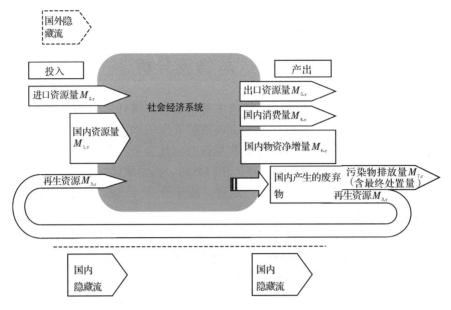

图 7-1　总物流模型（第 τ 年）

（8）　$M_{3,\tau}$——再生资源产出量，其值与上述第（3）项再生资源投入量相等。

关于隐藏流，见 7.2 节。

根据质量守恒定律，有

$$M_{1,\tau} + M_{2,\tau} + M_{3,\tau} = M_{4,\tau} + M_{5,\tau} + M_{6,\tau} + M_{7,\tau} + M_{3,\tau} \tag{7-1}$$

即，第 τ 年投入的各股物流量之和，必等于这一年支出的各股物流量之和。

需要说明，在国内资源量 $M_{1,\tau}$ 一项中，水和空气虽然是不可缺少的重要资源，但是因为它们的用量比其他资源的总用量大得多（大许多倍），最好单独考虑，一般不把它们列入总物流之内。如果是这样，那么在污染物排放量 $M_{7,\tau}$ 一项中，就只能计入从其他资源（除水和空气之外的各种资源）转移到废气、废水和固废中的物质量。

表 7-1 是第 τ 年国家级物流平衡表。

表 7-1 中，有

$$\sum M'_{\tau} = M_{1,\tau} + M_{2,\tau} + M_{3,\tau} \tag{7-2}$$

即第 τ 年的资源总投入量。

$$\sum M''_{\tau} = M_{4,\tau} + M_{5,\tau} + M_{6,\tau} + M_{7,\tau} + M_{3,\tau} \tag{7-3}$$

即第 τ 年的资源总支出量。

$$且 \sum M'_{\tau} = \sum M''_{\tau}$$

表 7-1　第 τ 年国家级物流平衡表

投入			支出		
名称	数量	比例/%	名称	数量	比例/%
①国内资源	$M_{1,\tau}$	$m_{1,\tau}$	④国内消费	$M_{4,\tau}$	$m_{4,\tau}$
②进口资源	$M_{2,\tau}$	$m_{2,\tau}$	⑤出口资源及产品	$M_{5,\tau}$	$m_{5,\tau}$
③再生资源投入	$M_{3,\tau}$	$m_{3,\tau}$	⑥国内净增物资	$M_{6,\tau}$	$m_{6,\tau}$
			⑦污染物排放	$M_{7,\tau}$	$m_{7,\tau}$
			⑧再生资源产出	$M_{3,\tau}$	$m_{3,\tau}$
总投入	$\sum M'_\tau$	100	总支出	$\sum M''_\tau$	100

表 7-1 中还列出了各股投入物流在 $\sum M'_\tau$ 中所占的比例：$m_{1,\tau}$、$m_{2,\tau}$、$m_{3,\tau}$ 以及各股支出物流在 $\sum M''_\tau$ 中所占的比例：$m_{4,\tau}$、$m_{5,\tau}$、$m_{6,\tau}$、$m_{7,\tau}$ 和 $m_{3,\tau}$，其中，$m_{1,\tau}$ 为国内资源比例；$m_{2,\tau}$ 为进口资源比例；$m_{3,\tau}$ 为再生资源投入比例；$m_{4,\tau}$ 为国内消费比例；$m_{5,\tau}$ 为出口比例；$m_{6,\tau}$ 为物资净增比例；$m_{7,\tau}$ 为污染物排放比例；$m_{3,\tau}$ 为再生资源产出比例。

在总物流分析工作中，对这些比例以及它们之间的关系，要进行全面分析研究。

参照图 7-1、表 7-1，以统计资料为基础，即可分别绘制一个国家第 τ 年的物流图，以及绘制相应的物流平衡表。

7.2　关于隐藏流

隐藏流（hidden flows），是指在资源开采过程中所必须开挖的，但又没有进入市场和产品制造过程的开挖量，又称"非使用开挖量"。例如，为了开采铁矿石就必须剥离大量岩石，后者并未直接进入钢铁产品的生产过程，更没有作为商品进入消费过程。

隐藏流包含国内隐藏流和国外隐藏流。国内隐藏流会对本国的环境造成影响，国外隐藏流并不对本国环境造成影响，但对进口国的环境会造成影响。

隐藏流系数，是指资源开采过程中的总采掘剥量与产品自身重量的比值。如我国生产铁矿石，巷道开挖的隐藏流系数约是铁矿石自身重量的四倍（表 7-2）。即

$$铁矿石巷道开挖隐藏流系数 = \frac{铁矿石总采掘剥量}{铁矿石总成品矿量}$$

表 7-2　中国铁矿石隐藏流

采掘剥量 /t	采矿量/t			剥离量 /t	掘进量			其他采掘剥量 /t
	合计	坑下	露天		/t	/m	/m³	
562 012 390	198 230 104	161 370 192	36 859 912	351 115 521	9 234 715	779 536	2 097 465	3 432 050

注：我国 1999 年铁矿石总成品矿量为 140 582 300 t。

　　隐藏流与资源的特点、生产方式、生产力等水平有关，因此不同国家隐藏流系数并不相同，同一国家内不同区域之间也不尽相同，同一国家或地区不同时期内的隐藏流也会有所差别。我国目前没有各类物质隐藏流的实测数据，表 7-3 中是文献中关于一些物质隐藏流系数的估算。

表 7-3　隐藏流系数的估算表

物质种类	隐藏流系数 /(t/t)	估算值使用地区	物质种类	隐藏流系数 /(t/t)	估算值使用地区
化石燃料	—	—	锡	1448.90	德国
煤	6.00	日本	铬	3.20	日本
金属矿物	—	—	锌	2.36	德国
金	666 666.67	中国台湾	钨	61.30	德国
银	14 265.00	日本	钼	665.00	日本
铁	1.80	德国	钛	232.00	德国
锰	2.30	德国、美国	锑	12.60	德国
铜	2.00	德国	工业矿产品	—	—
铝	0.48	世界平均值	砂	0.02	美国
镍	17.50	德国	大理石	3.00	中国台湾
铅	2.36	德国	石灰石	4.00	中国台湾

资料来源：（1）Berkhout F. 1999. Industrial Metabolism—Concept and Implications for Statistics. Eurostat Working Paper：2/1999/B/2.

（2）European Communities & Eurostat. 2001. Economy-wide Material Flow Accounts and Derived Indicator：A Methodological Guide. Luxembourg：Statistical Office of the European Union.

（3）林锡雄. 2001. 台湾物质流之建置与应用研究初探［硕士学位论文］. 台湾：中原大学.

　　魏兹舍克（Weizsäecker）提出了一种有趣的与隐藏流类似的概念——生态包袱（eco-rucksack）。产品的生态包袱为生产这种产品所投入的自然资源量（包括直接的和间接的投入，一般情况下只考虑固体物质投入）与产品自身重量的差值。一般情况下，产品的生态包袱大于其隐藏流。专栏 7-1 中给出了 Ericsson 公司生产的一部 T28 型手机的生态包袱。

专栏 7-1　一部 Ericsson 的 T28 型手机的生态包袱

一部 Ericsson 的 T28 型手机，重量不过 80g，可是它的生态包袱却是 30kg。

投入原料	重量/g
银	982.5
铝	15.39
铜	5015
镍	69.5
铁	27.66
硅	6534.95
锰	138
锌	15.59
铅	0.71
金	14.15
玻璃纤维	45.32
一般塑料	1247
说明书用纸	1500
包装	255
其他复合材料	14 546.88
总计	30 407.65
手机的生态包袱	30 408−80＝30 328

——摘自《生态包袱与生态足迹》，陶在朴，北京：经济科学出版社，30

7.3　关于再生资源

1)　关于再生资源的种类问题

再生资源可划分为两类：

第 I 类是在工业制品报废后（或抛弃后，下同），回收回来的再生资源，如废金属、废纸、废塑料、废玻璃等。这类再生资源的特点，是大多可在同一个工业部门内循环利用很多次。例如，冶金工业生产的合格金属，经使用变成废金属后，仍可回到冶金工业中加以利用，重新成为合格的金属，如此往复循环。

第 II 类是在工业生产过程中产生的再生资源，如粉煤灰、高炉渣等。这类再生资源的特点是只能把它们作为生产其他产品的原料，它们大多是不可能循环的。

例如，粉煤灰没有循环利用的价值，然而它是生产水泥或其他建材的原料。

在一个国家第 τ 年的总物流模型中，再生资源量这一项 $M_{3,\tau}$ 是该年度在国内产生的以上两类再生资源量之和，其中不包括从国外进口的再生资源，这是因为它已计入进口资源量 $M_{2,\tau}$ 之中。

在总物流模型中，因为假设第 τ 年回收的再生资源在这一年内就全部用完，所以在图 7-1 上就形成了一个循环回路。

2) 关于再生资源的来历和数量问题

前面已经说过，第 Ⅰ 类再生资源是报废的各种工业制品经拆解、收集等工序回收回来的。因此，第 τ 年这类再生资源的回收数量（也就是投入量），决定于下列诸因素：

(1) 这一年国内各种工业制品的报废量；

(2) 这些报废制品中再生资源的含量；

(3) 再生资源的回收率。

现在要问，第 τ 年报废的这些工业制品来自何年？为了回答这个问题，只要已知这些制品的平均使用寿命为 $\Delta\tau$ 年，那么就可以断定这些制品来自第 $\tau-\Delta\tau$ 年，而且，一般情况下，在它们的制造过程中所用的原材料等资源也是在这一年投入的。

由此可见，第 τ 年这类再生资源的回收量，与第 $\tau-\Delta\tau$ 年的资源投入量 $\sum M'_{\tau-\Delta\tau}$ 密切相关。例如，设钢铁制品的平均使用寿命为 15 年，则可知今年废钢回收量的多少，与 15 年前钢铁资源的投入量密切相关。在其他条件一定的情况下，15 年前钢铁资源的投入量越多，今年的废钢量就越多；反之亦然。

第 Ⅱ 类再生资源是在工业生产过程中产生的。因此，第 τ 年这类再生资源的回收量（也就是投入量），仅取决于这一年这类再生资源的产生量和回收率，与历史数据无关。

不过，如果有历年积累下来的存量，那么第 τ 年这类再生资源的回收量也可能大于同年的产生量。

以上所述，是在再生资源的来历和数量问题上，应该懂得的基本概念。

7.4 主 要 指 标

在总物流分析中，着重分析的通常是下列三个主要指标：

(1) 再生资源投入比例。再生资源投入比例是指再生资源投入量在资源总投入量中所占的比例，即

$$m_{3,\tau} = \frac{M_{3,\tau}}{M_{1,\tau} + M_{2,\tau} + M_{3,\tau}} = \frac{M_{3,\tau}}{\sum M'_\tau} \tag{7-4}$$

　　再生资源投入比例主要与一个国家或地区资源投入的类型和总量的变化有关，投入的资源中可循环利用的资源越多，可供回收的再生资源也就越多，在资源总投入量一定和没有再生资源出口的情况下，再生资源投入比例越高；但如果资源总投入量快速增长，即使回收的再生资源增多，再生资源投入比例也可能反而降低；反之亦然。另外再生资源投入比例也受废物回收体系、废物再生技术水平等的影响，废物回收体系越完善、废物再生技术水平越高，越有利于再生资源的回收。

　　我们的努力方向，是尽可能提高再生资源投入比例 $m_{3,\tau}$，这是因为这个比例越高，天然资源投入比例 $m_{1,\tau}+m_{2,\tau}$ 就越低，越有利于天然资源的节约。

　　近几年来，我国在第 Ⅱ 类再生资源的回收利用方面，成绩较大，特别是在粉煤灰、高炉渣等的利用方面，更加突出。这是我国再生资源投入比例逐步提高的主要原因。

　　关于第 Ⅰ 类再生资源量和它在资源总投入量中所占的比例问题，可参见以下三个例题，它们能够帮助我们很好地理解这一问题。

　　一个国家在一个历史时期内，各年度的资源总投入量随时间的变化，总体上有以下三种情况，即：①保持不变；②持续上升；③持续下降或突然下降。现就这三种情况，讨论资源总投入量的变化对第 Ⅰ 类再生资源投入比例 $m_{3.1,\tau}$ 的影响。

　　为此，将在完全相同的假设条件下，针对以上三种情况，各举一个例题。读者将从计算结果中清楚地看到资源总投入量变化对再生资源投入比例的影响，三个例题共同的假设条件是：

　　（1）　投入资源的构成不变；

　　（2）　再生资源的综合回收率为 $\alpha=0.2$；

　　（3）　从可循环资源到再生资源的"时间差"$\Delta\tau=10$ 年。

　　例 7-1. 已知某国资源总投入量一直是 1.0×10^8 t/a，在 2008 年以前已稳定在 10 年以上，如图 7-2 所示。求 2008 年该国再生资源投入比例。

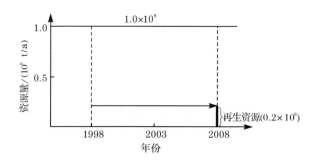

图 7-2　资源投入量保持不变的情况

解：2008 年该国再生资源投入量为

$$M_{3.\mathrm{I},08}=1.0\times10^8\times0.2=0.2\times10^8\ (\mathrm{t/a})$$

故再生资源投入比例为

$$m_{3.\mathrm{I},08}=\frac{0.2\times10^8}{1.0\times10^8}=0.2=20\%$$

例 7-2. 已知某国资源总投入量逐年上升，1998 年为 1.0×10^8 t/a，10 年后 (2008 年) 为 2.0×10^8 t/a，如图 7-3 所示。求 2008 年该国再生资源投入比例。

解：2008 年该国再生资源投入量仍为

$$M_{3.\mathrm{I},08}=1.0\times10^8\times0.2=0.2\times10^8\ (\mathrm{t/a})$$

但 2008 年再生资源投入比例为

$$m_{3.\mathrm{I},08}=\frac{0.2\times10^8}{2.0\times10^8}=0.1=10\%$$

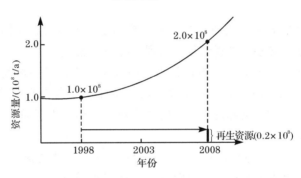

图 7-3　资源投入量上升的情况

例 7-3. 已知某国资源总投入量逐年下降，1998 年为 1.0×10^8 t/a，10 年后 (2008 年) 为 0.8×10^8 t/a，如图 7-4 所示。求 2008 年该国再生资源投入比例。

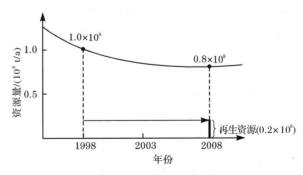

图 7-4　资源投入量下降的情况

解：2008 年该国再生资源投入量与例 7-1、例 7-2 相同，等于 0.2×10^8 t/a。

但 2008 年再生资源投入比例为

$$m_{3.I,08} = \frac{0.2 \times 10^8}{0.8 \times 10^8} = 0.25 = 25\%$$

以上三个例题的计算结果，为什么会有这么大的差别呢？原因只有一个，那就是资源总投入量的变化情况不同。在例 7-2 中，资源总投入量持续上升，所以 $m_{3.I,08}$ 值较低，而且可以推断，总投入量上升越快，$m_{3.I,08}$ 值越低。

例 7-3 中，资源总投入量逐年下降，所以 $m_{3.I,08}$ 值较高，而且可以推断，总投入量降幅越大，$m_{3.I,08}$ 值越高。

例 7-1 的情况介于例 7-2 和例 7-3 之间。

可见，讨论资源总投入量的变化对"再生资源投入比例"的影响有多么重要。

（2）资源生产力。资源生产力是指单位天然资源（国内资源量 $M_{1,\tau}$ 和进口资源量 $M_{2,\tau}$）的消耗所创造的经济价值（一般采用 GDP 或 GNP 指标），如式（7-5）所示。

$$P_\tau = \frac{\text{GDP}}{M_{1,\tau} + M_{2,\tau}} \tag{7-5}$$

式中：P_τ 为第 τ 年的资源生产力，单位为万元/t。

一般来说，工业化时期，资源总投入量逐步提高，这个时期的再生资源量较少，所需天然资源量较大，资源生产力不会很高；后工业化时期，资源总投入量有所降低，这个时期的再生资源量有所增加，所需天然资源量会有所降低，资源生产力相对有所提高。除此之外，经济结构、技术水平等对资源生产力有较大影响，一般来说，随着经济结构中第三产业比重的增大，资源生产力会有所提高。

式（7-5）中，$M_{1,\tau} + M_{2,\tau}$ 可以表示为 $\sum M'_\tau - M_{3,\tau}$，于是式（7-5）可改写为

$$P_\tau = \frac{\text{GDP}}{\sum M'_\tau - M_{3,\tau}} = \frac{\text{GDP}/\sum M'_\tau}{1 - m_{3,\tau}} = \frac{P'_\tau}{1 - m_{3,\tau}} \tag{7-6}$$

式中：P'_τ 为第 τ 年的 GDP 与资源总投入量的比值，单位为万元/t，其中包含了再生资源投入量。

由式（7-6）可见，资源生产力与再生资源投入比例有一定关联，在其他条件一定的情况下，再生资源投入比例越大，资源生产力越高。

我们的努力方向，是尽可能提高资源生产力。这是因为这个指标越高，越有利于天然资源的节约。其中，淘汰落后生产能力、调整产业结构、提升技术水平、发展循环经济和加快再生能源的开发等措施都能有效地提高资源生产力。

（3）最终处置量。最终处置量是指那些无法再利用和再循环，最终成为必须进行最终处置（如填埋）的废弃物的物质量。

我们的努力方向是尽可能减少最终处置量，尽可能使资源得到最充分的利用。

最终处置量与废物的种类和数量、废物处理的技术水平等密切相关。并不

是生产和生活所产生的所有废物都能够资源化利用,能够资源化利用的只是其中的一部分,并且有些废物即使从技术上来说能够资源化利用,但可能并不经济,也并未被资源化利用。但无论如何,还是要通过加强资源综合利用,最大限度地利用各种废物,进而减少废物的最终处置量。

7.5　国家级案例

7.5.1　日本 2000 年的总物流分析

图 7-5 为日本 2000 年的物流图。在物质流量输入端,资源总投入量为 21.3 亿 t,其中进口资源和国内资源的投入量为 19.12 亿 t,再生资源量为 2.18 亿 t,约占资源总投入量的 10%。在物质流量输出端,国内净增物资量为 10.77 亿 t。新增加的这些物资,成为民用和工业建筑、道路、桥墩、汽车、家电产品等固定资产。固定资产在完成使用功能之后,其中一部分将来也会成为工业固体废弃物和生活垃圾;产生的废弃物为 6.00 亿 t;废弃物的最终处置量为 0.56 亿 t。

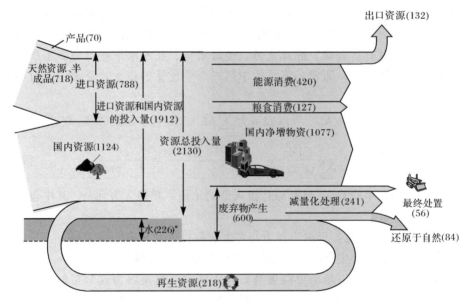

图 7-5　日本 2000 年物流图(单位:10^6 t)

资料来源:森口佑一. 2005. 物流分析的国际动向、手法以及对日本循环型社会政策的贡献//
中日合作循环经济与物质流分析高级研讨会论文集。

*包含在废物及沉积物中的水。

日本 2000 年的物流投入和物流支出情况见表 7-4。

表 7-4　日本 2000 年经济系统的物流投入和物流支出

投入			支出		
项目	数量/10^6 t	比例/%	项目	数量/10^6 t	比例/%
国内资源	1124	52.77	出口资源	132	5.60
进口资源	788	37.00	国内消费	547	23.22
再生资源	218	10.23	其中：能源消费	420	17.83
水*	226		粮食消费	127	5.39
			国内净增物资	1077	45.71
			废弃物产生	600	25.47
			其中：最终处置	56	2.38
			减量化处理	241	10.23
			还原于自然	84	3.57
			再生资源	218	9.25
合计	2356	100	合计	2356	100

* 包含在废物及沉积物中的水。

7.5.2　日本 2005 年的总物流分析

图 7-6 为日本 2005 年的物流图。

在物质流量输入端，资源总投入量为 18.74 亿 t，其中进口资源和国内资源的投入量为 16.46 亿 t，再生资源量为 2.28 亿 t，约占资源总投入量的 12%，较 2000 年有所提高。

在物质流量输出端，国内净增物资量为 8.17 亿 t，较 2000 年有所降低；产生的废弃物为 5.79 亿 t，较 2000 年有所减少；废弃物的最终处置量为 0.32 亿 t，也大幅度减低。

日本 2005 年的物流投入和物流支出情况见表 7-5。

7.5.3　基于总物流分析的日本循环型社会发展目标

日本的循环型社会发展目标包含三个主要指标：再生资源投入比例、资源生产力和最终处置量。

1）再生资源投入比例

1980 年以来，日本再生资源投入比例变化情况，见图 7-7(a)。图中各数据均来自年度总物流分析工作，例如 2000 年和 2005 年的数据已见于表 7.4 和表 7.5。

由图可见，1980～2000 年，再生资源投入比例由 8% 升至 10.23%，2005 年又进一步升至 12.17%。按照趋势外推，2010 年的预期目标值为 14%，2015 年则约为 14%～15%。

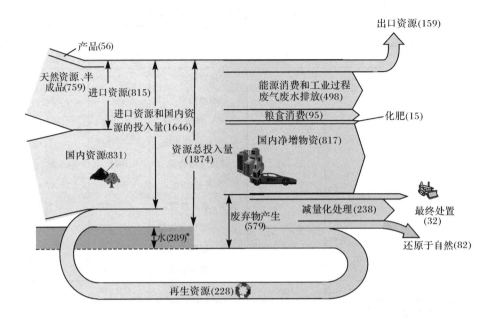

图 7-6　日本 2005 年物流图（单位：10^6 t）

资料来源：Ministry of the Environment Government of Japan. 2008. The World in Transition，and Japan's Efforts to Establish a Sound Material-Cycle Society. Annual Report on the Environment and the Sound Material-Cycle Society in Japan.

* 包含在废物及沉积物中的水。

表 7-5　日本 2005 年经济系统的物流投入和物流支出

投入			支出		
项目	数量/10^6 t	比例/%	项目	数量/10^6 t	比例/%
国内资源	831	44.34	出口资源	159	7.35
进口资源	815	43.49	国内消费	608	28.11
			其中：能源消费和工		
再生资源	228	12.17	业化过程中废	498	23.02
			气废水排放		
水*	289		粮食消费	95	4.39
			化肥	15	0.69
			国内净增物资	817	37.77
			废弃物产生	579	26.77
			其中：最终处置	32	1.48
			减量化处理	238	11.00
			还原于自然	82	3.79
			再生资源	228	10.54
合计	2163	100	合计	2163	100

* 包含在废物及沉积物中的水。

2)　资源生产力

1980 年以来，日本资源生产力变化情况，见图 7-7(b)。由图可见，1980～2000 年，资源生产力由 17 万日元/t 升至 28 万日元/t，2005 年又进一步升至 35 万日元/t。按照趋势外推，2010 年的预期目标值为 39 万日元/t，2015 年则约为 42 万日元/t。

3)　最终处置量

1980 年以来，日本废弃物最终处置量变化情况，见图 7-7(c)。由图可见，从 20 世纪 90 年代开始，最终处置量快速下降。2000～2005 年，最终处置量由 5600 万 t 降至 3200 万 t。按照趋势外推，2010 年的预期目标值为 2800 万 t，2015 年则约为 2300 万 t。

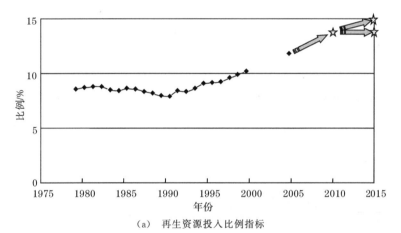

（a）　再生资源投入比例指标

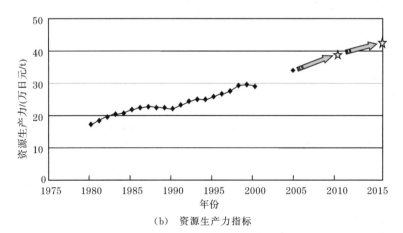

（b）　资源生产力指标

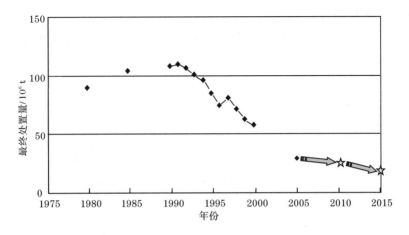

（c）　最终处置量指标

图 7-7　日本循环型社会指标

7.5.4　我国 2000 年的总物流分析

我国 2000 年的物流图如图 7-8 所示。

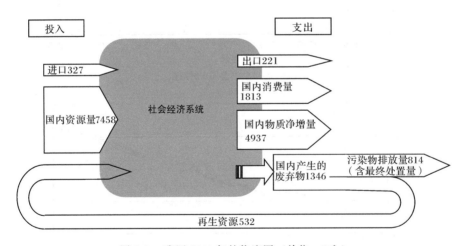

图 7-8　我国 2000 年的物流图（单位：10^6 t）

资料来源：刘滨，向辉，王苏亮. 2006. 以物质流分析方法为基础核算我国循环经济主要指标. 中国人口资源与环境，16（4）：65～68.

物质投入按部门分类情况见表 7-6。

表 7-6 按部门分类的我国 2000 年物质投入量 （单位：10^6 t）

一次能源		金属矿物		非金属矿物		建筑用材		农林鱼类产品		进口中间产品及最终产品	
1516		453		125		4269		1298		124	
国内开采	进口	国内开采	进口	国内开采	进口	国内	进口	国内	进口	中间产品	最终产品
1444	72	378	75	116	9	4267	2	1253	45	96	28

注：此表未包含再生资源投入量。

可见，在资源总投入量中，比重最大的是建筑用材，这是因为我国基础建设规模很大。

7.5.5 我国 2005 年的总物流分析

我国 2005 年的物流图如图 7-9 所示。在物质流量输入端，资源总投入量为 67.85 亿 t，其中进口资源和国内资源的投入量为 59.53 亿 t，再生资源量为 8.32 亿 t，约占资源总投入量的 12%。在物质流量输出端，国内净增物资量为 26.21 亿 t；产生的废弃物为 16.26 亿 t；废弃物的最终处置量为 3.99 亿 t。

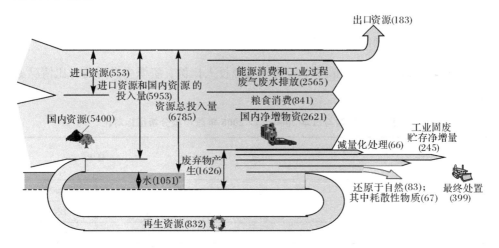

图 7-9 我国 2005 年的物流图 （单位：10^6 t）

资料来源：王鹤鸣. 2009. 我国 2005 年的总物流分析. 东北大学内部研究资料.

*按自然资源投入量的 15% 计算。

我国 2005 年的物流投入和物流支出情况见表 7-7。

表 7-7　我国 2005 年经济系统的物流投入和物流支出

投入			支出		
项目	数量/10^6 t	比例/%	项目	数量/10^6 t	比例/%
国内资源	5400	79.59	出口资源	183	2.34
进口资源	553	8.15	国内消费	3406	43.47
再生资源	832	12.26	其中：能源消费和工业化过程中废气废水排放	2565	32.73
水 *	1051		粮食消费	841	10.73
			国内净增物资	2621	33.45
			废弃物产生	1626	20.75
			其中：最终处置	399	5.09
			减量化处理	66	0.84
			工业固废贮存净增量	245	3.13
			还原于自然	83	1.06
			再生资源	832	10.62
合计	7836	100	合计	7836	100

* 按自然资源投入量的 15% 计算。

7.5.6　中、日两国的指标对比

我国与日本 2000 年和 2005 年再生资源投入比例、资源生产力的对比情况见表 7-8。

表 7-8　我国与日本 2000 年和 2005 年总物流分析指标对比

国别 项目	中国		日本	
年份	2000	2005	2000	2005
再生资源投入比例/%	6.40	12.26	10.23	12.17
资源生产力/(元/t)	2152.69	4040.80	19 600	24 500

注：资源生产力计算中，GDP 按 2000 年不变价格计算。

可见，我国再生资源投入比例 2000 年较日本还有较大差距，2005 年比日本稍高一点，这与我国近年来非常重视对粉煤灰、高炉渣等工业固废的综合利用密切相关。但在资源生产力方面，我国与日本相比还有一定差距。我国应通过淘汰落后生产能力、调整产业结构、提升技术水平、发展循环经济和加快再生能源的开发等措施来有效地提高资源生产力。

主要参考文献

陈效逑，赵婷婷，郭玉泉等. 2003. 中国经济系统的物质输入与输出分析. 北京大学学报（自然科学版），39(4)：538～547

段宁，柳楷玲，孙启宏等. 2008. 基于 MFA 的 1995—2005 年中国物质投入与环境影响研究. 中国人口·资源与环境，18(6)：105～109

刘滨，向辉，王苏亮. 2006. 以物质流分析方法为基础核算我国循环经济主要指标. 中国人口·资源与环境，16(4)：65～68

刘敬智，王青，顾晓薇等. 2005. 中国经济的直接物质投入与物质减量分析. 资源科学，27(1)：46～51

陆钟武. 2005. 以控制资源消耗量为突破口做好环境保护规划. 环境科学研究，18(6)：1～6

森口佑一. 2005. 物流分析的国际动向、手法以及对日本循环型社会政策的贡献// 中日合作循环经济与物质流分析高级研讨会论文集

孙启宏，李艳萍，段宁等. 2007. 基于 EW-MFA 方法的我国 1990—2003 年资源利用与环境影响特征研究. 环境科学研究，20(1)：108～113

陶在朴. 2003. 生态包袱与生态足迹——可持续发展的重量及面积观念（特别视角）. 北京：经济科学出版社

王军，周燕，刘金华等. 2006. 物质流分析方法的理论及其应用研究. 中国人口·资源与环境，16(4)：60～64

王寿兵，吴峰，刘晶茹. 2006. 产业生态学. 北京：化学工业出版社

夏传勇. 2005. 经济系统物质流分析研究述评. 自然资源学报，20(3)：415～421

徐明，张天柱. 2004. 中国经济系统中化石燃料的物质流分析. 清华大学学报（自然科学版），44(9)：1166～1170

周震锋. 2006. 基于 MFA 的区域物质代谢研究——以青岛市城阳区为例. 青岛：中国海洋大学

Adriaanse A，Bringezu S，Hammond A，et al. 1997. Resource Flows—The Material Basis of Industrial Economics. Washington DC：World Resources Institute

Marco O D，Lagioia G，Mazzacane E P. 2001. Materials flow analysis of the Italian economy. Journal of Industrial Ecology，4(2)：55～70

Matthews E，Amann C，Bringezu S，et al. 2000. The Weight of Nations—Material Outflows from Industrial Economics. Washington DC：World Resource Institute

Ministry of the environment government of Japan. 2008. The World in Transition，and Japan's Efforts to Establish a Sound Material-Cycle Society. Annual Report on the Environment and the Sound Material-Cycle Society in Japan

Scasny M，Kovanda J，Hak T. 2003. Material flow accounts，balance and derived indicators for the Czech Republic during the 1990s：results and recommendations for methodological improvements. Ecological Economy，45(1)：41～57

Schmidt-Bleek F. 1998. Das MIPS-Konzept：Weniger Naturverbrauch-mehr Lebensqualitaet durch Faktor 10. Muenchen：Droemersche Verlagsanstalt Th. Knaur Nachf

Schmidt-Bleek F. 2000. The Factor 10/MIPS-Concept，Bridging Ecological，Economic，and Social Dimensions with Sustainability Indicators. http://www.factor10-institute.org/

Von Weizsacker E，Lovins A B，Lovins L H. 1997. Factor Four：Doubling Wealth—Halving Resource Use. UK：Earthscan Publications Limited

World Resources Institute.　http://www.wri.org/

Wuppertal Institut.　http://www.wupperinst.org/de/home/

复习思考题

1. 如果运用总物流分析方法对你所在的城市进行总物流分析，具体需要哪些步骤？数据收集环节中需要收集哪些数据？如果可能的话，尝试一下进行你所在的城市的总物流分析。

2. 对比分析一下本章图 7.6 和图 7.9，2005 年我国与日本的物流图差别主要体现在哪？为什么会有这些差别。

3. 你觉得总物流分析方法还存在哪些问题？有待于进一步改进。

第8章 生态足迹分析

8.1 基本概念

8.1.1 生态足迹

种粮食，需要耕地；养牲畜，需要牧地；吸收 CO_2 气体，需要林地，等等，可见，维持人类的生产生活消费和废弃物吸收需要一定量的生态功能用地（含水域）（biologically productive area）。一个经济体、一群人或一个人的生态足迹（ecological footprint，EF），就是指支持该经济体、人群或个人的资源消费和废弃物降解吸收所需的生态功能用地（含水域）。可见，生态足迹把人类的生产和消费与具有生态功能的各类土地联系起来，把人类消费形象地喻为人类物质文明在地球上留下的脚印，如图 8-1 所示。

图 8-1 生态足迹的形象示意图

8.1.2 生态功能用地

生态功能用地是耕地、牧地、林地、化石燃料用地、建筑用地和海洋（水域）等的统称。它们的主要功能分别是：

（1）耕地——生产粮食及农作物。

（2）牧地——提供牲畜吃的牧草。

（3）林地——生产木材、防风固沙、涵养水源、改善气候、保护生物多样性等。

（4）化石燃料用地——吸收化石燃料燃烧后产生的 CO_2 以及其他温室气体。虽然林地等也有此功能，但是，由于吸收温室气体所需的生态功能用地面积已远远超过现有林地，因此仍有必要单独列出化石燃料用地。

（5）建筑用地——各类建筑物、道路、工矿企业、基础设施等所占用的生态功能用地，首当其冲是占用耕地。

（6）　海洋（水域）——生产人类和其他动物所需的水产品等。

8.1.3　生态承载力

一个国家或区域实际具有的生态功能用地（含水域）总面积就是该国家或区域的生态承载力（ecological capacity，EC）。

若一个国家或区域的生态足迹小于其生态承载力，则为"生态盈余"，生态环境处于可持续状态；反之，若生态足迹大于生态承载力，则为"生态赤字"，生态环境处于不可持续状态。

8.1.4　生态足迹分析法及其应用

生态足迹分析法，通常是通过计算一个国家或区域的生态足迹和生态承载力，并比较其两者大小，进而确定该国家或区域处于"生态赤字"或"生态盈余"状态的一种分析方法。须指出，当将生态足迹分析法应用到公司、学校等层面进行分析时，由于很难界定生态承载力的大小，所以此时通常只计算生态足迹，并不考虑生态承载力，通过生态足迹分析，寻求降低生态足迹的措施。

20世纪90年代初 Rees 和 Wackernagel 等提出了生态足迹的概念，并以生态足迹作为定量研究可持续发展的指标之一。生态足迹分析法以其形象、综合、简明和易于计算的特点，受到生态经济学界的广泛关注，得到广泛应用。

在全球和国家层面上，世界自然基金会（World Wide Fund for Nature，WWF）测算了全球1961～2003年的生态足迹和生态承载力，估算了2003年世界部分国家的生态足迹；Wackernagel 等对52个国家和地区1999年的生态足迹进行了估算。

在区域和城市层面上，Best Foot Forward 对伦敦和利物浦进行了生态足迹分析；Western Norway Research Institute 对奥斯陆的生态足迹进行了分析。生态足迹分析有许多在国家、区域和城市层面上的应用。

在微观层面上，美国科罗拉多大学、澳大利亚纽卡斯尔大学对校园的生态足迹进行了分析；德国斯德哥尔摩研究所（SEI）以约克为案例分析了不同家庭类型的生态足迹。

1999年生态足迹的概念被引入国内，生态足迹分析的应用研究也同时展开。关于生态足迹分析的实例研究，自2000年以来陆续地取得了一些研究成果。其中，在国家层面上对我国的生态足迹进行了分析；而较多的生态足迹分析集中在省、市等层面，对学校等微观层面的生态足迹分析也有少量的研究。

8.2　生态足迹和生态承载力的计算

8.2.1　综合计算法

综合计算法以一个国家或区域各类物质的宏观统计数据为基础，计算其生态足迹和生态承载力。

1) 生态足迹的计算

第一步，计算各消费项目的人均生态足迹分量。

第 n 项消费项目的人均生态足迹分量，就是该消费项目人均所需要的生态功能用地面积 A_n，即

$$A_n = \frac{C_n}{Y_n} = \frac{P_n + I_n - E_n}{Y_n \times N} \qquad (8\text{-}1)$$

式中：n 为第 n 项消费项目；A_n 为第 n 项消费项目人均所需要的生态功能用地面积；C_n 为第 n 项消费项目的人均消费量；Y_n 为每公顷生态功能用地第 n 项消费项目的世界平均生产能力；N 为人口数；P_n、I_n、E_n 分别为第 n 项消费项目的年生产量、年进口量和年出口量（计算一个地区时，I_n 和 E_n 分别为地区的调入量和调出量）。

第二步，计算人均生态足迹。

人均生态足迹为

$$ef = \sum (b_m \times A_n) = \sum \left(b_m \times \frac{P_n + I_n - E_n}{Y_n \times N} \right) \qquad (8\text{-}2)$$

式中：ef 为人均生态足迹，单位为 hm^2/cap（公顷/人）；b_m 为当量因子，其中 $m = 1, 2, 3, \cdots, 6$，分别对应耕地、牧地、林地、化石燃料用地、建筑用地和海洋(水域)。

耕地、牧地、林地、化石燃料用地、建筑用地和海洋（水域）等六类生态功能用地的平均生产力不同，要将它们转化为具有相同生产力的面积，就需要给它们分别乘上一个当量因子（equivalence factor）。某类生态功能用地的当量因子等于全球该类生态功能用地的平均生产力除以全球所有生态功能用地的平均生产力。现在较普遍采用的当量因子为：耕地、建筑用地为 2.8，林地、化石燃料用地为 1.1，牧地为 0.5，海洋为 0.2。表 8-1 中是不同文献中给出的这六类生态功能用地的当量因子估算值。

表 8-1　当量因子估算表

生态功能用地	Chambers 等 2000	WWF 2000	WWF 2002	EU 2002
耕地	2.83	3.16	2.11	3.33
牧地	0.44	0.39	0.47	0.37
林地	1.17	1.78	1.35	1.66
化石燃料用地	1.17	1.78	1.35	1.66
建筑用地	2.83	3.16	2.11	3.33
海洋（水域）	0.06	0.06	0.35	0.06

资料来源：(1) Chambers N，Simmons C. 2000. Sharing Nature's Interest：Ecological Footprints as an Indicator of Sustainability. London：Earthscan.

(2) World Wide Fund for Nature. 2000. Living Planet Report 2000. http://www.footprintnetwork.org/.

(3) World Wide Fund for Nature. 2002. Living Planet Report 2002. http://www.footprintnetwork.org/.

(4) European Union. 2002. EU Ecological Footprint. STOA.

第三步，计算一个国家或区域的生态足迹。

ef 乘以某国家或区域的人口数 N，即得出该国家或区域的生态足迹 EF 为

$$EF = N \times (ef) \tag{8-3}$$

式中：EF 为某国家或区域总人口的生态足迹。

2) 生态承载力的计算

第一步，计算人均生态承载力。

人均生态承载力为

$$ec = a_m \times b_m \times y_m \tag{8-4}$$

式中：ec 为人均生态承载力，单位为 hm^2/cap；a_m 为人均生态功能用地面积；b_m 为当量因子，见式（8-2）；y_m 为产量因子，$m=1$，2，3，…，6，分别对应耕地、牧地、林地、化石燃料用地、建筑用地和海洋。

计算生态承载力时，不同国家和地区同类生态功能用地的平均生产力不相等，需要对生态功能用地的面积进行调整。不同国家或地区的某类生态功能用地所代表的局部产量与世界平均产量的差异可用"产量因子"（yield factor）表示。某个国家或地区某类生态功能用地的产量因子是其平均生产力与世界同类生态功能用地的平均生产力的比值。如某地区耕地的产量因子取为 1.66，表明该地区耕地的生物产出率是世界耕地平均产出率的 1.66 倍。

第二步，计算一个国家或区域的生态承载力。

ec 乘以某国家或区域的人口数 N，即得出该国家或区域的生态承载力 EC 为

$$EC = N \times (ec) \tag{8-5}$$

式中：EC 为某国家或区域总人口的生态承载力。

出于谨慎性考虑，在生态承载力计算时应从生态功能用地面积中扣除 12％ 的生物多样性保护面积。

8.2.2　成分计算法

成分计算法适合于进行较小单元对象（如公司、学校、个人及单项活动等）的生态足迹分析，通常只考虑能源、食物、垃圾、纸张、水和交通等几类消费项目的生态足迹，然后将它们求和得到总的生态足迹。

具体步骤如下：

1）　计算能源的生态足迹

煤炭、石油、天然气和电力，在消费过程中产生 CO_2 气体需要林地来吸收，其生态功能用地占用类型为化石燃料用地。上述四种能源消费所需的化石燃料用地面积为

$$A_c = Q_c \times \eta \times C_c \times \beta / P_a \qquad (8\text{-}6a)$$

$$A_o = Q_o \times O_c \times \beta / P_a \qquad (8\text{-}6b)$$

$$A_g = Q_g \times \rho \times G_c \times \beta / P_a \qquad (8\text{-}6c)$$

$$A_e = Q_e \times E_{CO_2} / P_a \qquad (8\text{-}6d)$$

式中：A_c、A_o、A_g、A_e 分别为计算年内煤炭、石油、天然气、电力消费所需的化石燃料用地面积；Q_c、Q_o、Q_g、Q_e 分别为计算年内煤炭、石油、天然气、电力的消费量；η 为燃煤锅炉的平均燃烧率；C_c、O_c、G_c 分别为煤、石油、天然气的 C 排放因子，C 排放因子是指单位质量能源消耗伴随的含 C 污染物的生成量，是表征污染源颗粒物排放特征的重要参数，也是建立污染源排放清单的基础数据；β 为 C 与 CO_2 的转化因子；ρ 为天然气的密度；E_{CO_2} 为普通火电厂单位发电量的 CO_2 排放量；P_a 为平均每公顷林地一年内能吸收的 CO_2 的量（即化石燃料用地的平均生产力）。

2）　计算食物的生态足迹

某类食物消费占用的生态功能用地面积为

$$A_f = Q_f / P_f \qquad (8\text{-}7)$$

式中：A_f 为计算年内某类食物消费的生态功能用地占用面积；Q_f 为计算年内该类食物的消费量；P_f 为生产该类食物的生态功能用地的平均生产力。

主要食物分类中，牛羊肉（奶）类产品占用的是牧地；猪、家禽、蛋、谷物、糖类和蔬菜等类产品占用的是耕地；鱼类产品占用的是海洋（水域）面积。

3）　计算垃圾的生态足迹

垃圾占用的生态功能用地由两部分组成：一部分是垃圾堆放直接占用的生态功能用地（为耕地）；另一部分是吸收垃圾降解所产生的 CO_2 的化石燃料用

地，即间接用地。垃圾场中的废物经细菌作用后产生所谓的垃圾瓦斯。一般而言，垃圾瓦斯以体积论大约一半为 CO_2、一半为 CH_4。全球变暖不仅与 CO_2 有关，也与 CH_4 有关，CH_4 量可折算成产生同等温室效应的 CO_2 量。计算垃圾的间接用地要根据垃圾中的不同成分分别计算，计算公式为

$$A_w = \frac{1}{P_a} \sum_{i=1}^{N_w} [Q_i \times (q_i^{CO_2} + q_i^{CH_4} \times x)] \tag{8-8}$$

式中：A_w 为计算年内垃圾排放的间接生态功能用地占用面积；N_w 为垃圾中成分的种类；Q_i 为计算年内第 i 种垃圾成分的排放量；$q_i^{CO_2}$ 为第 i 种垃圾成分的 CO_2 产生率；$q_i^{CH_4}$ 为第 i 种垃圾成分的 CH_4 产生率；x 为 CH_4 的 GWP（global warming potential，全球变暖潜力）当量系数。GWP 是一种物质产生温室效应的一个指数，以 CO_2 的 GWP 值为 1，其余气体与 CO_2 的比值作为该气体 GWP 值，进而将各种温室气体的排放量转换成 CO_2 当量（具体数值可参见第 11 章）。

4）　计算纸张的生态足迹

纸张消费占用的是林地，其面积为

$$A_p = Q_p \times q_w / P_w \tag{8-9}$$

式中：A_p 为计算年内纸张消费的林地占用面积；Q_p 为计算年内纸张消费量；q_w 为单位纸张产量的木材消耗；P_w 为林地的平均木材生产力。

5）　计算水的生态足迹

水的生态足迹主要是输送水和处理污水消耗的能量，这两种作业消耗的能源为电力。因此首先需要计算出计算年内输送水和处理污水的电力消耗量，然后利用公式（8-6d）计算其生态功能用地占用面积。

6）　计算交通的生态足迹

交通的生态足迹由直接占用生态功能用地和间接占用生态功能用地组成。直接占用生态功能用地包括道路、车站、机场、停车场等。间接占用生态功能用地是指吸收各种交通工具排放的温室气体所需的化石燃料用地。尾气排放中的主要温室气体有 CO_2、CH_4、N_2O 等，CH_4 和 N_2O 可折算为 CO_2 当量。某类交通工具间接用地面积为

$$A_t = \frac{D}{P_a} \sum_{i=1}^{n} (q_i \times x_i) \tag{8-10}$$

式中：A_t 为计算年内某类交通工具间接占用生态功能用地面积；D 为计算年内该类交通工具的行驶里程；n 为温室气体排放种类；q_i 为单位里程第 i 种温室气体的排放量；x_i 为第 i 种温室气体的 GWP 当量系数（具体数值可参见第 11 章）。

专栏 8-1　英国 BFF 公司的生态足迹

　　BFF 公司的全称是 Best Foot Forward，位于英国牛津，是全球最早推动生态足迹成分计算法的研究单位之一。BFF 公司运用这种方法给出了该公司 2004 年的生态足迹构成（见图 8-2）及 2000 年、2002 年、2004 年的生态足迹（见图 8-3）。

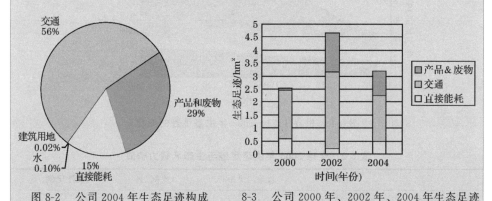

图 8-2　公司 2004 年生态足迹构成　　　　　8-3　公司 2000 年、2002 年、2004 年生态足迹及其构成

　　2002 年该公司生态足迹为 4.65 hm²，2004 年生态足迹降为 3.2hm²。主要原因是购买了电脑等办公设施，使产品和废物的足迹变小，此外，2004 年公司员工乘坐飞机的时间相对减少，使交通足迹变小。

　　　　　　　　　　　　　　　　　　　——摘自 Environmental Report 2004，Best Foot Forward，

　　　　　　　　http：//www.bestfootforward.com/downloads/envreport2004.pdf

8.3　全球及我国的生态足迹

　　WWF 的 Living Planet Report 2006 中，给出了世界 1961～2003 年生态足迹的变化，如图 8-4 所示，在此期间生态足迹的年递增率为 1.6%，其中化石燃料用地的增长是最多的；报告中也给出了 2003 年各地区的人均生态足迹，见图 8-5，从中可以看出，北美的人均生态足迹最大，生态赤字为 3.71hm²/cap，非洲的人均生态足迹最小，生态盈余为 0.24 hm²/cap；图 8-6 给出了世界部分国家 2003 年的人均生态足迹。此外，该报告还给出，2003 年全球人均生态足迹为 2.2hm²，而全球人均生态承载力仅为 1.8hm²，全球人均生态赤字为 0.4hm²。2003 年中国的人均生态足迹为 1.6hm²，而其人均生态承载力仅为 0.8hm²，人均生态赤字为 0.8hm²。

　　2003 年全球生态足迹与生态承载力构成见表 8-2。这一年全球生态赤字 2877.2×10⁶hm²，占到全球生态承载力的 25.6%。

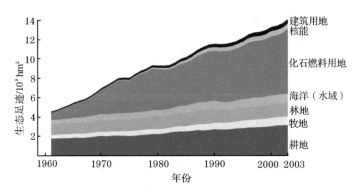

图 8-4　世界 1961～2003 年生态足迹的变化

表 8-2　全球 2003 年生态足迹与生态承载力构成

项目	总量/10^6 hm²	比例/%	累计比例/%
生态足迹	14 114.3		
二氧化碳	6726.5	47.66	47.66
农业	3078.6	21.81	69.47
森林工业	1087.4	7.70	77.17
渔业	935.7	6.63	83.80
牧业	914.1	6.48	90.28
核能	536.4	3.80	94.08
建筑业	485.4	3.44	97.52
薪柴	350.2	2.48	100.00
生态承载力	11 237.1		
林地	4897.9	43.59	43.59
耕地	3341.7	29.74	73.32
牧地	1682.5	14.97	88.30
海洋（水域）	858.6	7.64	95.94
其他	456.4	4.06	100.00
生态赤字	2877.2		
生态赤字/生态承载力	25.6%		

资料来源：王中宇 . 2007-4-2. 工地上的脚印 . 光明日报，A6-A7 版 .

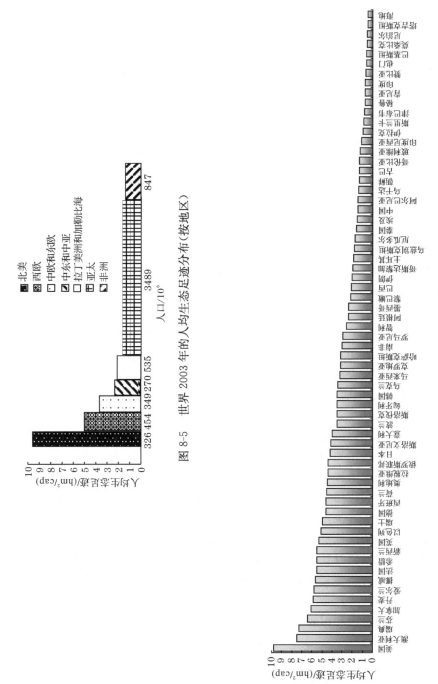

图 8-5　世界 2003 年的人均生态足迹分布（按地区）

图 8-6　世界部分国家 2003 年的人均生态足迹

8.4　实例——辽宁省 2002 年的生态足迹

根据本章附表 8-1，查阅《辽宁统计年鉴 2003》等资料，通过计算得到辽宁省 2002 年的生态足迹分析结果，见表 8-3。

表 8-3　辽宁省 2002 年生态足迹和生态承载力计算结果

生态功能用地类型	人均生态足迹的需求			生态功能用地类型	人均生态足迹的供给（生态承载力）		
	总面积 /(hm²/cap)	当量因子	当量面积 /(hm²/cap)		总面积 /(hm²/cap)	当量因子	当量面积 /(hm²/cap)
耕地	0.445 89	2.8	1.248 48	耕地	0.095 69	2.8×1.93	0.517 11
牧地	0.182 88	0.5	0.091 44	牧地	0.009 00	0.5×0.81	0.003 65
林地	0.010 86	1.1	0.011 95	林地	0.103 48	1.1×0.91	0.103 58
化石燃料用地	1.705 70	1.1	1.876 27	化石燃料用地	0.000 00	1.1×0.60	0.000 00
建筑用地	0.011 66	2.8	0.032 66	建筑用地	0.010 00	2.8×1.66	0.046 48
海洋（水域）	0.320 90	0.2	0.064 18	海洋（水域）	0.010 54	0.2×1.00	0.002 11
足迹需求			3.324 97	面积供给			0.672 93
				生物多样性保护（12%）			0.080 75
				可利用的生态功能用地面积			0.592 18

注：计算所需数据来自《辽宁统计年鉴 2003》、《中国能源统计年鉴：2000—2002》；
　　建筑用地面积的供给、产量因子取自 Wackernagel 等对中国生态足迹计算时的取值。

辽宁省 2002 年的人均生态足迹为 3.324 97hm²，而实际人均生态承载力为 0.592 18hm²，人均生态足迹是人均生态承载力的 5.61 倍，人均生态赤字为 2.732 79hm²。其中，生态赤字最主要来源于化石燃料用地，辽宁省化石燃料用量大，而化石燃料用地为零，造成了很大的生态赤字。这是工业较发达省份的共同特点，但也说明减少化石燃料消耗的重要性，否则环境质量不会好！如此大的生态赤字，表明辽宁省的资源消费已严重地超过了辽宁省自然生态系统的再生能力，反映了人类的生产、生活强度严重超过了生态系统的承载能力，辽宁省的区域生态系统处于过度开发和利用之下，这种状况必须改变。

辽宁省应根据自身具体情况，积极调整产业结构，努力提高资源利用效率。重视开发和利用可再生能源，降低化石燃料消耗，鼓励和扶持那些有利于改善生态效率的高新技术产业（如生态农业）和新兴产业（如环保产业）的发展，从而有效地提高资源利用效率和生态效率。

主要参考文献

顾晓薇. 2005. 国家环境压力指标体系及减量化研究［博士学位论文］. 沈阳：东北大学

陶在朴. 2003. 生态包袱与生态足迹——可持续发展的重量及面积观念（特别视角）. 北京：经济科学出版社

王中宇. 2007-4-2. 工地上的脚印. 光明日报，A6-A7 版

徐中民，陈东景，张志强等. 2002. 中国 1999 年的生态足迹分析. 土壤学报，39(3)：441～445

徐中民，张志强，程国栋等. 2003. 中国 1999 年生态足迹计算与发展能力分析. 应用生态学报，14(2)：280～285

岳强，陆钟武. 2004. 生态足迹指标在区域可持续发展评估中的应用. 环境保护，11：31～34

张志强，徐中民，程国栋. 2000. 生态足迹的概念及计算模型评介. 生态经济，(10)：8～10

Best Foot Forward. Environmental Report 2004. http://www. bestfootforward. com/downloads/envreport2004. pdf

Chambers N，Lewis K. 2001. Ecological Footprint Analysis：Towards a Sustainability Indicator for Business. ACCA Research Report

Christian A C，Holmberg J，Lindgren K. 1996. Socio-ecological indicators for sustainability. Ecological Economics，(18)：89～112

Costanza R，d'Arge R，de Groot R，et al. 1997. The value of the world's ecosystem services and natural capital. Nature，(387)：253～260

Manfred L，Shauna A M. 2001. A modified ecological footprint method and its application to Australia. Ecological Economics，37：229～255

Simmons C，Lewis K，Barrett J. 2000. Two feet-two approaches：a component-based model of ecological footprint. Ecological Economics，32(3)：375～380

Wackernagel M，William R. 1996. Our Ecological Footprint：Reducing Human Impact on the Earth. Philadelphia：New Society publishers

Wackernagel M，Monfreda C，Deumling D. Ecological footprint of nations（Nov. 2002 update）：how much nature do they use? how much nature do they have? http://www. redefiningprocess. org/publications/ef1999. pdf

Wackernagel M，Onisto L，Bello P，et al. 1997. Ecological footprint of nations：how much nature do they use? how much nature do they have// Commissioned by the Earth Council for the Rio ＋5 Forum. International Council for Local Environmental Initiatives，Toronto

Wackernagel M，Onisto L，Bello P，et al. 1999. National natural capital accounting with the ecological footprint concept. Ecological Economics，29(3)：375～390

World Wide Fund for Nature. Living Planet Report 2002，2004，2006. http://www. footprintnetwork. org/

复习思考题

1. 生态足迹的计算方法主要有哪两种？这两种方法的差别主要在哪？

2. 如果运用生态足迹分析方法对你所在的城市进行生态足迹分析，具体需要哪些步骤？数据收集环节中需要收集哪些数据？如果可能的话，尝试一下进行你所在的城市的生态足迹的计算与分析。

3. 你觉得生态足迹分析方法还存在哪些问题，有待于进一步改进？

附　　录

综合计算法运用 Excel 格式的数据表进行生态足迹的计算，如附表 8-1 所示。

该表包含动物类食品、植物类食品、非木材植物纤维、木材、动物性非食品、其他植物类、化工品、非金属制成品、金属品、木及木制品以及能源平衡项等项目。

计算步骤为：首先计算各类商品的直接占用生态功能用地面积，然后计算工业品所携带能源的间接性占用生态功能用地，最后计算能源平衡项。

非工业品（A~F 类）中每一项的人均生态足迹分量（第 9 列）计算公式如下：

$$[9] = \frac{[4]+[5]-[6]}{[2] \times N}$$

式中：[9] 表示表中第 9 列数据；[2]、[4]、[5] 和 [6] 分别表示表中第 2、4、5 和 6 列数据；N 表示该区域内当年人口数。

A~F 类商品所消耗的能源，诸如播种机、收割机用的柴油以及灌溉用电力等均包含在本表的能源平衡项目内，上述产品的携带能源已无计算之必要。其中，各类农产品的全球平均生产能力（第 2 列）可参考以下国际机构之统计资料：

——联合国粮农组织（FAO）生产及贸易年报；

——联合国发展署（UNEP），"人类发展报告"年报；

——世界银行（WB），"世界发展报告"年报；

——世界资源研究中心（WRI），"世界资源双年刊"；

——世界观察研究所（WWI），世界状况年报；

——联合国统计局；

——各政府机关统计公报。

工业产品（G~J 类）因携带能源（embodied energy）而发生间接用地问题，携带能源是指产品生产、制造、包装、运输等过程中消耗的能源。工业品的携带能源等于产品能源密度乘以净进口量，即 [12]=[11]×[7]。计算时必须注意单位换算，各类产品的全球平均能源密度可从国际能源研究的统计资料中获得。

完成以上各项计算后便可计算能源平衡。各国能源平衡项目各异，但至少应该包括：煤、石油、天然气和携带能源，有的国家还要考虑核能、风能、水电、生物质能以及薪木，本表所列数据最为常用。用本地能源消费量除以世界平均能源足迹可求出各类能源占用的生态功能用地面积。

最后汇总以上各类生态功能用地面积（见附表 8-2），便可求出生态足迹；与此同时给出该地区的生态承载力，两者进行比较便可知道是否存在生态赤字等问题。

附表 8-1　生态足迹表

分类	世界平均生产力	某地生产力	产量	进口量	出口量	净进口量	消费量	足迹大小	类别	能源密度	携带能源
单位	kg/(hm²/a)	kg/(hm²/a)	t	t	t	t	t	hm²/cap		GJ/t	PJ
	[1]	[2]	[3]	[4]	[5]	[6]	[7]	[8]	[9]	[10]	[11]	[12]
A. 动物类食品												
生牛									牧地		
生猪									耕地		
生羊									牧地		
牛(鲜,冷,冻)									牧地		
猪(鲜,冷,冻)									耕地		
羊(鲜,冷,冻)									牧地		
家禽									耕地		
罐头(肉,禽)									耕地		
牛奶									牧地		
乳酪									牧地		
奶油									牧地		
蛋									耕地		
鱼									海洋		
B. 植物类食品												
谷物									耕地		
水稻									耕地		
小麦									耕地		

续表

分类	世界平均生产力	某地生产力	产量	进口量	出口量	净进口量	消费量	足迹大小	类别	能源密度	携带能源
单位	kg/(hm²/a)	kg/(hm²/a)	t	t	t	t	t	hm²/cap		GJ/t	PJ
	[2]	[3]	[4]	[5]	[6]	[7]	[8]	[9]	[10]	[11]	[12]
谷类									耕地		
豆类									耕地		
油料									耕地		
蔬菜									耕地		
水果									耕地		
糖料									耕地		
蜂蜜									耕地		
酒									耕地		
饮料									耕地		
C. 非木材植物纤维											
棉花									耕地		
纱线									耕地		
衣									耕地		
麻									耕地		
D. 木材											
原木									林地		
薪木									林地		
E. 动物性非食品											

续表

分类	世界平均生产力	某地生产力	产量	进口量	出口量	净进口量	消费量	足迹大小	类别	能源密度	携带能源
单位	kg/(hm²/a)	kg/(hm²/a)	t	t	t	t	t	hm²/cap		GJ/t	PJ
[1]	[2]	[3]	[4]	[5]	[6]	[7]	[8]	[9]	[10]	[11]	[12]
羊毛									牧地		
皮革									牧地		
鞋									牧地		
丝									耕地		
动物脂肪,油									耕地		
F. 其他植物类											
烟草									耕地		
橡胶									耕地		
橡胶品									耕地		
植物油									耕地		
G. 化工品											
有机化学品											
无机化学品											
染料											
医药品											
精油,香料											
合成肥料											

续表

分类	世界平均生产力	某地生产力	产量	进口量	出口量	净进口量	消费量	足迹大小	类别	能源密度	携带能源
单位	kg/(hm²/a)	kg/(hm²/a)	t	t	t	t	t	hm²/cap		GJ/t	PJ
[1]	[2]	[3]	[4]	[5]	[6]	[7]	[8]	[9]	[10]	[11]	[12]
塑料											
塑料品											
其他											
H. 非金属制成品											
玻璃·瓷器											
水泥											
其他											
I. 金属品											
金属矿											
钢·铁											
重型机械											
办公室机械·电脑·电话											
其他电子设备											
公路运输设备											
铁路运输设备											
其他运输设备											

续表

分类	单位	世界平均生产力 kg/(hm²/a)	某地生产力 kg/(hm²/a)	产量 t	进口量 t	出口量 t	净进口量 t	消费量 t	足迹大小 hm²/cap	类别	能源密度 GJ/t	携带能源 PJ
	[1]	[2]	[3]	[4]	[5]	[6]	[7]	[8]	[9]	[10]	[11]	[12]
建筑设备												
军工设备												
J. 木及木制品												
加工用原木												
直接用原木												
家具												
纸浆												
纸及纸制品												

能源半衡项

分类	单位	世界平均足迹 GJ/hm²	能源密度 GJ/t	产量 t	进口量 t	出口量 t	净进口量 t	消费量 t	足迹大小 hm²/cap	类别
煤		55								化石燃料用地
石油		71								化石燃料用地
天然气		93								化石燃料用地
水力发电		1000								耕地
生物质能		98								化石燃料用地
薪木		71								化石燃料用地
携带能源		71								化石燃料用地

附表 8-2　计算结果汇总

人均生态足迹的需求			分类	人均生态足迹的供给（生态承载力）		
总面积	均衡因子	折算后面积	单位	总面积	产量因子	折算后面积
hm^2/cap		hm^2/cap	公式	hm^2/cap		hm^2/cap
a	b	$c=a\times b$		d	e	$f=b\times d\times e$
			耕地			
			牧地			
			林地			
			化石燃料用地			
			建筑用地			
			海洋（水域）			
			生物多样性保护（12%）			
		总计	总计			

第9章　系统动力学分析

本章将简要介绍系统动力学（system dynamics，SD）及其应用。通过对本章的学习，读者应着重掌握系统动力学中因果关系的构建，熟悉简单模型的模拟仿真原理及其应用领域。

9.1　系统动力学概述

系统动力学由美国麻省理工学院的福瑞斯特（Forrester）教授首先提出。在 20 世纪 50 年代中期，他发表了专著《工业动力学》（*Industrial Dynamics*），把 SD 方法用于研究工业系统中的企业。在此研究和总结的基础上，福瑞斯特教授又相继发表了《城市动力学》（*Urban Dynamics*）和《世界动力学》（*World Dynamics*）等专著，并于 1972 年正式提出"系统动力学"的名称。

本节将讨论系统动力学的特点和应用。

9.1.1　系统动力学的特点

系统动力学是系统科学和管理科学的交叉学科。该学科以系统论为基础，吸取反馈理论与信息论的精髓，借助计算机来分析模拟系统中的信息反馈，目的是认识和解决系统问题。系统动力学具有多种特点：

1）复杂性

系统动力学多用于研究社会、经济、生态和生物等高度非线性、高阶次、多变量、多重反馈、复杂的大系统问题，并可在宏观与微观层面上对其进行综合研究。此外，应用系统动力学研究较大系统（如企业、城市、国家乃至世界）时，不仅要详细分析系统内各要素之间的复杂关系，还要充分考虑本系统与其他系统之间的关系，这些都体现了应用 SD 的复杂性。

2）反直观性

系统动力学能较全面、定量地研究系统内各要素之间的复杂关系，从而得出处理系统问题的具体看法。而凭人们的直观，非但不可能得出这些具体看法，而且往往是与之相反的。这就是系统动力学的一个重要特点——反直观性。例如，环境被污染了怎么办？直观的、表面的看法，是治理污染就能解决问题，但是却出现越治理污染越严重的反常现象。其实，事情并不这么简单！环境之所以被污染，实际上是资源利用率低下和环境资源外部性造成的。解决环境污染问题，应从提高资源利用率和调整环境资源有价使用政策等角度考虑。运用系统动力学研究污染问题，不仅能指出解决问题的方向，而且能较全面地提出有关措施。

　　3）　动态性

　　运用系统动力学，不仅能研究静态系统内多要素之间的相互关系，而且能研究动态系统在内外动力作用下的发展演化过程（参见 9.4 节世界模型实例）。这就是系统动力学的又一个特点——动态性。

9.1.2　系统动力学在决策中的应用

　　在决策过程中，应用系统动力学的主要步骤见图 9-1。

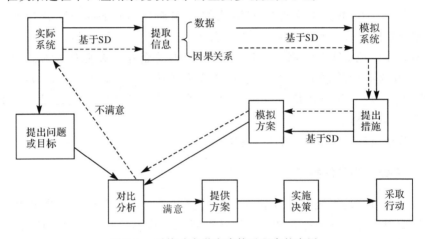

图 9-1　系统动力学在决策过程中的应用

（方框中的文字表示完成决策的主要步骤；箭头为操作顺序；实线为单向步骤；虚线为反馈步骤）

　　如图 9-1 所示，首先，对实际系统进行观察和分析，提出问题，明确目标；按照 SD 的要求提取与系统有关的信息（包括数据和因果关系）。然后，应用 SD对该系统进行模拟分析，提出相应措施和模拟方案。最后，再应用 SD 对各方案进行模拟，把模拟结果与提出的问题和目标做对比分析，为决策者提供方案。如果决策者对所提供的方案还不太满意，可进一步调整相应措施，重复上述步骤，直到得出满意方案为止。

9.2　系统动力学中的因果关系和反馈回路

9.2.1　因果关系

　　因果关系是指一种现象发生的原因和可能引起的结果，它普遍存在于各种系统中。系统动力学正是通过分析这种关系，为构建反馈回路、流程图和模型提供必要的基础。因果关系是系统动力学的核心内容。

　　因果关系用多个因果箭、因果链、反馈回路和有关要素来描述。

　　1)　因果箭

　　因果关系用连接因果要素的有向边来描述，这种有向边叫做"因果箭"。箭尾始于原因要素，箭头终于结果要素。如 A ——→B，其中 A 为因，B 为果；箭头代表作用方向；A 和 B 是相互关联的两个要素，又是因果关系的载体。

　　因果关系有正向因果关系和负向因果关系两种，是因果关系的两种不同极性。同样，因果箭也有正向和负向两种基本形式，可分别用符号"＋"或"－"表示：

　　(1)　正向因果箭 A $\xrightarrow{+}$ B。因果箭的极性为正，它所表达的意思是：若其他条件不变时，A 增加必使 B 增加，或 A 减少必使 B 减少，两者同向变化；关系曲线（不论是线性或是非线性）恒具有正的斜率。例如，年出生人口增加，使人口总数增加，即：年出生人口数 $\xrightarrow{+}$ 人口总数。

　　(2)　负向因果箭 A $\xrightarrow{-}$ B。因果箭的极性为负，它所表达的意思是：若 A 增加必使 B 减少，或 A 减少必使 B 增加，两者反向变化；关系曲线（不论线性或非线性）恒具有负的斜率。例如，年死亡人口增多，使人口总数减少，即：年死亡人口数 $\xrightarrow{-}$ 人口总数。

　　请注意：正、负号，仅代表因果箭的极性，而不是说因果两要素之间在数量上存在比例关系。带正号的箭头并不表明被连接的两要素之间在数量上有正向比例关系。同理，带负号的箭头也不表明被连接的两要素之间在数量上存在负向比例关系。并且，箭头长短和粗细也不代表关系强弱。

　　2)　因果链

　　因果关系具有递推性，因果链则是对这种性质的直观描述。例如，A 要素是 B 要素的原因，而 B 要素又是 C 要素的原因。用因果箭将这些因果关系加以连接，就得到因果链，见图 9-2。

　　因果链也有极性。图 9-2(a) 中因果链的极性为正，因为 A 增加必使 C 增加，或 A 减少必使 C 减少。例如国民收入 A 增加，使得人们的营养水平 B 提

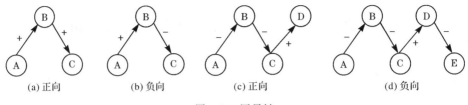

图 9-2　因果链

高，这样人的期望寿命 C 也相应提高。该因果链中的因果箭均为正极性，故因果链呈正极性。

图 9-2(b) 中因果链的极性为负，因为 A 增加必使 C 减少，或 A 减少必使 C 增加。例如国民收入 A 增加，使得科技投资 B 提高，这样单位 GDP 能耗 C 就相应降低。该因果链中有一个负向因果箭，故因果链呈负极性。

因果链的极性与其中因果箭极性之间的关系是：凡是因果链中含有偶数（或零）个负向因果箭，该因果链必呈正极性，如图 9-2(a) 和（c）所示。反之，凡是因果链中含有奇数个负向因果箭，该因果链必呈负极性，如图 9-2(b) 和（d）所示。换言之，某因果链中各因果箭极性的乘积，就是该因果链的极性。

图 9-2(c) 中，由于商店销售量 A 增加，导致其库存量 B 减少，这样商店向工厂的订货量 C 就增加，促进工厂的生产量 D 也随之增加。该因果链中含有两（偶数）个负向因果箭，故因果链呈正极性。

图 9-2(d) 中，由于商店某种商品销售量 A 增加，使其库存量 B 减少，这样商店向工厂的订货量 C 增加，促进工厂生产该种商品的产量 D 也随之增加；但工厂的生产能力是有限的，该种商品产量增加，导致其他产品的生产量 E 减少。该因果链中含有三（奇数）个负向因果箭，故因果链呈负极性。

9.2.2　反馈回路

某一原因产生结果，结果又构成新的原因，新原因又以反馈的形式作用到最初原因上产生新的结果，这样就形成了反馈回路。实际上，反馈回路就是首尾相接的因果链。反馈回路的基本特征是：原因和结果的地位具有相对性。在反馈回路中将哪个要素视做原因，哪个要素视做结果，要看分析问题的具体情况而定。

反馈回路的极性也是其中各因果箭极性的乘积。凡是回路中负向因果箭的个数为奇数，该回路必为负向反馈回路，表示符号为 （－）。它能够使系统寻求特定目标，具有自我调整能力，呈稳定型；凡是回路中负向因果箭的个数为偶数或零，该回路必为正向反馈回路，表示符号为 （＋）。它能够使系统不断增长，呈加强型。

在一个完整的反馈回路中，通常包括两类变量，即状态变量和辅助变量。

状态变量的特点是能对输入和输出进行积累的变量，如状态变量人口总数是年出生人数（即输入）与年死亡人数（即输出）之间积累的变量。计算状态变量的方程称为状态变量方程。在反馈回路中，状态变量具有改变整个动力学性质的能力，提供了系统产生不平衡特性的可能性，它是系统动力学模型发生一切动力学行为的源泉。确定某变量是否为状态变量的原则是：若某变量经反馈回路的传递将改变其总量，则它可定义为状态变量；若反馈回路中的某变量值可随其输入量的变化而瞬变，则它可定义为辅助变量。在本章中，所有图中的状态变量均用方框标明。

回路中拥有状态变量的个数称为反馈回路的阶数。在研究社会经济生活中的有关问题时，所涉及的系统多属于复杂大系统，应用系统动力学分析其问题时多应用高阶反馈回路。但是，任何一高阶反馈回路都可视为由一阶反馈回路关联而成。下面将给出简单的一阶反馈回路和二阶反馈回路的因果关系与对应特征，以及相关的例子：

1）　一阶反馈回路

现就一阶正向反馈回路和一阶负向反馈回路中各要素之间的因果关系和对应特征，各举一例说明之。

一阶正向反馈回路的例子：人口总数与年出生人数之间的因果关系见图 9-3。年出生人数的增加使人口总数不断增加（正向），而人口总数的增加又引起年出生人数的增加（正向）。在反馈回路中，有一个状态变量和两个正向的因果箭，说明该回路为一阶正向反馈回路，具有自我强化作用，即人口总数不断增加。

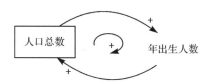

图 9-3　人口总数与年出生人数之间的因果关系

一阶负向反馈回路的例子：商店的库存量、库存差额和订货速度之间的因果关系见图 9-4。若商店的库存量增加，则库存差额（即期望库存量与实际库存量之差）减少（负向），引起商店向生产工厂的订货速度放慢（正向），进而，订货速度放慢造成库存量也减少（正向）。在该回路中，有一个状态变量、一个负向因果箭和两个正向因果箭，表明该回路为一阶负向反馈回路，具有达到自我调节和平衡效果，即库存量达到一个稳定状态。

2）　二阶反馈回路

现就二阶正向反馈回路和二阶负向反馈回路中各要素之间的因果关系和对应特征，各举一例说明之。

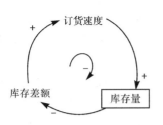

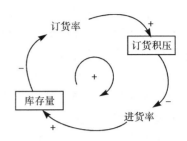

图 9-4　商店的库存量与订货速度的因果关系　　图 9-5　商店的库存量与订货积压的因果关系

　　二阶正向反馈回路的例子：商店库存量与订货积压之间的因果关系见图9-5。在反馈回路中，若库存量减少，商店就会增加订货率（负向），订货率增大引起订货的大量积压（正向），货物积压就要减少从生产厂家的进货率（负向），进货率小带来库存量的减少（正向）。该反馈回路中，有两个状态变量、两个正向因果箭和两个负向因果箭，所以，该回路为二阶正向反馈回路。它具有逐渐加强型特征，即库存量逐渐减少。

　　二阶负向反馈回路的例子：企业产品库存量与劳动力之间的因果关系见图 9-6。该回路中设定企业产品库存量和劳动力为两个状态变量，当产品库存量较多时，企业对期望雇佣的劳动力就相对减少（负向），进而带来纯雇佣率的降低（正向），使企业的实际劳动力减少（正向），最终带来产品生产率降低（正向），使产品的库存量减少（正向）。该反馈回路中有两个状态变量、一个负向因果箭和四个正向因果箭。所以，该回路为二阶负向反馈回路，具有自我平衡性，即库存量趋于稳定。

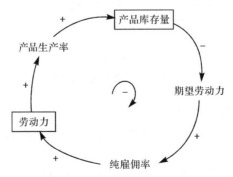

图 9-6　企业产品库存量与劳动力的因果关系

9.3　系统动力学的计算例题

例 9-1.　一阶正向反馈回路的模拟计算：人口总数 P 为状态变量，年出生

人数 $R1$ 正向促进人口总数的增加，人口总数的增多又提高出生率，假定某市人口的初始值是 100 万人，人口年出生率是 2%，死亡率为 0，要求给出相应因果关系图和模拟计算结果。

　　解：人口总数与年出生人数之间的因果关系见图 9-7。

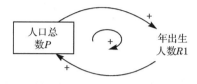

图 9-7　人口总数与年出生人数的因果关系

　　这是一个最简单的一阶正向反馈回路，根据题意我们可以用一个数学公式来表示其定量关系，即

$$P = P_0 \times (1 + C1)^t = 100 \times 1.02^t \qquad (9\text{-}1)$$

式中：t 为时间，单位为 a；P 为 t 年的人口总数；P_0 为人口初始值；$C1$ 为人口年增长率。

　　该公式验证了一阶正向反馈回路具有使系统按指数规律增长的基本功能。表 9-1 和图 9-8 给出计算结果和对应的模拟曲线，更直观地说明了一阶正向反馈回路的作用。

表 9-1　例 9-1 的模拟结果

变量	变量对应的值					
时间 t/a	0	1	2	3	4	…
人口总数 P/万人	100	102	104.04	106.12	108.24	…
年出生人数 $R1$/万人	2	2.04	2.08	2.12	2.16	…

　　例 9-2.　一阶负向反馈回路的模拟计算：某商店的库存量 I 为状态变量，初始值为 1000 件，期望库存量为 6000 件，若库存差 D 是期望库存量与实际库存量之间的差值，库存量既受订货速率 $R1$（件/周）的影响又受库存差的制约，订货调整时间为 5 周即每周的订货量是期望库存与实际库存差额的 1/5，依此分析库存量的动态变化，要求给出因果关系图和结果分析。

　　解：库存量为状态变量，当库存量增加，商店实际库存量与期望库存量的差额就减少（负向），引起订货速率的降低（正向），从而又使库存量减少（正向）该反馈回路中有一个状态变量、一个负向因果箭和两个正向因果箭，此反馈回路为一阶负向反馈回路。因果关系见图 9-9。

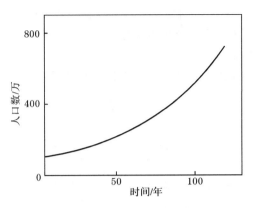

图 9-8　例 9-1 的模拟曲线

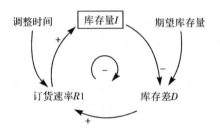

图 9-9　商店库存量与订货速率的因果关系

这是一个较简单的一阶负向反馈回路，根据题意分析我们用一阶微分方程来表示其定量关系，即

$$\frac{\mathrm{d}I}{\mathrm{d}t} = -\frac{1}{5} \times I + \frac{1}{5} \times 6000 \qquad (9\text{-}2)$$

初始条件为

$$I_0 = 1000$$

解析解为

$$I = 6000 - 5000 \times \mathrm{e}^{-\frac{1}{5}t} \qquad (9\text{-}3)$$

式（9-2）和式（9-3）中：t 为时间，单位为周；I 为 t 时刻的商店库存量。

该公式简单地验证了一阶负向反馈回路能使系统达到预期目标或稳定的效果。模拟计算结果和相应的模拟曲线分别见表 9-2 和图 9-10，它们给出更直观的一阶负向反馈回路的作用。即系统具有自我调控能力并最终趋于稳定，使商店库存量逐渐达到期望库存量。

表 9-2 例 9-2 的模拟结果

变量	变量对应的值					
时间 t/周	0	1	2	3	4	…
库存量 I/件	1000	2000	2800	3440	3952	…
订货速率 $R1$/(件/周)	1000	800	640	512	409	…
库存差 D/件	5000	4000	3200	2560	2048	…

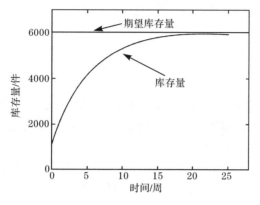

图 9-10 例 9-2 的模拟曲线

例 9-3. 二阶负向反馈回路的模拟计算：在例题 9-2 的基础上，综合考虑发现从订货到入库有滞后现象，即途中存货 G，为此商店库存量 I 还受入库速率 $R2$ 的影响。设定订货商品的入库时间为 10 周，途中存货 G 为 10 000 件，其他条件不变，试分析商店库存量 I 的变化。

解：订货到入库之间的变量途中存货是一个新的状态变量，由于在反馈回路中存在两个状态变量和一个负向因果箭，故该反馈回路为二阶负向反馈回路。因果关系见图 9-11。

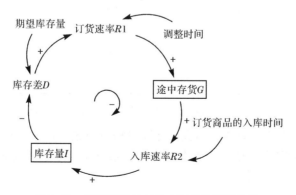

图 9-11 商店库存量与途中存货的因果关系

这是一个较简化的二阶负向反馈回路，可以用微分方程来表示其状态方程，即

$$
\begin{bmatrix} \dfrac{\mathrm{d}G}{\mathrm{d}t} \\[2mm] \dfrac{\mathrm{d}I}{\mathrm{d}t} \end{bmatrix} = \begin{bmatrix} -\dfrac{1}{10} & -\dfrac{1}{5} \\[2mm] \dfrac{1}{10} & 0 \end{bmatrix} \begin{bmatrix} G \\ I \end{bmatrix} + \begin{bmatrix} \dfrac{1}{5} \\[2mm] 0 \end{bmatrix} 6000 \tag{9-4}
$$

初始条件为

$$
\begin{bmatrix} G(0) \\ I(0) \end{bmatrix} = \begin{bmatrix} 10000 \\ 1000 \end{bmatrix}
$$

其中，I 的解析解为

$$
I = C1 + C2 e^{-\frac{t}{C3}} \sin\left(\frac{2\pi}{C4}t + C5\right) \tag{9-5}
$$

式（9-5）中，t 为时间，单位为周；I 为 t 周的库存量；G 为途中存货量；$C1$、$C2$、$C3$、$C4$、$C5$ 由已知常数——期望库存量、调整时间、进货延迟时间、库存初值和已订待进货量初值所组成。

通过手工计算前几步的结果见表 9-3，且对应的模拟曲线见图 9-12。从表 9-3 和图 9-12 可看出二阶负向反馈回路同样具有追求目标的功能，不同的是在二阶负向反馈回路的作用下，库存量在第一次到达期望值后还会继续增加，从而超过库存期望值，而后则在目标值附近以衰减振荡的形式逼近目标值，这是一般二阶负向反馈回路的共同特征。

表 9-3　例 9-3 的模拟结果

时间 t/周	途中库存 G/件	库存量 I/件	库存差 D/件	订货速率 $R1$ /(件/周)	入库速率 $R2$ /(件/周)
0	10 000	1000	5000	1000	1000
1	10 000	2000	4000	800	1000
2	9800	3000	3000	600	980
3	9420	3980	2020	404	942
4	8882	4922	1078	215.6	888.2
⋮	⋮	⋮	⋮	⋮	⋮

以上只是几个简化的系统动力学模拟仿真例题。在社会经济生活中，研究的复杂系统将涉及许多要素，相应的计算过程也很繁琐，手工计算已无法实现，必须借助计算机完成。在 9.4 节中，将介绍系统动力学的实际应用——世界模型实例。

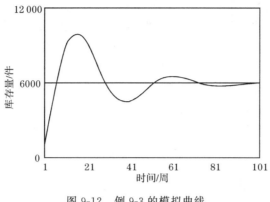

图 9-12　例 9-3 的模拟曲线

9.4　世界模型实例

系统动力学在解决问题中形成了自己处理问题的特色，具有一套系统的步骤、简便的操作软件和相应的要求。本节介绍世界模型所应用的软件及研究结果。

9.4.1　操作软件介绍及模拟步骤

初期，借用计算机技术设计出系统动力学的专用仿真语言 DYNAMO I。到 20 世纪 80 年代相关软件升级为 Micro DYNAMO 和 Professional DYNAMO PLUS（PD PLUS），其中，前者可在微型机上独立运行，后者则在 DOS 操作系统下运行。目前，新开发的运行在 Windows 系统中的 Vensim 5.0，可直接根据因果关系进行模拟计算，是一个可视化的建模工具，增加了模型的构思、优化和分析等更人性化的功能。

系统动力学是为系统分析者和相关决策者提供的一种仿真试验方法，它需要遵循一定的工作步骤：

第一步，把握系统仿真目的。通常情况下，采用 SD 对系统进行仿真的主要目的是：认识预测该系统的结构，预测相关措施（或行动）对系统的未来响应行为，通过对比调查确定最佳运行参数，为制定合理政策提供依据。

第二步，划定系统边界。利用 SD 的前提是假设研究对象是封闭系统，外部因素对系统行为不产生实质影响。因此，必需划定系统的边界才能进行模拟计算。

第三步，构建因果关系。根据分析系统内各要素之间的因果关系，可用反馈回路加以描述。这些关系的正确与否决定着仿真结果的可靠性和准确性。

第四步，建立 SD 模型。首先，根据第三步中的因果关系，应用专有的各种变量符号绘制相应的流程图。该流程图可简明描述系统各要素之间的因果关系和系统结构；然后，基于专门的 DYNAMO 语言，给出各要素之间的定量关系即结构方程；最后，将结构方程应用于相关软件进行模拟计算。

第五步，结果分析和模型修正。根据模型运行结果，结合实际情况检验模型的系统结构是否正确、结果是否达到预期要求。进而根据分析结果调整系统结构、运行参数（或策略）、系统边界等，使模型更符合实际，更具有操作性。

整个模拟过程不是单向的，而是一个不断提高的反馈过程，见图 9-13。

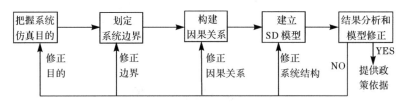

图 9-13　基于 SD 对系统的模拟仿真步骤

9.4.2　世界模型简介

1970 年夏，罗马俱乐部（the Club of Rome）在瑞士伯尔尼和美国坎布里奇举行的两周会议上，福瑞斯特教授基于系统动力学方法提出了一个世界模型（WORLD II）。该模型清楚地识别出社会—经济—自然环境巨系统中复杂问题的许多具体内容，为研究人口增长与资源日渐枯竭的矛盾问题提供一种方法。于是，在罗马俱乐部的财政支持下，一个由福瑞斯特教授的学生梅多斯（Meadows）教授为首的国际研究小组，担负起研究世界模型的任务。

世界模型主要描述了人口、资源、工业产出、粮食和污染等五个子系统中各变量之间的关系。整个模型含有 112 个主要变量，其中，包括人口、资源、工业产出、粮食和污染五个状态变量，模型的仿真时间长达 200 年。

9.4.3　模拟结果分析

梅多斯研究小组应用系统动力学对传统的发展模式、调整的发展模式和近似可持续的发展模式分别进行模拟分析，寻求实现可持续发展的途径。

传统的发展模式：假设世界以传统的方式发展，对于 20 世纪内所执行的多数政策不做任何重大变革，结果变化趋势见图 9-14。

由图 9-14 可见，2000 年以前世界基本状况是工业产出快速增长，粮食总产量和人口总数日益提高。存在的主要问题是污染水平持续上升、资源存量开始减少等。

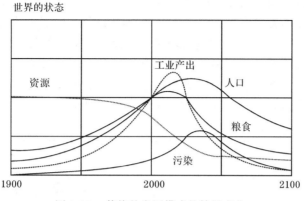

图 9-14 传统的发展模式的结果变化

但是，在进入 21 世纪的头几十年内，经济的增长出现停滞并突然转为衰退。大约在 2025 年，粮食产出也快速减少。然而，人口仍在持续增长，大约于 2030 年，人口达到峰值。随后，因粮食和健康服务的缺乏而导致死亡率的急剧上升，人口开始下降，世界发展进入一种危险状态。

调整的发展模式：假定地下的有待于开发的不可再生资源是目前实际存量的两倍，并且采取一定的措施，保证资源提炼技术的提高足以减缓资源成本上升的趋势，保证工业产出能够再增长 20 年的时间，系统的具体行为变化如图 9-15 所示。

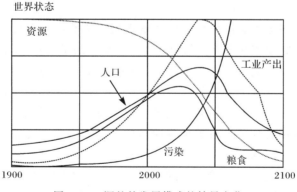

图 9-15 调整的发展模式的结果变化

从图 9-15 可明显看出，相对于传统的发展模式，资源耗尽在这个发展模式中发生的时间要晚得多，允许工业产出的增长过程持续更长时间。但模型的总体行为依然是"过冲"与崩溃，发展的最终结果就会因粮食短缺和环境污染影响人体健康，使人口急剧下降。因此，这种调整的发展模式，并不能阻止世界走向崩溃，此发展模式仍然不可取。

近似可持续的发展模式：假定从 2002 年开始每个家庭平均有两个孩子，采取适当措施约束经济和人口的过快增长。进而，有更多的资金投资到提升技术水平上，以提高资源的使用效率、减少单位工业产出的污染排放量、控制土地侵蚀，并能提高粮食产量，使人均粮食达到满意的水平。同时，假定采取的技术措施要经过 20 年才显示效应，具体的模拟结果见图 9-16。

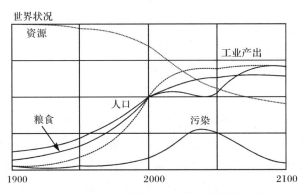

图 9-16　　近似可持续的发展模式的结果变化

在该发展模式中，世界发展受到更多约束，人口增长更加缓慢，到 21 世纪末，世界人口维持在 80 亿以内，在整个世纪里人们的物质生活都能达到满意要求。不可再生资源消耗的速度也非常缓慢，到 2100 年还有 50% 左右的原始资源得以保留。

另外，模型中对工业产出增长的适度约束，使资本无需过多投入其连续增长中，保证新技术能够获得充分的资金支持。粮食的增长在 21 世纪前半期随着污染的增加而有所降低，但到 2040 年，一些更高技术的应用使污染的累积量又出现下降，促使粮食水平缓慢上升。污染水平在 21 世纪末，也在发生不可逆转的破坏之前达到高峰并开始下降。这种近似可持续的发展状态，使世界发展避免了一场不可控制的崩溃。有关世界模型的更详细内容，可参阅梅多斯等编著的《增长的极限》（*Limits to Growth*）一书。

总之，模拟的这三种发展模式虽不是对未来世界的精确预测，但代表了"真实世界"的几种可能性。传统的发展模式和调整的发展模式是对未来发展提出警告，而不是对世界末日的预言。近似可持续的发展模式清楚地说明：通过全世界人们的共同努力，走向可持续发展道路是可能的，也是可行的，一个合意的发展途径是能够找到的。但关键是要当机立断，下决心采取果断措施。

主要参考文献

德内拉·梅多斯，乔根·兰德斯，丹尼斯·梅多斯. 2006. 增长的极限. 机械工业出版社，6：156～527

贾仁安，丁荣华. 2002. 系统动力学——反馈动态性复杂分析. 北京：高等教育出版社，10：152～158

苏懋康. 1988. 系统动力学原理及应用. 上海：上海交通大学出版社，6：179～200

汪应洛. 1982. 系统工程导论. 北京：机械工业出版社，1：1～193

汪应洛. 1992. 系统工程理论方法与应用. 北京：高等教育出版社，5：160～187

王其藩. 1994. 系统动力学. 北京：清华大学出版社，10：89～150

Forrester J W. 1986. 系统原理. 王洪斌译. 北京：清华大学出版社，4：7～46

Meadows D L, et al. 1997. 增长的极限：罗马俱乐部关于人类困境的报告. 李宝恒译. 长春：吉林人民
出版社，12：8～18

复习思考题

1. 试从现实生活中分别举出一阶正向、负向反馈回路的系统各一个实例，画出相应的因果关系图并做模
拟计算，分析其反馈回路的特征。

2. 试从现实生活中举出一个拥有二阶反馈回路的系统（正向或负向），画出相应的因果关系图并做模拟
计算，分析其反馈回路的特征。

3. 根据自己的认识，谈谈系统动力学方法的应用特点及其应用范围和前景。

第四篇　生态设计和环境评价

我们不要过分陶醉于我们对自然界的胜利。对于每一次这样的胜利，自然界都报复了我们。

——恩格斯

地力之生物有大数，人力之成物有大限，取之有度，用之有节，则常足；取之无度，用之无节，则常不足。

——陆贽

第 10 章　生 态 设 计

传统的产品设计，关注的只是产品本身，很少或根本没有考虑与产品相关的生态环境问题。区别于传统的产品设计，丹麦工业大学的 Alting 教授等于 1993 年最早提出了生态设计的理念，指出在产品开发和设计过程中要将生态环境问题与其他因素一并考虑，使产品既满足使用需求又具有良好的生态环境性能。

实际上，产品从原材料选择和获取、生产、包装和运输、使用，直到报废后的处理和回收再利用等每个环节都通过各自的方式与生态环境发生联系，消耗资源和能源，排放污染物，对生态环境产生影响，而影响的大小显然与产品的最初设计密切相关。因此，改变传统的设计理念，开发和设计使用功能强、生态环境影响小的产品已成为国际产业界的共同追求。

应该指出，生态设计涉及面宽泛，本章主要包括 8 节内容，即：10.1 节基本概念；10.2 节原材料选择；10.3 节生产、包装和运输；10.4 节使用过程；10.5 节报废回收；10.6 节生态设计举例；10.7 节关于绿色建筑；10.8 节关于绿色汽车。

10.1　基 本 概 念

生态设计（eco-design），又称为绿色设计（green design）、面向环境设计（design for environment，DfE）等（以下统称生态设计），是一种关注和考虑产品生态环境属性的先进设计理念和方法。其关键是要把环境意识贯穿或渗透于产品和生产工艺的设计之中。也就是说，在产品开发和设计时，不仅要满足传统设计的要求，即保证产品的性能、质量、耐用性、外观和成本等，而且还要充分考虑产品整个生命周期中的资源、能源消耗和环境排放问题，并将其作为重要的设计目标，使设计出的产品既满足人的需求，又具有与生态环境友好的属性。

生态设计是从源头预防和控制污染，节约资源、能源的有效途径。生态设计要遵循以下原则：

（1）全生命周期设计。关注和考虑产品整个生命周期各个阶段的环境影响，努力将其控制在最小范围内。

（2）资源利用最大化。尽量使用可再生资源，力求产品整个生命周期中资源利用率最高，产品及零部件可最大限度地回收再利用。

（3） 能源消耗最小化。尽量使用清洁能源和可再生能源，提高能源利用效率，力求产品整个生命周期中能耗最少。

（4） 污染物排放最小化。实施"预防为主，治理为辅"的环保策略，充分考虑和尽量避免各个环节可能产生的污染，从源头消除和防止污染。

（5） 技术先进。采用先进的技术，保证产品使用性能和生态设计效果，以获得最佳的环境经济效益。

一般来说，生态设计可划分为以下几种类型：

（1） 改进设计。产品本身和生产技术保持不变，以关心生态环境和减少污染为出发点进行的改进设计。

（2） 再设计。产品概念不变，应用替代技术改变产品的某些组成部分。

（3） 概念更新。在保证提供与原产品相同使用功能的前提下，改变产品的设计概念和思想。

（4） 系统更新。随着新型产品的出现，需要改进与之相关的工艺设施等，进行产品系统的改造和更新。

下面我们分别从产品的原材料选择，生产、包装和运输，使用过程，报废回收等几个方面论述生态设计的主要内容。

10.2 原材料选择

原材料不仅直接影响产品的性能、质量、耐用性、外观和成本等，而且具有各自不同的环境特性。在产品生态设计中，综合分析和认真比较各种可选材料的性能和特点，最终选出最适宜的、环境危害较小的材料，是降低产品环境负荷的第一步。

一般来说，在选择原材料时重点考虑以下几个方面。

10.2.1 环境危害

在材料选择上，要彻底贯彻"预防为主"的方针。为满足某一特定用途，在其他条件相似的前提下，应优先选择没有毒性或毒性较小的材料。

表 10-1 列出了美国环保局规定的工业有毒化学品，欧盟等国家也明令限制表中大多数化学品的使用。表中，镉、铬、铅、汞、镍等重金属及其化合物在工业生产中多用于产品的表面镀层或涂料，剩余的大多数为氯化物和单环芳烃，多用做工艺过程中的溶剂或清洗剂。这些物质均应在使用中严格限制。

表 10-1　美国环保局工业有毒化学品

苯	镉及其化合物	甲基异丙酮	甲苯
四氯化碳	氯仿	四氯乙烯	四氯乙烷
铬及其化合物	氰化物	三氯乙烷	—
二氯胺	铅及其化合物	二甲苯	—
汞及其化合物	甲基乙基酮	镍及其化合物	—

尽量不选择含上述有毒、有害成分的材料，不得已使用时，要设法采取措施改变原料的组分，减少有害材料的使用量，有效控制毒性影响。同时，应尽量在当地生产、避免远途运输，尽可能做到循环再利用。对目前尚不完全清楚性能的人工化学物质，在没有明确的科学结论之前也不要使用。例如，制造锰电池、镍氢电池、碱性电池等替代有毒的铅酸电池，使用无铅、代铅材料等。

天然或人造放射性核素都有可能严重损害人体健康，也要严格限制。要严格遵守国家关于开采、生产、使用和处置放射性物质的有关法律，避免使用放射性材料。确实因特殊需要必须使用时，要将使用量控制到最小。例如，放射性疗法通过精确定位，既可减少放射剂量，又能保证确切疗效。

此外，有些材料目前尚不在限制使用之列，但是将来很可能受到限制，在选择材料时也需要超前考虑，氯和有机氯化物的使用即是如此。近年来有研究表明，有机氯化物可能具有致癌作用并导致人体和动物内分泌功能紊乱，虽然短时间内不太可能出台全面禁止含氯化合物使用的有关法律，但是，如 DDT 等一些特定含氯化合物早已禁用。

10.2.2　资源储量

所有材料归根结底均来源于自然资源。因此，资源储量、可获得性、成本等是选择材料时要考虑的一个重要因素。一般来说，要优先选择自然资源储量相对丰富、方便易得，且易于回收利用的材料。控制使用资源储量不足、供应相对短缺的材料，尽量将其应用于那些特别需要的场合，特别要避免用于低附加值的场合。

例如，日本松下电器产业制造的"镁合金电视"，采用地球上储量丰富、容易再生利用的金属镁作为电视机机壳主材料，通过特殊工艺实现了镁合金的大型成形。电视机不仅质量轻、外形美观，而且由于金属外壳具有的优良散热性能，不需再设计散热孔，有效实现了防灰、防水功能。

要尽可能多使用可再生资源，同时，还要努力开发有效、可行的回收不可再生资源的工艺和方法，缓解资源供应方面的束缚。

在可能的情况下，尽量用天然原材料替代合成材料。一般来说，天然原材料与合成材料相比具有更好的生态环境属性和自然可降解性。例如，用天然物质制作洗涤剂，用树叶和土制作高尔夫球球座等。

10.2.3　开采加工

原材料的开采和加工过程伴随着巨大的物质流和能量流。例如，开采 1t 铜大约需要剥离 350t 表土和 100t 矿石，并且严重破坏当地的生态环境。

主要矿产资源开采过程中相应的物质流列于表 10-2。

表 10-2　全球主要矿产资源相应的物质流

矿产种类	矿石量/Mt	平均品位/%	残渣量/Mt
铜	910	0.91	900
铁	820	40.0	490
铅	120	2.5	115
铝	100	23.0	77
镍	35	2.5	34
其他	925	—	850
总计	2910	—	2460

由表中数据可知，在各种金属矿石的开采过程中，获得的矿石与废弃的残渣数量几乎相当，两者比值分别为铜 1.01、铁 1.67、铅 1.04、铝 1.30、镍 1.03 等。可见，各种矿产资源的开采过程中产生的废弃物数量巨大，对环境的影响不容忽视。

从铁矿石到飞机发动机引擎的制造过程如图 10-1 所示。

100 万 t 矿石　　　　　10 万 t 金属　　　　　　　　　　
（金属含量 10%）　　　（锻材和棒材）　　　1 万 t 引擎

图 10-1　生产一台喷气式飞机发动机的过程

可见，从矿石资源到最终产品的生产过程中也伴随着巨大的物质流，以喷气式飞机引擎为例，质量比高达 100∶1。因此，在矿山、矿井和其他开采场地都需要采取环境保护措施。例如，保留从开采现场移走的表土，用于以后回填；开采结束后，采取多种途径实施生态修复，尽量将矿山恢复到原有的景观和生态能力。

矿石开采出来之后，还需要进行加工和提纯，获得金属、化学品或相应的混合物。例如，铁矿石开采后，要分别经过选矿、烧结、炼铁、炼钢、轧钢等工序，最终加工成为各种钢材，作为制造汽车、轮船、飞机等的材料。显然，这一系列工艺过程要消耗大量能源。

几种普通材料加工过程的能耗如图 10-2 所示，可供选择材料时参考。

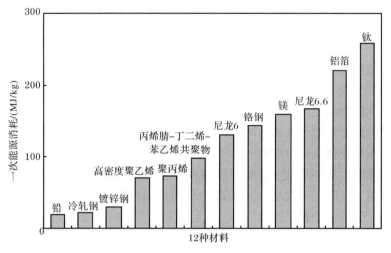

图 10-2 生产 1kg 不同材料消耗的一次能源

10.2.4 再生性

由前述可知，天然资源要经过开采和复杂的加工之后才能使用。与之比较，再生材料显然成本较低，环境影响较小。

目前，很多材料已经可以实现有效的回收和循环利用。各种常见材料循环利用比例列于表 10-3。

表 10-3 各种材料循环利用的比例

材料	循环利用比例/%	材料	循环利用比例/%
铝	28	镍	34
钴	2	钢	64
铜	38	锡	13
铅	53	钨	10
钼	11	锌	28

通常来说，大多数金属材料的再循环性能较好，各种纸、塑料的再生利用也已比较普遍。与天然资源复杂的开采和加工过程相比，再循环材料明显成本较低，环境影响较小。

所以,应尽可能减少天然资源的开采,尽可能使用再生、再循环材料。例如,用再生纸制作信封、卫生纸、包装纸;用废塑料制作人造大理石及玩具;以废玻璃为主要原料制造免烧瓷砖,其中废玻璃使用量最大可达75%,原料不需特殊制备,不仅可节省大量资源、能源,有助于减少CO_2,而且瓷砖本身还可被再生利用。

10.2.5　减量化

无论最终选择使用什么材料,都要尽可能减少材料的使用量。用量越少,意味着加工过程中能源消耗更少,成本更低,运输过程中产生废物更少,产品对环境产生的影响更小。

原材料减量化的最直接措施当然是尽量使用轻质材料、高强度材料。例如,通过使用塑料等轻质部件替代汽车中的钢铁部件,减少汽车自重,可以有效降低油耗,改善汽车环境性能。通过使用高强度钢材、降低钢材厚度、改进车体设计等措施,可以在不改变汽车装配过程和使用性能的前提下,使家庭轿车的重量下降,节约生产费用。

同时,要重点突出和强化产品的主要功能,舍弃一些多余的附加功能。不要盲目追求产品的多功能、全功能,每增加一项功能都会增加产品的成本和环境负荷。例如,有些家电产品功能繁多、操作复杂,除主要功能外,大多数功能实际利用率很低,不如将设计重点集中在其主要功能上。

尽量减小产品体积。减小产品的体积,也就减少了材料用量,减小了包装尺寸,降低运输成本,提高运输效率。节省材料的同时,更加方便产品的运输和储存。例如,设计可折叠或互相套叠的产品。

10.2.6　生态材料

很明显,任何材料的使用都将对环境产生影响。因此,我们将在开采、制造和使用过程中对环境影响较小、资源消耗较少、使用不受法规限制的材料定义为生态材料。

按此定义,生态材料应该具有以下属性:

(1) 资源储量和供应量充足;

(2) 再生、再循环材料供应量充足;

(3) 开采、加工和生产过程的能耗较低;

(4) 对环境影响很小;

(5) 使用不受当前和将来法律法规的限制;

(6) 使用寿命较长;

(7) 可被再使用或再循环。

在实际应用中，我们可采用"星形图"评估生态材料，如图 10-3 所示。

"星形图"有七个轴，分别代表材料的七个生态属性，对应每个属性的评分标准列于表 10-4 中。

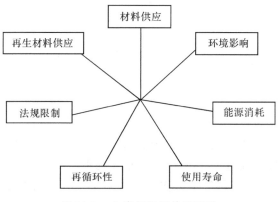

图 10-3　生态材料评估星形图

表 10-4　生态材料属性的评分标准

材料供应	A——耗竭时间大于 100 年 B——耗竭时间在 51～100 年 C——耗竭时间在 25～50 年 D——耗竭时间小于 25 年
再生材料供应	A——全部由再生材料制造 B——再生材料比例大于 50% C——再生材料比例小于 50% D——全部由天然材料制造
能源消耗	A——每 kg 材料的能耗小于 50MJ B——每 kg 材料的能耗在 50～99MJ C——每 kg 材料的能耗在 100～200MJ D——每 kg 材料的能耗大于 200MJ
环境影响	A——环境危害指数小于 25 B——环境危害指数在 25～50 C——环境危害指数在 51～75 D——环境危害指数大于 75
环境法规限制	A——对环境友好的 B——不会受到环境法规限制 C——将来可能受到环境法规限制 D——当前受到环境法规限制

续表

使用寿命	A——不受使用寿命的限制 B——在使用环境中缓慢退化 C——在使用环境中中速退化 D——在使用环境中迅速退化
再循环性	A——完全可再循环 B——超过50％可再循环 C——低于50％可再循环 D——完全不可再循环

表中，材料每个属性共有四档评分标准，由好到差依次用 A、B、C、D 表示。按照此标准，可以给材料的七个属性分别评分，然后将相应的评分标在"星形图"对应的属性轴上。其中，评分为 A 的距离中心最近，评分为 D 的距离中心最远。所以，"星形图"上大多数属性点都靠近中心的是性能较好的生态材料。

图 10-4 是热带气候条件下，金属铝和一种复合塑料分别用做汽车材料的性能分析。

由图可见，金属铝在材料供应（储量较丰富）、环境影响（相对较好）、再循环性能以及法规限制方面的评分较高，而在再生材料供应（天然铝资源被广泛用于汽车制造）、能源消耗（铝的生产过程需要消耗大量能源）和使用寿命（铝在空气中容易被腐蚀）方面表现较差。复合塑料则在材料供应、环境影响和能源消耗方面评分较高，而在再生材料供应和再循环性能方面表现较差。可见，两种材料的生态性能都不是很突出，比较起来，铝要稍微好一些。

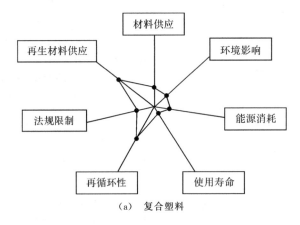

（a）　复合塑料

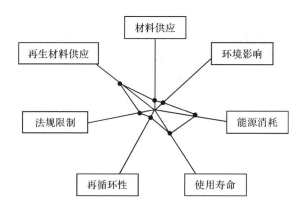

（b） 金属铝

图 10-4 热带气候条件下汽车材料星形图分析

10.3 生产、包装和运输

10.3.1 生产过程

在产品生产过程中，采用先进的加工制造技术和工艺，全面实施清洁生产策略，可以有效降低产品生产过程中的环境影响。即力争在生产过程消耗最少的物料和能源，生产高质量的产品，产生最少的废物。

为此，主要应考虑以下几方面内容：

（1） 尽量减少加工工序，简化工艺流程。例如，优先使用不需表面处理的材料。

（2） 优先选择高效清洁生产技术。例如，采用精密铸造技术减少金属切削加工中的损失。

（3） 降低生产过程中的能耗和物耗，采用无废或少废技术，减少废弃物产生和排放。

10.3.2 包装和运输

生态设计不仅关注产品加工制造过程的环境影响，而且重视产品在后续包装、运输、使用、回收处理等生命周期的各个阶段的环境影响。设计和优化产品的包装、运输模式，建立行之有效的包装运输体系，降低这一过程的环境负荷，是产品生态设计的重要内容。

1) 适当包装

有关研究表明，约30％的城市固体废物源于包装材料，约三分之一的塑料被用于生产一次性包装物。因此，设计和选择适当的包装方式和包装物，将有效降低产品的环境负荷。

包装的基本目的是保护产品、方便运输，在满足此要求的基础上应考虑以下因素：

首先，提倡尽量简化包装，减小包装体积和重量。这样不仅可以降低产品成本，减轻消费者负担，而且有利于节约资源，减少包装废弃物产生量，保护生态环境。应充分运用立法、管理、宣传和市场等多种手段，限制和避免过度包装，减少包装废弃物。同时，在供应商、消费者和生产企业之间，互通信息、增强合作，尽量使包装材料的消耗降到最低。

其次，要恰当选择和使用包装材料，优先考虑能够再使用或者方便回收处理和再循环的包装材料。力求包装材料能重复使用，改一次性使用为多次使用，加强包装材料的再循环，减少最终固体废弃物的焚烧和填埋量。

对消费者而言，产品包装大多是无用的，所以采取合理的回收方式也很重要，德国就有相关法律规定所有的销售商都必须接受消费者返还的产品包装。例如，产品送至消费者验收后，由销售商直接回收产品的外包装。不难理解，无论是制定协议还是法律，只要规定企业必须回收其产品包装，就会大大提高企业简化和减少包装，并使包装物更易实现再使用和再循环的主动性。

一般来说，选择包装方式和方法可参考以下顺序：

(1) 不包装；

(2) 尽可能少包装；

(3) 采用可再使用的包装；

(4) 采用可再循环的包装。

此外，还要努力改进包装材料性能和生产工艺，减少其生产和使用过程中对人体健康和环境产生的不利影响。例如，纸质包装必须使用无氯漂白工艺等。

2) 合理运输

运输贯穿于产品的整个生命周期中，既有原材料的运输，也有最终产品的运输。因此，这一环节的环境影响也不可忽视。

主要需重视以下几个方面：

(1) 选择高效、清洁的运输方式，减少运输工具产生的污染物排放。

(2) 防止运输过程中发生洒落和泄漏。

(3) 规范有毒有害材料的装运操作，确保安全。

(4) 使用标准化的运输包装。

10.4　使 用 过 程

生态设计面向产品的整个生命周期，所以必须充分考虑和重视产品进入消费者使用环节后，可能出现和产生的环境影响，在设计之初就充分考虑和采取有效措施，尽最大可能减小产品使用过程中的环境影响。

10.4.1　减少废物

大多数产品在使用过程中都会产生固体、液体、气体废物，生态设计要尽量减少或消除这些废物的产生量。

对于使用过程中产生固体废物的产品，设计时应采用易于再使用和再循环的耗材。例如，打印机使用过程中要消耗油墨，墨盒是一种必需的耗材，设计之初就要考虑到油墨用尽后墨盒的回收再使用，否则大量的墨盒就会成为固体废物。

对于使用过程中产生液体废物的产品，设计时应尽量不使用将来可能产生污染的液体，或者尽量减少液体使用量，并努力实现其回收再利用。例如，为减少洗衣机、洗碗机等使用过程中排放的污水，目前已设计出无洗衣粉洗衣机，实现洗碗水再利用的洗碗机等。

使用过程中产生气体废物的产品，多数与消耗燃料有关。例如，汽车在使用过程中因消耗燃料产生大量的废气。

沃尔沃汽车使用不同燃料产生的 CO_2 气体排放量见表 10-5。由表中数据可见，汽车使用柴油或甲烷比使用甲醇或汽油排放 CO_2 少。

表 10-5　沃尔沃 740GL 型汽车使用不同燃料排放的 CO_2 量　　（单位:g/km）

燃料	开采	炼制	销售	使用	合计
柴油	17	10	7	205	239
汽油	18	15	8	225	266
甲醇	13	51	12	186	263
甲烷	10	7	41	187	245

10.4.2　节能降耗

很多产品在使用过程中需要消耗能源，例如，彩电、冰箱、空调等消耗电能，汽车、轮船、飞机等消耗汽油燃料等。节能降耗已成为生态设计中不可忽视的重要内容。

首先，提倡设计使用清洁能源和可再生能源的产品。例如，太阳能热水器、氢动力汽车等。其次，应尽量设计使用过程中高效率、低能耗和低噪声的产品。例如，节电冰箱、节电静音空调等。

产品使用过程中的能源消耗还与能源种类有关。仍以沃尔沃汽车为例，表10-6列出了其使用不同燃料发动机的能耗。

表 10-6　　沃尔沃 740GL 型汽车使用不同燃料的能耗（单位：MJ/km）

燃料	开采	炼制	销售	使用	合计
柴油	0.15	0.14	0.08	2.52	2.89
汽油	0.17	0.22	0.10	2.87	3.36
甲醇	0.12	0.85	0.15	2.42	3.54
甲烷	0.12	0.12	0.29	2.87	3.40

由表中数据可见，柴油发动机的能源消耗量最低，能源效率明显高于其他类型的发动机。将表 10-6 与表 10-5 进行比较，可以清楚地看出，柴油发动机的 CO_2 等尾气排放量更少。因此，就采用以上类型燃料的汽车发动机来讲，柴油发动机更加高效清洁。

10.4.3　延长使用寿命

生态设计还要关注产品的性能和使用寿命，提倡尽可能延长产品的使用时间。一般来说，产品使用寿命越长，越能节约资源、减少废弃物。

产品的使用寿命是指在正常维护条件下，产品能够安全使用并满足性能要求的时间。通过精心设计，科学合理地延长产品使用寿命是降低其生命周期环境负荷的最直接方法之一。可从以下几方面采取措施：

（1）提高产品的耐用性。提高产品耐用性无疑是延长产品使用寿命的最有效措施，但提高耐用性也要视产品特点而定，超过一定限度的耐用性设计只能增加不必要的浪费。特别是一些技术不断更新、升级换代频繁的产品，更没有必要设计太长的使用寿命。

（2）保证产品的良好适应性。设计时尽量采用标准结构可以保证产品具有良好适用性，使得产品可通过更换、更新个别部件方便地完成升级。例如，对个人用小型计算机而言，强调适用性就比追求耐用性更合理。

（3）提高产品的可靠性。在保证产品基本功能的前提下，尽量简化产品结构，减少组成产品的零部件数量可以在很大程度上提高可靠性。

（4）考虑易于维护保养。设计上要充分考虑到产品使用后的检测、维修和保养需要，保证产品方便、快捷地得到必要的清洁或修理。

（5）尽量采用模块式结构设计。产品设计尽量采用模块化结构，使产品在以后的使用过程中可以通过局部更换损坏的部件延长使用寿命。

（6）　提供优质的售后服务。建立优质的售后服务体系，保证零部件供应。提高售后服务人员素质和工作质量，重视用户心理感受，赢得用户信赖，也是延长产品使用寿命的重要基础条件。

10.5　报废回收

产品结束使用寿命后的报废处理也是生态设计关注的重要内容。在产品及其工艺流程的设计过程中，要考虑产品报废后，整个产品或其中某些零部件进行再使用、再制造的可能性，这是节约资源、减少污染物排放的途径之一。

10.5.1　回收方式

产品使用生命结束后，可考虑两种回收利用方式：闭路循环和开路循环。分别如图 10-5 和图 10-6 所示。

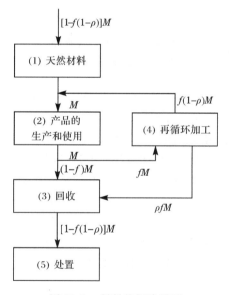

图 10-5　材料的闭路循环

M 表示物质流；f、g 表示进入循环利用过程的物流比例；ρ 表示不适合循环利用的物流比例

闭路循环是指将再生材料重新用到同类产品的生产中去。例如，回收铝罐重新再用于铝罐的生产。开路循环是指将再生材料用到其他产品的生产中去。例如，回收办公纸张用于牛皮纸的生产。实际应用中，采用哪种循环利用模式要视具体回收的材料和产品的性能而定，一般情况下，优先采用闭路循环。

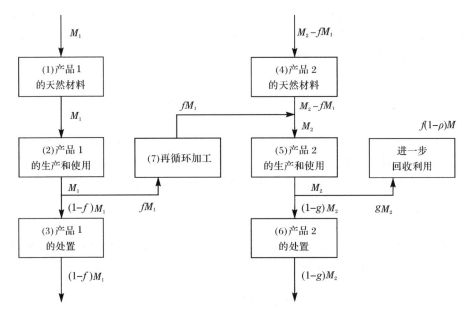

图 10-6　材料的开路循环

M 表示物质流；f、g 表示进入循环利用过程的物流比例；ρ 表示不适合循环利用的物流比例

例 10-1.　在一个闭路循环系统中，$M=5000\text{kg/h}$，$f=0.7$，$\rho=0.1$，试画出该系统图，并在图上标明各股物流量。

解：闭路循环各股物流如图 10-6 所示，且有

$$[1-f(1-\rho)]\times M=[1-0.7(1-0.1)]\times 5000=1850\ (\text{kg/h})$$

$$f\times(1-\rho)\times M=0.7\times(1-0.1)\times 5000=3150\ (\text{kg/h})$$

$$(1-f)\times M=(1-0.7)\times 5000=1500\ (\text{kg/h})$$

$$\rho\times f\times M=0.1\times 0.7\times 5000=350\ (\text{kg/h})$$

$$f\times M=0.7\times 5000=3500\ (\text{kg/h})$$

依据以上计算数据，画系统图并标注各股物流量如图 10-7 所示。

10.5.2　考虑因素

（1）　及时回收。首先要建立有效的废旧产品回收体系，使报废产品得到及时回收和集中管理。可以借鉴国外的经验，对大量废旧产品采取"谁制造谁负责，谁销售谁负责"的原则，充分利用现有的制造系统和销售系统来完成废旧产品的回收任务。

（2）　再使用。报废或淘汰产品回收后，经分解拆卸，其中有些部件可能只需简单清洗、磨光就可重新组装，达到原设计的要求而再次使用。寻求报废产品的其他用途或设法再利用它的某些部件是最经济的处理方法。

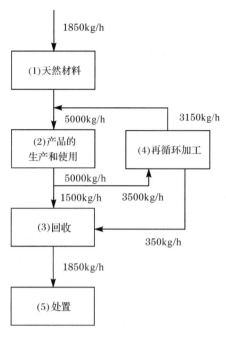

图 10-7　某闭路循环物流图

（3）　翻新再生。磨损报废后的产品或产品部件，通过适当的翻新工艺再生处理后，可恢复成新的产品或产品部件。

（4）　易于拆卸。报废产品的再使用和翻新再生都需要在产品使用寿命结束时拆卸，因此，在设计阶段不但要考虑装配方便，亦要考虑易于拆卸。一般来说，有两种装配方式：一是可逆方式，如螺钉、螺杆、部件的啮合等；二是不可逆方式，拆卸时要通过破碎才能实现。原则上，只要有效、快速的拆卸，这两种方式都是可行的，但为了兼顾产品或零部件回收利用、翻新再生的要求，生态设计更倾向于前一种装配方式。因此，应尽量采用模块化设计方式，减少使用黏结、铆焊等工艺和手段，为以后分解利用或零部件分类提供方便。

专栏 10-1　计算机的拆解回收

1994 年，美国 IBM 公司在纽约 Endicoff 建立了一个 30 万平方英尺（1ft^2＝0.0929m^2）的"财富回收中心"（asset recovery center），每年拆解回收约 350 万磅的计算机及其附属设备，回收利用大量金、银等贵重金属，以及经检测合格仍可继续使用的"奔腾"处理器等，为 IBM 公司赢得了巨大的商业利润。

——摘自 http://www.fortunechina.com

（5）　原材料再循环。如果报废产品或部件都已没有再利用的价值，就可考虑原材料的回收再循环，如金属、塑料、玻璃、木制品等都属于易于再循环的材料。产品设计时要尽量简化结构，尽可能减少所用材料的种类，不用或少用复合材料，减少电镀、油漆等表面处理工艺，方便日后实现原材料的再循环。

（6）无害化处理。无论采取多少措施，产品结束使用寿命后总会产生一些废弃物，这些废弃物的最终无害化、清洁化处理也是至关重要的。一般来说，有机废弃物可以堆肥、发酵、制沼气，也可通过焚烧、热解等方式回收热量。无机废弃物大多采用安全填埋的方式，有些也可用作建材或筑路材料。

10.6　生态设计举例

目前，人们对生态设计的理解还不十分统一。因此，大家公认的尽善尽美的生态设计还不多见。下面介绍的几个典型实例，也只是在一个或几个方面，而非所有方面体现了生态设计的理念和特点，但肯定有助于我们加深对生态设计的理解。

10.6.1　超声波洗衣机

传统的洗衣机主要依靠旋转搅动板和滚筒，通过对洗涤物施加机械力，达到去除污渍的目的。

图 10-8 为三洋电机采用生态设计理念开发的"超声波洗衣机"，它开创了一种新型的洗涤方式。通过洗涤槽内产生超微细气泡，使洗涤剂浸透衣物纤维的各个角落，同时利用气泡破裂、扩散产生的冲击波（超声波）去除污渍。

图 10-8　超声波洗衣机

该新型全自动洗衣机每分钟约产生 5000 万个超微细气泡，产生的浮力可很容易地将衣物托起，因此对衣物损伤很小。同时，超声波的高清洗能力大幅度减少了洗涤剂用量和洗涤时间，节能、节水效果明显。

10.6.2　再生材料坐椅

图 10-9 是一款办公转椅，不仅使用舒适，而且环境性能很好。

采用可循环再生材料的比例高达 89%，椅腿等使用聚丙烯材料，即使燃烧也几乎不会释放二噁英等有害物质。椅背与椅座采用弹性好、耐久性强的聚丙烯布包裹，即使将茶水、咖啡等洒到椅子上，也不会浸透到纤维中去，用水擦洗即可干净。整体结构还进一步采用了易循环再生与易拆卸设计，零部件更换非常简单。

图 10-10 是一款再生纸制作的折叠式轻便坐椅，设计巧妙，线条流畅，造型简约。

该轻便坐椅的椅面和椅背 100% 由再生纸采用热压成形技术制成，椅腿部分采用未经电镀处理的铝制品制成，将背面弯折部分加固的同时也增强了椅面中心部分的强度。整体容易拆卸，可方便实现可再生利用。

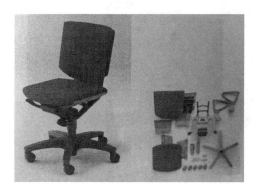

图 10-9　再生材料办公转椅　　　　　　图 10-10　再生纸轻便坐椅

10.6.3　无涂料彩色不锈钢

图 10-11 是表面不使用涂料，采用氧化着色的不锈钢制品。

该技术通过化学方法在不锈钢表面获得不同厚度的透明氧化膜，利用不同厚度的氧化膜引起光干涉现象的变化，使不锈钢表面呈现出各种各样的色彩。因此，采用这种氧化着色技术，能够在不锈钢表面得到各种不同的颜色和图案。这种着色法不使用涂料等上色材料，不会对不锈钢再生利用造成影响。

图 10-11　　无涂料彩色不锈钢制品

10.6.4　超小型图形示波器

图 10-12 是一款超小型、轻量化和节电型图形示波器。

图 10-12　超小型图形示波器

该装置彻底实现了小型化、轻量化，零部件数量减少，而性能、可靠性提高，成本降低。

与以前类型相比，体积减小了 90% 以上，质量减轻了 80% 以上，零部件个数减少 60%，材料成本降低了一半。耗电量仅为原来的 1/5，实现了大幅度节能的目的。同时，还增加了多种新功能，CPU 处理能力成倍增强，性能大大改善。

10.6.5　施乐多功能办公机器

图 10-13 是施乐公司采用生态设计原则开发的一种多功能的办公自动化机器。其主要特点是集传真、打印、复印、扫描于一体，可以连接互联网，功能方

便灵活；具有完全开放的体系结构，升级便利；支持多种辅助设施及其技术更新。

图 10-13 多功能办公机器

该机使用了产品再循环标志或再利用标签，向用户说明了产品各个部分再利用的方法。充分考虑和满足了产品拆卸过程的生态设计需要，再生部件使用率达 45% 以上，再资源化率超过 95%。产品的单元部件比同类产品减少了 80%～90%，机器的运行噪声比美国政府规定的最低噪声标准低了 30%～60%。同时，也大大减少了原材料和能源消耗。

用户使用产品的随机诊断系统，不仅提高了效率，而且减少了上门服务造成的交通方面的环境影响，全部采用了无废包装。

10.6.6 "能源之星"建筑

为推进节能建筑建设，美国环保署和美国能源部联合推动"能源之星"（energy star）项目。据美国环保署最近公布的消息称，美国获得"能源之星"称号的节能建筑最多的前 25 个大城市中，洛杉矶名列榜首，其后依次为旧金山、休斯敦、华盛顿哥伦比亚特区等。据了解，获得"能源之星"称号的建筑，与一般的建筑相比，能源消耗量少 35%，温室气体排放量也少 35%。

2008 年，美国有 3300 座以上的办公大楼、工厂、学校、医院、购物中心等建筑，获得了"能源之星"称号。据称，到目前为止，美国国内已有超过 6200 座的办公大楼和工厂等建筑获得了"能源之星"称号。据此，所产生的效果相当于每年减少 200 万辆汽车的温室气体排放量，同时每年可节省 17 亿美元的电费开支。

此外，美国将近一半的温室气体排放量，是由商业建筑和工厂使用的能源产生的。美国环保署表示将与企业和相关团体合作，用 10 年以上的时间，普及"能源之星"建筑，致力于节能建筑的减排。

目前，全球已有七个国家与地区参与美国环保署推动的"能源之星"计划，分别为美国、加拿大、日本、中国台湾、澳大利亚、新西兰、欧盟，并自 2001 年起每年召开一次国际"能源之星"计划会议。

10.6.7　绿色汽车

图 10-14 是 2009 年度环保比赛中获得年度绿色汽车的沃尔沃 S40 1.6D DRIVe。

图 10-14　绿色汽车——沃尔沃 S40 1.6D DRIVe

该环保比赛由 *What Car?* 杂志举办，每年举行一次。

沃尔沃 S40 1.6D DRIVe 价格：17 245 英镑；目标价：15 374 英镑；二氧化碳排放量：104 克/公里；氧化氮排放量（NO_x）：0.164 克/公里；微尘颗粒排放：很低无法测定；平均油耗：72.4 英里/加仑＊。

可见，该款车型虽然采用的仍为汽油发动机，但却几乎具有混合动力车般的清洁环保性能，造型优雅、驾驶舒适，不失为一款理想的轿车。

近年来，绿色建筑和绿色汽车已越来越引起人们的关注和重视，对人类生产和生活产生日益重要的影响。以下两节我们将对它们做一简单介绍。

10.7　关于绿色建筑

建筑是人们安居乐业的基本需求，建筑业是国家的基础产业，其在国民经济和人民生活中的重要作用和影响不言而喻。经过多年实践和发展，目前的建筑正在从解决人们基本居住需求向节约能源、保护生态环境相结合的方向转变，从应用传统钢筋混凝土为主向应用可再生材料和生态建筑材料为主转变，从依赖外部化石能源为主向利用可再生能源和清洁能源的超低能耗建筑转变。这类新型建筑被人统称为绿色建筑。

实际上，截至目前，绿色建筑还没有最终形成一个完整的体系化的概念，

＊1 英里/加仑＝0.425 公里/升，下同。

但随着灾难性气候的不断出现，人们对建筑节能的要求也越来越高，绿色建筑无疑将成为建筑发展的流行时尚，迫切需要被定量化、法制化。目前，绿色建筑包括生态建筑、可持续发展建筑、节能环保建筑等多种形式，主要是指充分利用自然资源、人工手段和科技集成，以人、建筑和环境的协调发展为目标创造的健康的居住形态。应该指出，绿色建筑并不等于高成本建筑，也不仅仅是高科技建筑，绿色建筑古已有之，而环境灾难频生更需要今有来者！

2009 年 1 月 25 日，美国白宫最新发布的《经济振兴计划进度报告》强调：近年内要对 200 万所美国住宅和 75％的联邦建筑物进行翻新，提高其节能水平。它说明值此危机重建之际，奥巴马政府千头万绪，却仍将绿色建筑产业变革选择为美国经济复兴的重心之一，明确希望这个产业焕发历史的爆发力量、成为再造美国的龙头产业。

由此可见，绿色建筑将成为一场新的革命，也必须成为生态设计关注的焦点之一。

实际上，中国拥有一个比美国大得多的绿色建筑市场。以供热市场为例，截至 2008 年底，中国目前集中供热的建筑面积近 70 亿 m^2，平均能耗约 20kg 标准煤／（$m^2 \cdot a$）。如果推进分户供暖计量体制，每年预计可节省采暖用煤亿吨以上，减排二氧化碳过亿吨，每年直接节省费用过千亿。如果投入 1 万亿元以上资本，彻底将现有供热系统改建为节能化系统，大约 10 年就可获得满意回报。

截至 2008 年底，中国内地城镇和村镇房屋建筑面积已经达到 530 多亿 m^2。村镇房屋建筑面积 340 多亿 m^2，其中村镇住宅 270 亿 m^2 左右；城镇房屋建筑面积近 200 亿 m^2。若现有建筑每平方米增加 20％～50％的建筑成本，通过强制性推广节能膜、纳米透明隔热涂料、断热材料、新型通风系统、防水防湿材料、防音隔音材料、外壁材料、复合墙体、建筑金属技术、黏结性建筑材料、恒温调节、湿度调节、污水处理、废水处理、雨水处理和太阳能利用等节能环保技术和材料，分期分批将我国新建和存量房屋改造为绿色建筑，将使建筑产业发生翻天覆地的升级反应。

可见，绿色建筑市场的巨大需求给我国提供了拥有世界上最大的绿色革命的机会，应该抓住机会实现中国建筑的绿色化变革。

专栏 10-2　纳米透明隔热涂料

纳米透明隔热涂料是新近问世的一种可以让玻璃既保持高透光性同时又有较好的隔热效果的高科技产品。纳米透明隔热涂料可采用喷涂或刷涂技术涂于各类建筑物的玻璃上。夏季能抑制 65％太阳能辐射不进入室内，并能保证透光率达到 70％，能使室内温度低于室外温度达到 4～7℃，测试表明，夏天空调的耗电量可从原来 303 度降低到 208 度，节电 20％～30％；冬季，隔热涂膜的特殊金属膜呈透明型，透进可视光，长波长的暖气流在室内反射，使室内的暖气（远红外线）约 90％不外流。

——摘自 "北方地区建筑节能的措施及效益分析"，张宝峻，《科技信息》，2009 年第 8 期，655

专栏 10-3　德州"太阳谷"

"太阳谷"位于有"中国太阳城"之称的山东省德州市，占地 3000 余亩。涵盖了太阳能热水器、太阳能光伏发电及照明、太阳能与建筑结合、太阳能高温发电、温屏节能玻璃、太阳能空调、海水淡化等可再生能源应用的众多门类产业。每年有 500 多项新技术转化为生产力，自主知识产权率达 95% 以上。到 2010 年，"太阳谷"的产业产值将达到 500 亿元，远期项目全部投产后年产值可达 1000 亿元。

德州市超过 80% 的市区住宅安装了太阳能热水器，新建小区则实施太阳能与建筑一体化，超过 100 个村庄安装了太阳能浴室，主要街道安装了太阳能路灯。2008 年，该市的太阳能企业超过 100 家，每年向社会提供的太阳能热水器产品 300 多万平方米。以使用 1m² 太阳能热水器，年节约 180kg 标准煤计，相当于节约 54 万 t 标准煤、减排 134.6 万 t 二氧化碳。"世界太阳城"协会主席克瑞斯·在德维德 2008 年 6 月考察德州及"太阳谷"后称赞：德州不仅是"中国太阳城"，而且已经是"世界太阳城"了。

——摘自"'太阳城'里看'太阳谷'"，隋明梅，《经济日报》，2009 年 2 月 18 日

目前我国的建筑生态设计，重点还是采用新型建筑材料和建筑节能新技术、新工艺提高建筑的保温隔热性能和用能系统效率，如采用纳米透明隔热涂料、断热门窗、复合墙体等。采用可再生能源进行采暖、制冷、照明，如利用太阳能热水器、太阳能光伏发电、太阳能空调、地热采暖等，我国北方太阳房采暖可节能 60%～70%，平均每平方米建筑面积每年可节约 20kg 标准煤，具有良好的经济和社会效益。

当前我国在绿色建筑方面较之以前已取得了一定成效，有关资料显示，目前全国城镇已累计建成节能建筑面积 28.5 亿 m²，占城镇既有建筑总量的 16.1%。可再生能源建筑一体化成规模应用也取得了实质性的进展，截至 2008 年 10 月底，太阳能光热应用面积达到 10.3 亿 m²，浅层地能应用面积超过 1 亿 m²。2008 年 1～10 月份，全国城镇新建建筑设计阶段执行节能标准的比例达到 98%，施工阶段达到 82%。据此估算，2008 年 1～10 月份我国新建的建筑可形成 900 万 t 标准煤的节能能力。当然，这与我们期待的绿色建筑革命还有很大的距离，任重而道远。

专栏 10-4　我国的太阳能资源

太阳能是取之不尽、用之不竭的天然能源，丰富、洁净、安全，对生态平衡没有任何影响。有关资料表明，我国陆地面积每年接收的太阳辐射总量在 $3.3 \times 10^3 \sim 8.4 \times 10^6 kJ/(m^2 \cdot a)$ 之间，相当于 2.4×10^4 亿 t 标准煤。全国总面积三分之二以上地区年日照时数大于 2200h，日照能量在 $5 \times 10^6 kJ/(m^2 \cdot a)$ 以上。我国西藏、青海、新疆、甘肃、宁夏、内蒙古高原的总辐射量和日照时数均为全国最高，属太阳能资源丰富地区；除四川盆地、贵州省资源稍差外，东部、南部及东北等其他地区为资源较富和中等区。

使用 1m² 太阳能热水器，年可节约 180kg 标准煤；节约 1kg 标准煤，约减少排放 2.493kg 二氧化碳。所以，节约 180kg 标准煤，可减排 448.74kg 二氧化碳。节约 1kW·h 电，约节约 0.4kg 标准煤，可减少排放 0.272kg 粉尘、0.997kg 二氧化碳、0.03kg 二氧化硫、0.015kg 氮氧化物。

——摘自"北方地区建筑节能的措施及效益分析"，张宝峻，《科技信息》，2009 年第 8 期，655

专栏 10-5 维也纳 "欧洲之门"

维也纳市计划在该市 3 区的核心地带兴建名为 "欧洲之门（EuroGate）" 的全世界最大的被动式节能住宅建筑群。"欧洲之门" 占地 22 公顷，计划建筑使用面积为 8 万 m²，居住单位超过 900 个，建筑能耗只有普通建筑的十分之一。

——摘自 "节能建筑成为奥地利科技和产业发展重点领域"，王宝锟，《经济日报》，2009 年 5 月 13 日

10.8 关于绿色汽车

随着现代人生活水平的不断提高，对汽车需求量越来越大，预计到 2010 年，世界汽车保有量将从目前的 6 亿多辆增加到 10 亿辆以上。

目前，汽车的动力装置主要是传统的内燃机，即汽油机和柴油机，其能源为汽油或柴油，并加入一些添加剂。我国汽车消耗的燃油占全国汽油消耗的 90% 以上，柴油为 25% 以上，汽车使用过程中能源消耗量大，大气污染严重。在能源短缺和环境污染日益严重的形势下，开发以新能源为动力的汽车已成为人们关注的热点。

一般来说，绿色汽车泛指采用新能源或电力等清洁能源为动力的汽车，如太阳能汽车、氢能汽车、混合动力汽车、电动汽车等。扩展来看，绿色汽车是一种绿色产品，不仅仅是指使用新能源、电力或其他代用燃料的汽车，而且是全面、高度集成了绿色化技术的汽车。在其设计、制造、销售、使用到报废后回收再利用等过程的整个生命周期内，对生态环境影响最小、资源利用率最高、能源消耗最低。

美国最新一项调查显示，未来两年内计划购买和租赁车辆的美国消费者中，79% 将会选择绿色环保型汽车，绿色汽车已成为美国公众汽车消费的主流趋向。2009 年 3 月 20 日，中国国务院办公厅公布的《汽车产业调整和振兴规划》中提出未来三年 "形成 50 万辆纯电动、充电式混合动力和普通型混合动力等新能源汽车产能，新能源汽车销量占乘用车销售总量的 5% 左右，主要乘用车生产企业应具有通过认证的新能源汽车产品"。按照这一要求到 2011 年，这个数字将比全球最大的新能源汽车市场美国 2008 年的销量多出近 20 万辆。

绿色汽车无疑将成为世界汽车工业史上一场全新的竞赛。欧洲、日本、美国等众多汽车制造商正努力在混合动力、纯电动、燃料电池以及生物燃料等多方面探索着替代能源的各种可能性，他们将一件件作品陆续摆放在大众眼前。我国国内汽车厂家研发绿色汽车的热度也持续升温，消费者对绿色汽车的关注度日益增加，绿色汽车离我们越来越近。

此外，绿色汽车的发展也离不开政府的政策支持。在国外，一些国家为鼓励消费者购买、使用新能源汽车，大都从税收等方面对环保、低油耗车型给予

相应的优惠政策，如通过不同程度地减免汽车购置税、消费税、个人所得税等优惠政策，促进环保节能汽车的普及和发展。我国继 2007 年 11 月出台实施《新能源汽车生产准入管理规则》后，一直没有具体扶持政策出台。然而日前，有消息称，国家相关部委将在今年下半年率先出台购买柴油、混合动力汽车全免或半免购置税的政策。这一政策如果成功实施，势必会推动新能源汽车被更多的消费者所接受，进一步拉近绿色汽车与消费者之间的距离。

当然，相对于国外绿色汽车占较大比例的情况来说，国内绿色汽车目前的数量基本属于"零头"，这里最关键的因素还是价格。虽然目前绿色汽车的价格给消费制造了高门槛，但从目前绿色汽车的争相亮相中，我们可以很明显地感觉到中国的绿色汽车市场潜力巨大，而绿色汽车市场竞争的逐渐加强和市场的扩大化，必然会促使企业降低成本，从而使绿色汽车的售价随之降低。到时，绿色汽车将真正进入我们的生活。

专栏 10-6　我国的新能源动力汽车

国家发改委公布的"车辆生产企业及目录"中，有 7 款新能源汽车已获准批量生产，其中包括了上海大众帕萨特的一款燃料电池车、上海通用一款型号为 SGM7240 的混合动力车和一汽集团一款代号为 CA7130 的解放牌混合动力轿车等 3 款新能源轿车。此外，从上海通用、一汽、上汽等合资企业，到双环、比亚迪、中兴、吉利、哈飞、奇瑞等自主品牌企业，目前都已宣布了各自即将上市的混合动力汽车计划，今年，国内将上市的新能源车超过 10 款。

这些信息无疑表明：国内绿色新能源汽车的研发和生产速度正在加快，国内新能源汽车的阵营迅速壮大，出现在我们身边的绿色汽车将越来越多。

——摘自"绿色汽车离我们越来越近"，何昉堃，《钱江晚报》，2008 年 6 月 11 日

目前，国内外对汽车绿色技术开发研究的工作仍主要体现在能源和代用燃料方面，绿色动力仍是最受关注的一个环节。从 2005 年末丰田普锐斯进入中国以来，为汽车搭载一颗"绿色心脏"成为许多汽车厂家的研发课题。而从 2007 年底开始，混合动力、电能、氢能、太阳能等具备各种绿色动力的车型向我们款款走来，越来越多地进入消费者视野。在 2008 年北京国际车展上，绿色汽车无疑是一次集体爆发，无论合资企业还是自主品牌厂家，不约而同地打出"绿色"旗号，每个展台都不乏一两款绿色汽车登台亮相。我国近年来则以开发和推广电动汽车为主，鼓励和提倡开发太阳能、氢能等新能源汽车，减少汽车使用过程中的尾气排放量。

随着绿色汽车的不断发展，未来的研究工作将更多地体现在系统研究开发绿色汽车的基础理论和新技术方面。

此外，报废汽车的分类处置和回收再利用，控制汽车噪声污染、废蓄电池污染等也应该是汽车绿色设计中要考虑的问题。

专栏 10-7　废旧汽车回收利用

早在 1999 年，法国的雷诺公司就建立了"绿色网络"来回收它的废旧汽车，把汽车回收再利用、汽车材料可回收性、汽车安全性、降低成本、减轻质量、限制排放和改善外观一样，都视为优先考虑的问题，该公司初步回收目标达 85%。意大利的菲亚特、瑞典的沃尔沃汽车公司也都非常重视汽车回收再利用，并且做了大量工作。

——摘自 http://baike.baidu.com

绿色汽车集新能源技术、高新材料技术、应用电子技术、环保技术、计算机技术、先进制造技术等现代高科技于一身，是强调合乎环境保护要求的一种新型交通工具，体现了环保观念对汽车产业产生的影响和变革，是汽车技术不断发展的必然产物。绿色汽车具有节能、环保、可回收循环利用等优越性，市场需求巨大，无疑将成为未来汽车工业新的经济增长点，未来也必将是绿色汽车的世界。

专栏 10-8　绿色汽车的再制造

汽车的回收再制造工程是以汽车全生命周期设计和管理为主线，从环保角度出发，以节能、节材、优质、高效为目的，采用先进的技术和生产方式，对报废汽车采取一系列的技术措施，对汽车进行修复和改造，达到再利用的目的。

据统计，汽车发动机采用回收再利用的先进制造手段，制造零件的材料和加工费仅占 6%～10%，而重新制造则要占 70%～75%，这不但节约了资源和人力，而且有较好的经济效益和社会效益。国外在 20 世纪末对汽车回收再制造工程非常重视，做了大量工作。我国对于回收再利用也开展了一些工作，但在汽车工业深层次的、有规划的开展汽车回收再制造工程，尚属起步阶段。政府有关部门也已经重视这个问题，一些科研院所也注重了对工程回收再利用技术的研究和开发，从回收再制造工程本身而言，无疑是一个有广阔发展前景的新兴研究领域和新兴产业。

——摘自 http://baike.baidu.com

生态设计是一种新概念，也是现代企业发展和运行的一种新模式。目前，我国企业及其工程技术人员对生态设计尚缺乏足够的认识，主要原因是：一方面，传统产品设计形成的思维定式使产品设计人员的环境意识不强，对产品的生态设计重视认识不足；另一方面，产品自主开发能力不强，缺乏创新意识；其次，缺乏系统的生态设计理论和设计方法，没有适宜的产品设计支持工具。因此，必须改变传统的设计理念和模式，系统研究和有效实施适合我国国情的生态设计理论、方法和手段，从可持续发展的高度审视产品的整个生命周期，提高资源利用效率，推进我国的工业生态化进程。

主要参考文献

仓艳，胡磊. 2008. 浅谈绿色汽车的发展前景. 汽车工业研究，8：35～37

李洪伟，杨印生，周德群. 2007. 绿色汽车的制造与管理技术体系研究. 绿色中国，(2)：74～76

李燕. 2009. 建筑节能：任重而道远. 中华建设，(4)：22～23

李燕. 2009. 绿色建筑：经济社会发展的又一战略引擎. 中华建设，(4)：24～25

刘邦营. 2008. 我国建筑节能的发展及其技术应用. 科技信息，(14)：50

刘道春. 2009. 开发绿色汽车是当今世界汽车发展史上的一场变革. 现代零部件，5：43～44

刘光复，刘志峰，李刚. 1999. 绿色设计与绿色制造. 北京：机械工业出版社

刘江龙. 2002. 绿色制造过程的定量评价方法研究. 机械工程学报，(7)：58～61

冉振亚，田龙，倪霖. 2002. 绿色汽车的开发前景. 重庆大学学报，25(7)：15～18

山本良一. 2003. 战略环境经营生态设计——范例100. 王天民等译. 北京：化学工业出版社

苏和平，付戈妍，霍春明. 2002. 面向易于拆卸和回收性能的设计准则. 机械设计，(4)：4～5

陶晋. 2006. 我国汽车制造企业绿色制造思考. 国外建材科技，27(6)：37～40

杨京平，田光明. 2006. 生态设计与技术. 北京：化学工业出版社

张浩. 2008. 绿色建筑节能的经济分析. 山西建筑，34(7)：248～249

朱庆华，耿勇. 2004. 工业生态设计. 北京：化学工业出版社

Graedel T E, Allenby B R. 2004. 产业生态学. 第2版. 施涵译. 北京：清华大学出版社

Wallace D R. 1993. Information-Based Design for Environmental Problem Solving. Annals of the CIRP, 42(1):175～180

复习思考题

1. 什么是产品的生态设计？它与传统的产品设计有何不同？

2. 如果你来承担一个产品的设计任务，你会首先考虑哪几条具体原则？

3. 在一个开路循环系统中，物质流 $M_1 = 8000\text{kg/h}$，$M_2 = 6000\text{kg/h}$，$f = 0.6$，$g = 0.1$，试绘出该系统并在图中标明各股物质流。

4. 在上题中，假设再循环过程会损失15%的材料，试绘出变化后的系统并在图中标明各股物质流。

第 11 章　生命周期评价

11.1　生命周期评价概述

就工业产品的环境影响而言，以往人们注意到的只是其生产过程中产生的污染物，关注的焦点多是生产过程控制和末端治理，而对产品在原材料获取、包装运输，以及投入使用阶段可能产生的环境影响基本没有考虑。实际上，仅仅控制产品生产过程产生的污染物和排放物，是很难从根本上减少产品带来的实际环境影响的。

因此，必须摆脱传统的工作思路，从系统、全面的角度思考问题，将生态环境问题与产品涉及的每个环节联系起来，变某个过程的"被动治理"为全过程的"主动预防"，分析和评价各环节的资源、能源消耗以及可能发生的环境影响，寻求预防、降低和消除这些潜在环境危害的方法和途径。

11.1.1　基本概念

如果将"产品"视为"生命体"，则一种产品从原料开采开始，经过原料加工、产品生产、包装、运输和销售，然后由消费者使用、维修、直至废弃或重新回收再循环，整个过程称为产品的生命周期。

生命周期评价（life cycle assessment，LCA）针对指定产品的整个生命周期中相互联系的各个环节进行系统分析，将各个环节的输入和输出进行量化和汇总，分析和评价这些输入和输出量产生的环境负荷和潜在的环境影响，并对有关的分析结果做出合理的总结和说明，以此来评价产品的有关环境影响。

生命周期评价的定义有很多种表述方式，其中以国际标准组织（ISO）和国际环境毒理学和化学学会（SETAC）的定义最具有权威性。

ISO 定义：汇总和评估一个产品（或服务）体系在其整个生命周期中的所有投入及产出对环境造成的潜在影响的方法。

SETAC 定义：通过识别和量化所有资源、能源消耗以及由此产生的环境排放，来客观评价一个产品、过程或活动的环境负荷的方法。

11.1.2　起源和发展

生命周期评价的基本思想始于 20 世纪 60 年代。1963 年，Smith 在世界能源会议上，提交了关于化学媒产品的累计能量需求报告，是关于生命周期评价研究的第一份正式报告。1969 年，美国中西部资源研究所（MRI）针对 Coca-Cola 公司饮料包装瓶进行了生命周期研究，初步形成了产品生命周期分析评价方法。20 世纪 70 年代早期，欧美各国相继采用产品生命周期分析的方法，广泛开展资源与环境影响分析。到了 80 年代后期，生命周期评价已成为分析环境问题的重要工具。在早期的生命周期评价研究中，研究对象约 50％是产品包装物，10％是化工产品，20％是建筑材料和能源生产，其余 20％是日常生活用品等。组织者 70％是企业自身，20％是行业协会，只有 10％是政府。

1990 年由国际环境毒理学与化学学会（SETAC）首次主持召开了有关生命周期评价的国际研讨会，会上首次正式提出了"生命周期评价"的概念。1993 年 SETAC 出版了一份纲领性报告《生命周期评价纲要——实用指南》，为生命周期评价方法提供了一个基本技术框架，成为生命周期评价方法论研究的一个里程碑。同年美国国家环境保护局（EPA）出版了《生命周期评价——清单分析的原则与指南》。1995 年 EPA 出版了《生命周期分析质量评价指南》，较系统地规范了生命周期清单分析的基本框架，《生命周期影响评价：概念框架、关键问题和方法简介》为生命周期评价方法提供了一定依据，使生命周期评价进入实质性的推广阶段。1997 年以来，国际标准组织（ISO）相继制定并颁布了关于生命周期评价的系列国际标准（ISO14040～ISO14044），生命周期评价方法和技术趋向成熟。

11.1.3　主要特点

生命周期评价的主要特点有：

（1）全过程评价。涉及产品整个生命周期有关的环境负荷分析和评价。

（2）系统和量化。以系统的思维方式，定量分析产品或服务生命周期每个环节的资源消耗、废弃物产生情况及其对环境的影响，寻找改善环境影响的机会。

（3）注重环境影响。强调产品或服务在生命周期各阶段对环境的影响，最终以总量形式反映其影响程度。

11.2　生命周期评价方法

11.2.1　总体框架

生命周期评价的总体框架如图 11-1 所示。

（1）目的和范围确定（goal and scope definition）。明确开展生命周期评价的目的，根据具体研究对象界定研究范围。

（2）　清单分析（inventory analysis）。收集、计算和整理有关数据，对产品生命周期中的有关输入、输出进行量化分析。

（3）　影响评价（impact assessment）。根据清单分析结果对潜在的环境影响程度进行评价。

（4）　总结报告（interpretation）。根据研究目的和范围，综合考虑清单分析和影响评价的结果，形成结论并提出建议，作为制定决策和措施的依据。

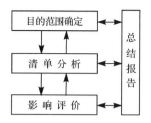

图 11-1　LCA 总体框架

可见，生命周期评价的本质是通过对资源、能源消耗及由此产生环境负荷的定量分析来评价某种产品、过程或活动在其整个生命周期中的环境影响。主要目的是通过对生命周期每个阶段较为客观、科学的分析，找出影响环境负荷的关键环节和因素，提出降低和改善环境负荷的措施和途径。

11.2.2　目的和范围确定

目的确定主要是说明开展 LCA 研究的目的、原因，以及未来研究结果预期应用和服务的对象。如：分析和了解某产品的环境性能，建立产品环境性能数据库；寻找产品生产过程的主要污染源，改善生产工艺；比较具有相同功能的两种产品，以便更新换代等。研究结果应用和服务对象可以是企业管理者、政府职能部门或科研机构等。

专栏 11-1　5%规则

对于由上百种材料和数千个零部件组成的现代技术产品，如果某种原材料或者零部件的重量低于产品总重量的 5%，那么 LCA 就可以忽略这种原材料或零部件的环境影响。但这项规则有一条重要补充，即不能忽略任何可能产生严重环境影响的原材料和零部件。例如，汽车铅酸蓄电池的重量不到汽车总重量的 5%，但是铅酸电池中铅的毒性决定了它是不可忽略的。类似的还有镀铬零部件和放射性材料等。

——摘自《产业生态学（第 2 版）》，Graedel T E，Allenby B R，施涵译，北京：清华大学出版社

范围确定主要是界定 LCA 研究的系统边界、范围，以及具体数据要求、假设和限制条件等。如：某产品的整个生命周期评价，或单个工艺的生命周期评价等。需要注意的是，由于 LCA 是一个反复交互的过程，所以研究范围经常在评价过程中进行修正。

11.2.3　清单分析

生命周期清单分析（life cycle inventory，LCI）是 LCA 的数据基础，清单分析的基本步骤和内容如图 11-2 所示。

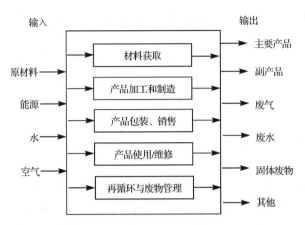

图 11-2　LCA 清单分析

　　建立清单的过程即是在确定的研究范围内，针对产品生命周期的每个过程单元，定量分析有关的输入和输出量，汇总、处理和编制资源、能源消耗及对环境（空气、水体、土地等）的污染排放等输入和输出数据清单，为环境影响评价提供数据基础。

　　1）　采集处理数据

　　绘制产品生命周期每个阶段的详细工艺流程图，弄清产品涉及的所有工序及其相互关系。对应每一工序，采用现场实测、理论计算、经验估计或文献、出版物查取等方法，得到所有输入、输出数据。以各个工序数据为基准，计算整个系统的输入输出数据。

　　2）　清单结果

　　清单分析的结果最终一般列为清单表的形式。

　　例如，1kg PVC 塑料原料的输入和输出清单分析结果如表 11-1 所示。

表 11-1　1kg PVC 原料的输入和输出清单

		平均值	单位
燃料	煤	6.96	MJ
	油	6.04	MJ
	天然气	15.41	MJ
	水电	0.84	MJ
	核电	7.87	MJ
	其他	0.13	MJ

续表

		平均值	单位
原料	原油	16.85	MJ
	天然气	12.71	MJ
原材料	铁矿	400	mg
	石灰石	1600	mg
	水	1 900 000	mg
	铝土矿	220	mg
	氯化钠	690 000	mg
	砂	1200	mg
大气排放物	粉尘	3900	mg
	二氧化碳	2700	mg
	一氧化碳	1 944 000	mg
	二氧化硫	13 000	mg
	氮氧化物	16 000	mg
	氯气	2	mg
	氯化氢	230	mg
	烃类	20 000	mg
	金属离子	3	mg
	CFC	720	mg
水体排放物	COD	1100	mg
	BOD	80	mg
	氢离子	110	mg
	金属离子	200	mg
	氯离子	40 000	mg
	溶解有机物	1000	mg
	悬浮物	2400	mg
	油	50	mg
	溶解物	500	mg
	氮	3	mg
	有机氯化物	10	mg
	硫离子	4300	mg
	钠离子	2300	mg

		平均值	单位
固体废弃物	工业固废	1800	mg
	矿山废物	66 000	mg
	烟尘和灰尘	47 000	mg
	其他惰性化学品	14 000	mg
	危险化学品	1200	mg

11.2.4　影响评价

环境影响评价（life cycle impact assessment，LCIA）是依据清单分析所提供的物质、能量消耗数据以及各种污染物排放数据，用定性或定量的方法来评价生命周期各阶段的资源消耗和污染物排放产生的环境影响。

定性方法主要依靠专家给出评分，其结果有一定的主观性和不可比性；定量方法比较严格，其结果具有一定可比性。定量的 LCIA 主要由三个步骤组成：分类、特征化和权重赋值。

1）　分类（classification）

分类就是将清单分析得到的各种输入、输出数据划分为不同的环境影响类型。

一般来说，环境影响类型分为生态环境、人类健康及自然资源三大类，每一大类下又可分许多小类。例如，生态环境大类下又分为全球变暖、臭氧层破坏、酸雨等。

2）　特征化（characterization）

经过分类处理后，每个环境影响类型中仍将有多种排放物数据。为了进行汇总分析，一般选取其中一种排放物作为该类型的基准物，将其他排放物用相应的当量系数分别折算成基准物的当量值，最后将该类型中的当量值加和汇总，用来表述某一影响类别的潜在环境影响。

例如，某一产品经过生命周期清单分析后，得出产生的 CO_2、CH_4、N_2O 的量分别为 2502.53kg、10.34kg、0.14kg。显然，它们都属于温室气体，但却无法直接加和。若以 CO_2 为基准物，CO_2、CH_4、N_2O 相应的当量系数分别为 1、11、270，则上述排放量分别乘以对应的当量系数，得出 CO_2 当量分别为 2502.53kg、113.74kg、36.80kg，最后汇总为 2653.02kg CO_2，用来表征该产品在全球变暖方面的潜在影响。

3）　权重赋值（weighting and valuation）

采用当量系数进行特征化处理后，每种环境影响类型都得到一个各自对应的当量值，但不同类型之间的环境影响大小还是无法比较。为了量化分析不同类型的环境影响大小，通常对每种影响类型赋予不同的权重系数。

这是 LCA 中最有争议的部分，无论从什么方面考虑和确定权重系数，都不同程度地存在着人为因素，目前为止还没有一种方式能被普遍接受。因此，目前很多环境影响评价只做到特征化为止，已经可以说明各类潜在环境影响的大小。

11.2.5　总结报告

这一过程是生命周期评价的最后步骤，也是研究结果的集中体现。总结报告主要根据清单分析和环境影响评价的结果，分析产品整个生命周期中的薄弱环节，得出相关结论，提出降低环境影响的改进意见和建议。

11.3　简化生命周期评价

实际上，由于时间、经费、数据等多方面因素的限制，真正完成一个全面、完整和定量的 LCA 是极其困难的。在评价过程中为了获得详细的数据，经常不得不采取一些简化、假设、平均或省略等处理方法。因此，并不是越详细的 LCA 越严谨，应该说 LCA 只是提供了一个更有效地进行生命周期评价的思想和框架。

有目的地对 LCA 进行某种程度简化的方法叫做简化生命周期评价（streamlined life cycle assessments，SLCA）。

11.3.1　矩阵评价方法

1993 年，美国耶鲁大学的 Graedel 教授等在 AT&T 公司开发出一种简便易行的生命周期评价方法。其核心是一个 5×5 矩阵，即产品环境评价矩阵，所以该方法又称为简化矩阵评价方法。如表 11-2 所示。

表 11-2　产品环境评价矩阵

生命周期阶段	环境影响				
	材料选择	能源使用	固体排放物	液体排放物	气体排放物
原料获取	1，1	1，2	1，3	1，4	1，5
产品生产	2，1	2，2	2，3	2，4	2，5
包装运输	3，1	3，2	3，3	3，4	3，5
产品使用	4，1	4，2	4，3	4，4	4，5
再循环和最终处置	5，1	5，2	5，3	5，4	5，5

注：表中数字代表矩阵元素（$i×j=5×5$）。如：1，1——第一行第一列；2，3——第二行第三列。

使用时，根据产品的设计、制造、使用及回收处理各个环节可能对环境产生的影响，给矩阵的每个元素划分出五个等级，按对环境影响由大到小分别以数值 0、1、2、3、4 表示。然后分析每个矩阵元素对应的环境影响，给每个元素赋予 0～4 之间的一个数值，其中对环境影响最大而予以否定的元素数值取 0，对环境影响最小而予以肯定的元素数值取 4。

对矩阵的每个元素都进行了评价赋值后，可计算得到矩阵元素值的总和为

$$R = \sum_i \sum_j M_{i,j}$$

式中：M_{ij} 为矩阵中第 i 行第 j 列元素的评价赋值（在 0～4 之间）；R 为产品的环境评价总分。

显然，R 分数越高，表示产品对环境影响越小。矩阵共有 25 个元素，因此，产品环境评价最高分数为 100。

可见，简化矩阵评价方法是用一个综合数值评分来估计和表示 LCA 清单分析和环境影响评价的结果，为改进产品的环境影响提供依据。

11.3.2　靶图分析方法

简化矩阵法为生命周期评价提供了一个有效的整体评价方法，靶图（target plot）分析方法则可以更简洁、更直观地展示产品的环境影响特征。产品生命周期分析靶图如图 11-3 所示。

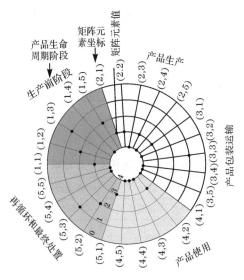

图 11-3　靶图分析示意图

将简化矩阵中的每个元素评分分别标在一个特定的角度上（具有 25 个元素

的矩阵，相隔角度为 360°/25＝14.4°），在圆形的靶面上形成一簇点束，从点束的分布特点可以直观地看出产品的环境影响。一个环境友好的产品或过程显示为一簇指向靶心的点束，就像经过精确瞄准射击的枪靶一样。

根据靶图可以对同一类产品的不同设计方案进行直观、快速的比较和分析，选择其中合理的方案，并通过核查清单和评分规则等来改进单个矩阵元素的评分。

11.3.3　案例

以 20 世纪 50 年代和 90 年代的普通汽车为例，采用简化矩阵法和靶图法进行产品生命周期评价。

1）产品生命周期的第一阶段——原料获取阶段

主要是从自然界中获取原料，提纯或分离后运送到制造加工厂。汽车在该阶段的环境影响评分列于表 11-3，括号内的两个数字表示矩阵元素坐标。

表 11-3　原料获取阶段

评价要素	评分和说明
20 世纪 50 年代的汽车	
材料选择（1，1）	2（很少使用有毒物质，但大部分是天然材料）
能源使用（1，2）	2（天然材料运输能耗大）
固体排放物（1，3）	3（金属矿开采产生大量固体废物）
液体排放物（1，4）	3（原料获取产生一定量的液体废物）
气体排放物（1，5）	2（矿石冶炼产生大量废气）
20 世纪 90 年代的汽车	
材料选择（1，1）	3（很少使用有毒物质，使用较多再生材料）
能源使用（1，2）	3（天然材料运输能耗较大）
固体排放物（1，3）	3（金属矿开采产生固体废物）
液体排放物（1，4）	3（原料获取产生一定量的液体废物）
气体排放物（1，5）	3（矿石冶炼产生一定量的废气）

可见，20 世纪 90 年代的汽车评分较高，即其环境影响较小。主要原因是采矿和冶炼技术在环境方面已得到很大改进，材料的循环利用率、运输机械和设备的效率等也有较大幅度提高。

2）产品生命周期的第二阶段——产品生产阶段

该阶段的环境影响评分列于表 11-4。

表 11-4　产品生产阶段

评价要素	评分和说明
20 世纪 50 年代的汽车	
材料选择（2，1）	0（用 CFCs 清洗金属零部件）
能源使用（2，2）	1（生产过程能耗大）
固体排放物（2，3）	2（产生大量的金属废料和包装废物）
液体排放物（2，4）	2（清洗和喷漆工艺产生大量的液体废物）
气体排放物（2，5）	1（喷漆车间排放 VOCs）
20 世纪 90 年代的汽车	
材料选择（2，1）	3（选择恰当的原材料，锡铅焊料除外）
能源使用（2，2）	2（生产过程能耗相当高）
固体排放物（2，3）	3（产生一些金属废料和包装废物）
液体排放物（2，4）	3（清洗和喷漆工艺产生一些液体废物）
气体排放物（2，5）	3（排放少量的 VOCs）

　　虽然近年来汽车生产基本工艺变化不大，但汽车生产过程的环境影响方面却有很大改进。目前的汽车零部件设计和生产运用了更先进的技术，汽车生产过程中原料利用率得到很大改善，同时还加强了生产过程中产生的各种废物的再循环，提高了生产效率，生产一辆汽车所需的能量和时间均大幅度减少。

　　3）产品生命周期的第三阶段——产品包装运输阶段

　　该阶段的环境影响评分列于表 11-5。

表 11-5　产品包装运输阶段

评价要素	评分和说明
20 世纪 50 年代的汽车	
材料选择（3，1）	3（包装和运输时使用少量的再生材料）
能源使用（3，2）	2（卡车公路运输能耗高）
固体排放物（3，3）	3（运输时产生少量包装废物可进一步减少）
液体排放物（3，4）	4（包装和运输产生的液体废物可以忽略不计）
气体排放物（3，5）	2（运输过程产生大量的温室气体）
20 世纪 90 年代的汽车	
材料选择（3，1）	3（包装和运输时使用少量的再生材料）
能源使用（3，2）	3（长途陆运和海运能耗高）
固体排放物（3，3）	3（运输时产生少量包装废物可进一步减少）
液体排放物（3，4）	4（包装和运输产生的液体废物可以忽略不计）
气体排放物（3，5）	3（运输过程产生少量的温室气体）

　　汽车运输仅使用很少的包装材料，所以汽车在这一阶段的环境影响与其他大多数产品相比是很小的。20 世纪 90 年代的汽车评分较高，主要是因为汽车专用运输车辆的设计已大大改进，汽车装运数量增加，燃料效率也有很大提高。

　　4）产品生命周期的第四阶段——产品使用阶段

　　该阶段的环境影响评分列于表 11-6。

表 11-6　产品使用阶段

评价要素	评分和说明
20 世纪 50 年代的汽车	
材料选择（4，1）	1（石油是有限资源）
能源使用（4，2）	0（燃油消耗很大）
固体排放物（4，3）	1（报废轮胎、零部件等造成大量固体废物）
液体排放物（4，4）	1（液压系统渗漏严重）
气体排放物（4，5）	0（没有安装尾气净化装置，排放大量有害气体）
20 世纪 90 年代的汽车	
材料选择（4，1）	1（石油是有限资源）
能源使用（4，2）	2（燃油消耗大）
固体排放物（4，3）	2（报废轮胎、零部件等造成少量固体废物）
液体排放物（4，4）	3（液压系统会发生某种程度的渗漏）
气体排放物（4，5）	2（安装了尾气净化装置，排放 CO_2）

　　尽管汽车的性能和可靠性不断得到改进和提高，但是汽车使用过程仍然对环境产生严重的负面影响。20 世纪 90 年代的汽车评分有所提高，主要是提高了燃料利用效率，有效控制了尾气排放，但显然还有很大的改进空间。

　　5）产品生命周期的第五阶段——再循环和最终处置阶段

　　该阶段的环境影响评分列于表 11-7。

表 11-7　再循环和最终处置阶段

评价要素	评分和说明
20 世纪 50 年代的汽车	
材料选择（5，1）	3（大部分原料可循环利用）
能源使用（5，2）	2（拆卸和再循环消耗一定的能量）
固体排放物（5，3）	2（很多零部件难以再循环）
液体排放物（5，4）	3（再循环产生极少量液体废物）
气体排放物（5，5）	1（废物焚烧）

续表

评价要素	评分和说明
20 世纪 90 年代的汽车	
材料选择（5，1）	3（大部分原料可循环利用）
能源使用（5，2）	2（拆卸和再循环消耗一定的能量）
固体排放物（5，3）	3（一些零部件难以再循环）
液体排放物（5，4）	3（再循环产生极少量液体废物）
气体排放物（5，5）	2（废物焚烧）

多数国家大约 95% 的报废汽车进入社会再循环系统，其中占总质量 75% 的废物都可以被重新使用或进入二手金属市场。回收利用技术的发展也使得汽车拆卸更加容易，并可获得更多利润。

20 世纪 50 年代和 90 年代普通汽车的完整环境评价矩阵如表 11-8 所示。

表 11-8　20 世纪 50 年代和 90 年代普通汽车环境影响评价

生命周期阶段	环境影响					总分
	材料选择	能源消耗	固体排放物	液体排放物	气体排放物	
原料获取						
50 年代	2	2	3	3	2	12/20
90 年代	3	3	3	3	3	15/20
产品生产						
50 年代	0	1	2	2	1	6/20
90 年代	3	2	3	3	3	14/20
包装和运输						
50 年代	3	2	3	4	2	14/20
90 年代	3	3	3	4	3	16/20
产品使用						
50 年代	1	0	1	1	0	3/20
90 年代	1	2	2	3	2	10/20
再循环和最终处置						
50 年代	3	2	2	3	1	11/20
90 年代	3	2	3	3	2	13/20
总分						
50 年代	9/20	7/20	11/20	13/20	6/20	46/100
90 年代	13/20	12/20	14/20	16/20	13/20	68/100

　　由表中数据可见，20 世纪 50 年代汽车在生产阶段、使用阶段评分很差，整体评分仅为 46。20 世纪 90 年代汽车整体评分为 68，明显好于 20 世纪 50 年代汽车，但分析各阶段数据能看出仍有很大的改进空间。

　　根据矩阵数据分别绘制两个靶图，如图 11-4、图 11-5 所示。

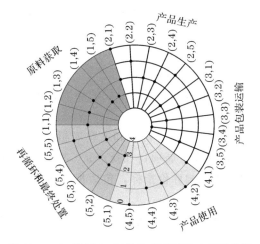

图 11-4　20 世纪 50 年代汽车环境影响靶图分析

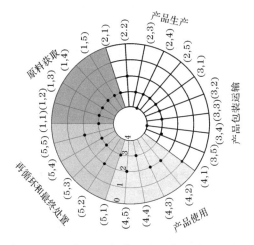

图 11-5　20 世纪 90 年代汽车环境影响靶图分析

　　可以很直观地看出，图 11-4 中的点比较分散，很多点远离靶心。图 11-5 中的点多数分布于靶心周围，没有远离靶心的点。说明后者比前者的环境影响小得多。

11.4　生命周期评价的应用前景

生命周期评价作为一个实用的环境管理工具，对产品整个生命周期所涉及的环境问题进行分析和评价，既可用于企业产品开发与设计，又可有效地支持政府环境管理部门的环境政策制定，同时也可提供明确的产品环境标志从而指导消费者的消费行为。

在下列方面将有广泛应用前景：

（1）　鉴别产品在整个生命周期不同阶段的环境影响，寻找改善其环境问题的机会；

（2）　为企业、行业协会、政府机构和非政府组织等的相关决策提供支持，如：制定企业规划、确定优先发展项目和新产品、指导环境设计和政府采购等；

（3）　分析和选取环境影响评价指标，包括相应的测量技术、产品环境标志的评价等；

（4）　制定和实施企业市场营销战略，如：产品环境标志或产品环保宣传等。

在企业层次上，以一些国际著名的跨国企业为龙头，一方面开展生命周期评价方法论的研究，另一方面积极开展各种产品，尤其是高新技术产品的生命周期评价工作。

在公共政策支持层次上，很多发达国家已经借助于生命周期评价制定"面向产品的环境政策"，北欧以及欧盟已制定了一些"从摇篮到坟墓"的环境产品政策。特别是"欧盟产品环境标志计划"，已对一些产品颁布了环境标志，如洗碗机、洗衣机、卫生间用纸巾、浓缩土壤改善剂、油漆、洗衣粉以及灯泡等。

主要参考文献

邓南圣，吴峰. 2002. 工业生态学——理论与应用. 北京：化学工业出版社

国际标准化组织. 1996. ISO14040～14044，14049

苏伦·埃尔克曼. 1999. 工业生态学. 徐兴元译. 北京：经济日报出版社

王寿兵，吴峰，刘晶茹. 2006. 产业生态学. 北京：化学工业出版社

杨建新，王如松，刘晶茹. 2001. 中国产品生命周期影响评价方法研究. 环境科学学报，21(2)：234～237

杨建新，徐成，王如松. 2002. 产品生命周期评价方法及应用. 北京：气象出版社

朱庆华，耿勇. 2004. 工业生态设计. 北京：化学工业出版社

Ehrenfeld J，Gertler N. 1997. Industrial ecology in practice：the evolution of interdependence at Kalundborg. Journal of Industrial Ecology，1(1)：3～5

Graedel T E，Allenby B R. 2004. 产业生态学. 第 2 版. 施涵译. 北京：清华大学出版社

Yang J，Nielsen P H. 2001. Chinese life cycle impact assessment factors. Journal of Environmental Sciences，13(2)：205～209

复习思考题

1. 生命周期评价的含义、基本方法及意义是什么？

2. 你了解哪些生命周期评价的工具？简易矩阵评价方法的基本内容是什么？

3. 你认为一次性塑料杯和一次性纸杯哪个更加符合环保要求，应用 LCA 方法简单比较两者的环境负荷，看看与你的认识是否一致？

4. 选择一种你熟悉的电器，如冰箱、电视机或洗衣机，描述其整个生命周期，分析在其生命周期的各个阶段造成哪些环境问题？主要原因是什么？

第 12 章　环境影响评价

12.1　环境影响评价概述

12.1.1　环境影响评价概念及其类型

1）　环境影响评价

环境影响评价是指对规划和建设项目实施后可能造成的环境影响进行分析、预测和评估，提出预防或者减轻不良环境影响的对策和措施，进行跟踪监测的方法与制度。

按评价对象，环境影响评价可分为两类：建设项目环境影响评价和规划环境影响评价。

2）　建设项目环境影响评价

建设项目环境影响评价（简称：项目环评，下同）是指在开工建设前，对建设项目实施后可能造成的环境影响进行分析、预测和评估，提出预防和减轻不良环境影响的对策和措施的过程。

建设项目是指按固定资产投资方式进行的一切开发建设活动。如企业、基础设施等的新建和改扩建项目。无论是国有经济、城乡集体经济、联营、股份制、外资、港澳台投资、个体经济，还是其他各种类型的开发活动都要进行环评。

3）　规划环境影响评价

规划环境影响评价（简称：规划环评，下同）是指在规划编制阶段，对规划实施后可能造成的环境影响进行分析、预测和评价，并提出预防或者减轻不良环境影响的对策和措施的过程。

规划是指比较全面、长远的发展计划，如国务院有关部门、设区的市级以上地方人民政府及其有关部门组织编制的土地利用的有关规划，区域、流域、海域的建设和开发利用规划；以及工业、农业、畜牧业、林业、能源、水利、交通、城市建设、旅游、自然资源开发的有关专项规划。

12.1.2　环境影响评价的由来

1964 年，在加拿大召开的国际环境质量评价学术会议上，学者们首先提出了"环境影响评价"的概念。1969 年，美国国会通过了《国家环境政策法》，成为世界上第一个建立环境影响评价制度的国家。随后，瑞典（1970 年）、新西兰（1973 年）、加拿大（1973 年）、澳大利亚（1974 年）等国家都相继建立了环境影响评价制度。经过 30 多年的发展，现已有 100 多个国家建立了环境影响评价制度，其内涵也在不断扩大。20 世纪 70 年代中期，欧美一些发达国家开始认识到项目环评的不足，将环境影响评价的应用逐渐扩展到规划层次上。到 80 年代初期，又将其应用扩展到政策层次。

1979 年 9 月，《中华人民共和国环境保护法（试行）》规定："……在进行新建、改建和扩建工程中，必须提出环境影响评价报告书……"该项规定标志着我国的环境影响评价制度正式确立。2003 年，《中华人民共和国环境影响评价法》（简称《环评法》）正式实施。

12.1.3　环境影响评价的意义

环境影响评价是强化环境管理的有效手段，对指导经济发展方向和保护环境等一系列重大决策都有重要意义：

（1）保证建设项目选址和区域整体布局的合理性。环境影响评价是从建设项目所在地区的整体出发，综合考虑不同方案的项目选址和总体布局对区域整体的不同影响，进行比较取舍，选择最有利的方案，保证建设项目选址和区域整体布局的合理性。

（2）指导环境保护对策和措施。环境影响评价工作，根据建设项目或规划提供的具体数据，综合考虑其区域的环境特征，运用现代科学计算和预测方法，通过对建设项目或规划的技术、经济和环境论证，可以得到相对最合理的环境保护对策和措施，把人类活动造成的环境污染或生态破坏限制在最小范围。

（3）对区域的社会经济发展起指导作用。环境影响评价通过对区域的自然、资源和社会条件以及经济发展状况等进行综合分析，可以掌握该地区的资源、环境和社会承受能力等状况，从而对该地区发展方向、规模和速度，以及产业结构和布局等作出科学的决策和规划，以指导区域发展，实现可持续发展。

12.1.4　我国环境影响评价的实施管理

1）评价实施时间

环境影响评价应在规划早期或建设项目的可行性研究阶段（从项目立项到计划部门批准设计任务书之前）介入，并贯穿到整个规划或建设项目的实施过程中去。并且，只有在环评文件被环保部门批准后，计划部门才可批准规划或建设项目的设计任务书。若在规划或建设项目的环评文件批准前或没有实施环评的情况下，就开工建设，则有关部门可根据相关条例立即要求其停建，并给予一定的处罚。

> **专栏 12-1　环评风暴**
>
> 　　2005 年 1 月 18 日，国家环保总局副局长潘岳在京通报，停建金沙江溪洛渡水电站、三峡地下电站、三峡工程电源电站等 30 个违法建设项目，责令立即停建，并处以最高 20 万元的处罚。据了解，这也是《环评法》实施一年后环保总局首次大规模对外公布违法建设项目。值得注意的是，上述不少项目已经过有关部门批准立项，其停建原因是，它们的环境影响评价报告书都没有经过环保部门批准。环保总局这一系列的做法引起了世人关注，对此，舆论惊呼为"环评风暴"来了。
> 　　——摘自"战略环评是构建环境友好型社会的切入点：访国家环境保护总局副局长潘岳"，陈漫，
> 《环境保护》，2005 年 11 期，12

2)　评价主体

1986 年，我国开始实行环境影响评价单位的资质管理，要求评价主体（即承担项目环评工作的单位）是持有《建设项目环境影响评价资格证书》的单位。该单位应具有一定数量符合要求的专职技术人员，能够进行综合分析评价和预测，并具有法人资格，对评价结论承担法律责任。

> **专栏 12-2　圆明园事件**
>
> 　　圆明园防渗工程项目实施前，未进行环境评价，因而被叫停。2005 年 3 月 29 日，兰州大学教授张正春对该工程项目提出质疑，认为该工程是对生态景观、历史文化价值和周边环境的破坏。3 月 31 日，国家环保总局叫停该项目建设，责令其依法补办环境影响评价审批手续。4 月 13 日，圆明园防渗工程的环境影响公众听证会召开。5 月 9 日，国家环保总局要求圆明园管理处在收到《建设项目环境影响评价证书管理办法（试行）》文件 40 天内提交环评报告。5 月 17 日，清华大学主动承接了圆明园工程项目环评工作，在评价文本中为工程建设提出许多改进建议。
> 　　——摘自"战略环评是构建环境友好型社会的切入点：访国家环境保护总局副局长潘岳"，陈漫，
> 《环境保护》，2005 年 11 期，11

目前，我国经过批准有资格从事环评的机构很多。但是，在环评过程中，仍存在一定的问题。尤其是在经济利益面前，环评主体一定要提高警惕，保证实事求是地给出自己的评价结论。否则，可能会因决策部门不了解规划或建设项目带来的环境影响，而使其得不到充分的预防，给区域、国家造成不可估量的损失。

12.2　建设项目环境影响评价

12.2.1　项目环评的主要内容

项目环境影响评价的主要内容包括：建设项目的工程分析；建设项目周围环境的现状调查与评价；对周围地区的环境影响分析、预测和评价；环境保护措施及其技术经济论证；建设项目所在区域的污染物总量控制分析；环境影响的经济损益分析和总结报告。

1)　建设项目的工程分析

建设项目的工程分析主要包括：

（1）　选址、选线和工艺过程分析。通过工程选址、选线、各时段的工艺过程的分析，了解对环境产生的各类影响的来源，各种污染物产生、排放情况，给出种类、性质、产生量、产生浓度、削减量、排放量、排放浓度、排放方式、去向及达标情况；给出噪声、振动、热、光、辐射等污染的来源、特性及强度；分析各种废物的治理、回收、利用措施及现状，相关设备运行与污染排放间的关系等。

（2）　资源、能源、产品和废物等的储运分析。通过对建设项目资源、能源、产品、废物等的装卸、搬运、储运、预处理等环节的分析，给出其各自的运输方式（如公路、铁路、空运、水运及管道运输等），核定各环节的污染来源、种类、性质、排放方式、强度、去向及达标情况等。

（3）　厂地的开发利用分析。通过了解拟建项目所在区域的土地利用规划，分析项目建设与土地利用规划的协调性，以及项目建设开发利用土地带来的环境影响因素。

（4）　非正常工况分析。对建设项目生产运行阶段的开车、停车、检修、一般性事故和泄露等情况时的污染物非正常排放进行分析，找出发生突发污染物事故的来源、种类与强度，可能性及频率等。

2)　建设项目周围环境的现状调查与评价

调查、评价内容主要是建设项目周围地区的环境状况包括：

（1）　自然地理情况。如地理位置，地质、地形、地貌、土壤与水土流失等情况，河流、湖泊（水库）、海湾、河口以及地下水等水文与资源情况，气候气象情况等。

（2）　自然资源情况。如矿藏、森林、草原、农作物等情况，自然保护区、风景游览区、名胜古迹、人文遗迹、疗养区以及重要的政治文化设施情况。

（3）　环境质量现状。包括大气、地面水、地下水和土壤的环境质量状况，其他环境污染、环境破坏的现状和污染源来源等的分析。

（4）　社会经济发展情况。如工业与能源、农业与土地利用、生活居住区分布、人口密度、生活水平、交通、社会福利的覆盖率、教育、人群健康状况和地方病等情况。

3)　对周围地区的环境影响分析、预测和评价

建设项目对周围地区的环境影响分析、预测和评价的内容包括：

（1）　对自然环境的影响。如工程建设项目对地质、大气环境、水环境、土壤及农作物、自然资源、自然保护区以及名胜古迹的环境影响分析、预测与评价。

（2）　对社会经济的影响。如从事工程项目工人的迁入引起的人口增加、人口组成与分布、就业安置以及基础设施配置等变化的分析、预测与评价；建设项目带来的环境变化、噪声、振动、电磁波等对人群健康影响的分析、预测与评价；工程建设项目的经济活动对居民的居住、文化、精神水平以及生活方式等改变的分析、预测与评价。

若要进行多个厂址的优选时，应综合评价每个厂址的环境影响，对其进行比较和分析。

4）　环境保护措施及其技术经济论证

具体内容包括：大气污染防治措施的技术经济的可行性分析及建议；废水治理措施的技术经济的可行性分析及建议；废渣综合利用和处置的技术经济的可行性分析及建议；对噪声、振动、辐射等其他污染控制措施的技术经济的可行性分析；对绿化等其他环保措施的评价及建议。

5）　建设项目所在区域的污染物总量控制分析

根据建设项目周围的环境不同条件，区域的污染总量控制分析分为两种情况，各自的具体内容分别为：

（1）　在建设项目周围地区的环境达标的情况下。分析建设项目能否满足国家和地方的污染物排放总量控制计划，论证建设项目污染物排放总量控制措施的可行性与可靠性。

（2）　在建设项目周围地区的环境超标的情况下。从建设项目的建设规模、原料选取、生产工艺、副产品的综合利用和末端的污染治理等各方面，提出区域的污染物削减措施。必须保证在项目实施后，区域污染物排放总量有所减少的前提下，项目方可进行建设。

6）　环境影响的经济损益分析

对建设项目引起的环境影响进行经济损益分析内容包括：

（1）　负面的环境影响，估算成环境损失（或成本）。环境损失指对废弃物排放引起的环境污染和自然资源的非持续开发利用导致的生态退化，科学合理地计量其造成的经济损失。

（2）　正面的环境影响，估算成环境效益（或产出）。环境效益指项目建设前后污染损失的减少量或者通过其对环境改善带来的相关行业和产业的收益。

7）　环境影响评价总结报告

建设项目环境影响评价的总结报告应该概括说明以下问题：建设项目周围的环境现状，并说明现已存在的主要环境问题；建设项目的主要污染源和污染物；拟建项目对其周围区域环境质量的影响；拟建项目的建设规模、性质、选址是否合理，是否符合环境保护要求；拟建项目所采取的环境保护措施在技术上是否可行，经济上是否合理，若措施不妥必须提出改进建议。

12.2.2　项目环评的工作程序

建设项目环境影响评价工作程序大体分为三个阶段，如图 12-1 所示。

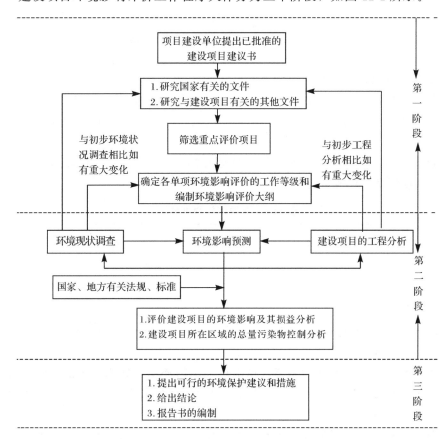

图 12-1　建设项目环境影响评价的工程程序

第一阶段为准备阶段，主要工作为研究有关文件，进行初步的工程分析和环境现状调查，筛选重点评价项目，确定各单项环境影响评价的工作等级[*]，编制评价工作大纲。

第二阶段为正式工作阶段，主要工作为工程分析和环境现状调查，并进行环境影响预测和评价，以及分析并控制项目所在区域的污染物总量。

第三阶段为报告书编制阶段，主要工作为汇总、分析第二阶段工作所得的各种资料、数据，得出结论，完成环境影响报告书的编制。

---

　　* 评价工作等级分为：一级评价，要求详细、全面的分析和评级；二级评价次之；三级评价，要求一般的定性描述即可。

12.2.3 实例——江苏徐州阚山发电厂一期工程环境影响评价

1) 项目简介

拟建的江苏徐州阚山发电厂一期工程，位于徐州市贾汪区汴塘乡境内，距徐州市区约 40km。厂址土地性质为规划的工业用地，本期工程占地面积 47.75hm²。

本期工程项目拟采用目前世界上先进的超临界发电设备。其中，主体工程的锅炉、汽轮机和发电机均为两台，发电机组的总容量为 1200MW，单位发电量的标准煤耗为 290g/(kW·h)。辅助工程包括湿法烟气脱硫、烟气脱氮等装置。

该工程的设计煤种含硫 0.53%，含氮 1.06%，每台锅炉年耗煤为 1.3024×10^6 t。主要污染物排放量见表 12-1。

表 12-1　主要污染物排放量

项目	单位	设计煤	项目	单位	设计煤
SO₂实际排放量	t/h	0.420	NOₓ 排放量	t/h	0.8
	t/a	2310		t/a	4404
烟尘排放量	t/h	0.1564	灰渣产生量	t/h	107.80
	t/a	782		10⁴t/a	59.29

2) 评价过程

通过对环境质量现状的调查，该电厂周围的环境现状为：虽然大气环境中 SO_2 和 NO_2 满足其功能区划要求，具有一定的环境容量，但 TSP 和 PM_{10} 不满足功能区划的要求。

根据工程特点和当地环境现状，确定评价重点是对大气环境的影响，主要污染物为 SO_2、NO_x；同时也将项目运行期对地表水、声环境的影响作为评价内容。

项目工程对废气、废渣和废水实施的治理与综合利用措施包括：采用高效静电除尘器、石灰石-石膏湿法烟气脱硫装置、烟气脱氮装置；采用干除灰系统和芦山北灰场山谷干灰场，设置运灰专用线，灰渣及脱硫石膏立足于综合利用；生产和生活废水经处理后回用。

对项目工程的环境影响预测结果：通过相关措施实施后，电厂的运行对大气和地表水环境的影响变化不会很大，不会使其环境功能改变。但是，电厂的运行对声环境有影响，因为电厂西厂界靠近冷却塔侧和东厂界靠近主要发电设备侧的厂界夜间噪声超标，需采取有效的降噪措施才能保证厂界的声环境达标。

项目工程总投资 54.8147 亿元人民币，环保投资占总工程投资的 11.62%，采取各项污染防治措施后，该工程仍有较大量的污染物排入环境，其中 SO_2、烟尘和 NO_x 的排放量分别为 2310t/a、782t/a、4404t/a。另外，根据《江苏省电力行业二氧化硫排放控制配额方案》基于绩效计算出，本期工程 SO_2 的排放控制配额为 3564t/a，所以，本期工程 SO_2 的排放量满足徐州市环境保护局给徐州贾汪区人民政府对该工程提出的总量控制指标要求。

为了使电厂周围区域大气环境质量达标，需关闭评价区域内现存的 47 家生产黏土砖的小企业，以削减 1535t/a 的 SO_2 排放量和约 1479t/a 的烟尘排放量。还有约 800t/a 的 SO_2 将通过徐州市区域内排污权交易解决。关闭这些小企业后，烟尘削减量大于该工程的排放量，对改善当地环境是有利的。

　　3）　评价结论

通过对区域环境质量现状分析，选出污染物 SO_2、NO_x 作为评价重点；并根据对项目的环境影响预测与评价、污染防治对策分析，以及清洁生产分析和主要污染物总量的控制分析得出，本期工程各项污染物达标排放，对环境影响较小，不会引起其环境功能的变化；工程建设符合国家产业政策、地方总体发展规划和环境保护规划的要求。

总之，采取一定环保措施（关闭评价区域内 47 家黏土砖厂）后，从环境保护角度来看江苏徐州阚山发电厂的厂址、灰场选择和建设规模均可行。

12.3　规划环境影响评价

12.3.1　规划环评的主要内容

规划环境影响评价的主要内容包括：规划分析，现状调查、分析与评价，环境影响预测、分析与评价，供决策的环境可行规划方案与环境影响减缓措施，拟议规划的结论性意见与建议，监测与跟踪评价。

　　1）　规划分析

规划分析内容应包括：

（1）　规划的描述。阐明并简要分析规划的编制背景、目标、对象、内容、实施方案及其相关法律、法规和其他规划的关系等。

（2）　规划方案的初步筛选。识别规划所包含的主要经济活动，并分析可能受到这些经济活动影响的环境要素。在此基础上，分析规划方案对实现环境保护目标的影响，初步筛选环境可行的规划方案。

（3）　确定规划环境影响评价内容和评价范围。根据规划对环境要素的影响方式、程度，以及其他客观条件确定其评价的具体内容；评价范围通常根据现有的地理属性（如流域、盆地、山脉等）、人为边界（如公路、铁路或运河）、已有的管理边界（如行政区等）确定。

2）　现状调查、分析与评价

（1）　现状调查与分析。调查规划相关区域的社会、经济和环境现状，确定当前的主要环境问题、产生原因及问题之间的相互关系；分析评价范围内对规划反应敏感的地域及环境脆弱带（如自然保护区、湿地、生态退化区等）的环境影响状况。

（2）　环境发展趋势分析。分析在没有本拟议规划的情况下，区域环境状况/行业涉及的环境问题的主要发展趋势（即"零方案"影响分析），它代表了原始状态，是各个规划方案环境效益的基点。

3）　环境影响预测、分析与评价

（1）　预测内容。预测规划对本区域和周边环境的直接的、间接的环境影响，特别是规划的累积影响；预测规划方案影响下的可持续发展能力。

（2）　分析和评价内容。分析和评价规划对环境保护目标、环境质量的影响，以及规划的合理性。

4）　供决策的环境可行规划方案与环境影响减缓措施

（1）　供决策的环境可行规划方案。根据环境影响预测与评价的结果，对符合规划和环境目标要求的各个规划方案进行排序，依此提出供有关部门决策的环境可行推荐的规划方案或替代方案。

（2）　环境保护对策与减缓措施。在规划环境影响预测与评价的基础上，对具有显著的、不可接受的环境影响应提出用以消除拟议规划中出现的环境问题的预防措施；通过行政措施、经济手段和技术方法等限制和约束活动行为的规模、强度或范围，使其环境影响最小化的措施；对已经受到影响的环境进行修复或补救的环保措施。

5）　拟议规划的结论性意见与建议

通过上述各项工作，应综合分析多个拟议规划方案，给出下列评价结论中的一种：对各个规划草案经分析、优化，建议采纳环境可行的规划方案；因已有的规划方案在环境上均不可行时，建议修改规划目标或规划方案，并重新进行规划环境影响评价；所提出的各规划方案均不可行，应放弃规划。

6）　监测与跟踪评价

主要包括：监测规划实施后的实际环境影响；评价规划实施后的实际环境影响及其建议的减缓措施是否得到了有效的贯彻实施；确定为进一步提高规划的环境效益所需的改进措施；该规划环境影响评价的经验和教训。

12.3.2　规划环评中的定量分析法

规划环境影响评价用到多种定量分析法，如系统动力学、投入产出分析、环境数学模型和环境承载力等方法。更关键的是，考虑到在规划环评过程中，需对经济与环境之间的关系做定量分析，在此，我们介绍 IGT 分析法如下。

本书第 5 章是 IGT 分析法的理论基础。

这种分析法的主要内容，是以规划稿中提供的数据为基础，运用 IGT 方程以及由它派生出来的其他方程，进行必要的计算，评价该规划是否符合经济与环境协调发展的原则，并提出修改意见和建议。

用这种分析法，可以精确地计算经济增长过程中资源消耗量、污染物排放量的上升和下降，从而发现规划存在的问题，提出解决问题的方案。在我国，这种方法显得尤为重要，因为在我国经济快速增长的情况下，规划值稍有偏差，就可能使环保工作远远落后于经济增长，造成环境严重恶化的后果。如果能在规划的编制过程中（在实施前），就用这种方法对规划稿进行环评，那么就能防患于未然。

这种分析法的运用面较宽，例如，在生态省、市、县的建设规划、循环经济的发展规划、湖泊和流域的治理规划，以及其他经济社会发展规划的环评工作中，这种方法均可使用。

下面，我们在参考若干份生态省、市建设规划稿的基础上，拟定了一份规划表，其中包括与 IGT 分析法有关的全部数据；把它作为案例，进行模拟性环评，目的是具体地说明 IGT 分析法的主要内容和方法。

12.3.3　案例

某规划稿中提供的，与 IGT 分析法有关的数据见表 12-2。

表 12-2　规划表

指标	基准年（2005 年）	2010 年规划值	2020 年规划值
GDP/亿元	2000	3520	7610
GDP 年增长率/%	13	12	8
单位 GDP 能耗/（t 标准煤/万元）	0.8	0.7	<0.6
单位 GDP 水耗/（m³/万元）	120	100	<80
单位 GDP 的 SO_2 排放量/（kg/万元）	10	7	<5
单位 GDP 的 COD 排放量/（kg/万元）	3.5	3.0	<2.5

由上表可见，该规划稿并未提供下列各项重要数据：

（1）规划期内各阶段单位 GDP 能耗、水耗、SO_2、COD 排放量等的年下降率；

（2）2020 年单位 GDP 能耗、水耗、SO_2、COD 排放量等的规划值（只提供了各规划值的上限）；

（3）　2010 年、2020 年能耗量、水耗量、SO_2 和 COD 的排放量。

用 IGT 法，可对规划表 12-2 中的能耗、水耗、SO_2、COD 等四项环境指标的规划值进行评价。但为了简明起见，在本案例中我们仅对能耗、SO_2 排放两项进行评价。

1）　关于能耗

（1）　计算基准年、2010 年、2020 年耗能量。

计算公式为

$$I_0 = G_0 \times T_0$$
$$I_n = G_n \times T_n$$

式中：I_0、I_n 分别为基准年和第 n 年的能耗量；G_0、G_n 分别为基准年和第 n 年的 GDP 值；T_0、T_n 分别为基准年和第 n 年单位 GDP 能耗量。

将表 12-4 中各年度 GDP、单位 GDP 能耗的规划值上限分别代入以上两式，计算结果如下：

基准年能耗为 1600×10^4 t 标准煤；

2010 年能耗为 2464×10^4 t 标准煤，是基准年的 1.54 倍；

2020 年能耗为 4566×10^4 t 标准煤，是 2010 年的 1.85 倍。

此外，由规划表知

基准年 GDP 为 2000×10^8 元；

2010 年 GDP 为 3520×10^8 元，是基准年的 1.76 倍；

2020 年 GDP 为 7610×10^8 元，是 2010 年的 2.16 倍。

可见，在规划期内的第一阶段（2006～2010 年），能耗的增长倍数与 GDP 增长倍数很接近，第二阶段（2011～2020 年）也相差无几。这种情况，不符合节能要求，必须对规划进行修改。

（2）　修改规划的参考性意见。

主要修改意见，是调低各年度单位 GDP 能耗的规划值。

计算各年度单位 GDP 能耗量的公式是

$$T_n = T_0 \times (1-t)^n$$

式中：T_0、T_n 分别为基准年和第 n 年单位 GDP 能耗量；t 为单位 GDP 能耗量年下降率。

为了调低单位 GDP 能耗量，设定 $t = 0.04$。

将已知数据代入式（5-3）和式（5-1）后，计算结果如下：

2010 年单位 GDP 能耗为 0.652t 标准煤/万元，能耗为 2295×10^4 t 标准煤，比原规划减少 6.86%；

2020 年单位 GDP 能耗为 0.434t 标准煤/万元，能耗为 3300×10^4 t 标准煤，比原规划减少 27.7%。

可见，将 t 值提高到 0.04，节能效果较显著。

那么，有没有可能把 t 值再往上调高一点呢？答案是，如果措施得力，也未尝不可，但不可有过高奢望，否则是不现实的。在经济快速增长的情况下，能耗适度上升，是不可避免的。

2）　关于 SO_2 排放

（1）　计算基准年、2010 年、2020 年 SO_2 排放量。

计算公式为

$$I_{e0} = G_0 \times T_{e0}$$
$$I_{en} = G_n \times T_{en}$$

式中：I_{e0}、I_{en} 分别为基准年和第 n 年 SO_2 排放量；G_0、G_n 分别为基准年和第 n 年的 GDP 值；T_{e0}、T_{en} 分别为基准年和第 n 年单位 GDP 的 SO_2 排放量。

将表 12-2 中各年度的 GDP、单位 GDP 的 SO_2 排放量（上限值）分别代入以上两式，所得计算结果如下：

基准年 SO_2 排放量为 20 000t；

2010 年 SO_2 排放量为 24 640t，是基准年的 1.23 倍；

2020 年 SO_2 排放量为 38 050t，是 2010 年的 1.54 倍。

以上计算结果表明，规划期内 SO_2 排放量不降反升，不符合主要污染物减排的要求，规划必须修改。

（2）　修改规划的参考性意见。

主要修改意见是调低单位 GDP 的 SO_2 排放量的规划值。

计算单位 GDP 的 SO_2 排放量的公式是

$$T_{en} = T_{e0} \times (1-t)^n \times (1-x)^n$$

式中：T_{e0}、T_{en} 分别为基准年和第 n 年单位 GDP 的 SO_2 排放量；t 为单位 GDP 的 SO_2 产生量的年下降率；x 为 SO_2 排放率的年下降率。

为了调低单位 GDP 的 SO_2 排放量的规划值，一是要使单位 GDP 的 SO_2 产生量在整个规划期内每年下降 4%，即 $t = 0.04$（靠结构调整，技术进步）；二是要使 SO_2 排放率在 2006～2010 年间每年下降 9%，即 $x = 0.09$，在 2011～2020 年间每年下降 6%，即 $x = 0.06$（靠增设脱硫装置）。

将已知数据代入式（5-8b）和上式后，计算结果如下：

2010 年单位 GDP 的 SO_2 排放量为 5.09kg/万元；SO_2 排放量为 17 920t，比基准年减少 10.4%；

2020 年单位 GDP 的 SO_2 排放量为 1.82kg/万元；SO_2 排放量为 13 850t，比2010 年降低 22.7%，即每 5 年降低 10% 以上。

可见以上修改意见符合主要污染物减排要求。

归纳起来，修改后的规划表见表 12-3。

表 12-3　修改后的规划表

指标	基准年（2005 年）	2010 年规划值	2020 年规划值
GDP/亿元	2000	3520	7610
GDP 年增长率/%	—	12	8
单位 GDP 能耗年下降率/%	—	4	4
单位 GDP 能耗/(t 标准煤/万元)	0.8	0.652	0.435
能耗量/万 t 标准煤	1600	2295	3300
单位 GDP 的 SO_2 产生量年下降率/%	—	4	4
SO_2 排放率下降率/%	—	9	6
SO_2 排放量/t	20 000	17 920	13 850

注：（1）表中未涉及水耗和 COD 排放量规划值的修改。

　　（2）表中未涉及 GDP 规划值的修改。如果在表 12-3 的基础上，适当调低 2006～2010 年间 GDP 增速，那么节能减排效果会更加显著，不过规划期内各年度 GDP 值都将低于原规划值。

12.3.4　规划环评的工作程序

流程图 12-2 是依据规划环评主要内容给出的工作程序，在整个评价过程中，

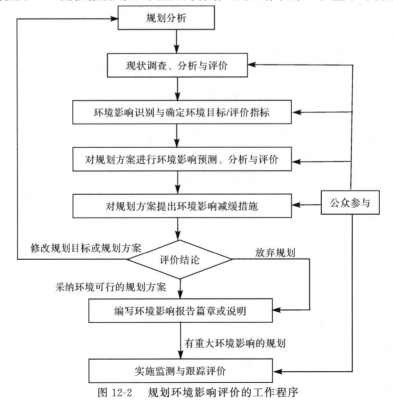

图 12-2　规划环境影响评价的工作程序

评价结果有三种可能：采纳环境可行的规划方案（包括减缓措施）、建议修改规划目标或规划方案、建议放弃规划。

其中，"建议修改规划目标或规划方案"这一步是"从规划分析"至"评价结论"，反映规划环评是一个循环完善的过程。循环过程即是规划方案不断被优化，直至得出环境、社会、经济均可行的规划方案。

主要参考文献

陈漫. 2005. 战略环评是构建环境友好型社会的切入点——访国家环境保护总局副局长潘岳. 环境保护，
    (11)：6～12

国家环境保护总局环境工程评估中心. 2006. 环境影响评价技术导则与标准. 北京：中国环境科学出
    版社

李天威，周卫峰，谢慧等. 2007. 规划环境影响评价管理若干问题探析. 北京：环境保护，(11)：22～
    25

陆书玉，栾胜基，朱坦. 2001. 环境影响评价. 北京：高等教育出版社

潘岳. 2005. 加强环境影响评价管理的几点意见. 环境保护，(2)：14～15

潘岳. 2005. 战略环境影响评价与可持续发展. 北京：环境保护，(9)：10～14

潘岳. 2006. 全力推进规划环评为历史性转变做出更大的贡献. 环境保护，(12)：7～11

任效乾，王守信，张永鹏等. 2002. 环境保护及其法规. 北京：冶金工业出版社：126～131

泰里夫. 2005. 战略环境评价实践. 鞠美庭，李海生，李洪远译. 北京：化学工业出版社

杨志峰，刘静玲等. 2004. 环境科学概论. 北京：高等教育出版社：347～369

赵景联. 2005. 环境科学导论. 北京：机械工业出版社：334～349

朱坦，徐鹤，吴婧. 2005. 战略环境评价. 天津：南开大学出版社

复习思考题

1. 规划环境影响评价与建设项目环境影响评价的异同点分析。

2. 对比我国环境影响评价制度与发达国家环境影响评价制度的异同点，分析我国环境影响评价制度的特点和发展前景。

3. 结合你的专业知识和对社会的认识，分析我国规划环境影响评价还存在哪些尚需改进的地方，并说明其原因。

第五篇 循环经济和物质循环

道生一，一生二，二生三，三生万物。

——老子

循环经济，是指在生产、流通和消费等过程中进行的减量化、再利用、资源化活动的总称。

——《中华人民共和国循环经济促进法》

第 13 章　循环经济概述

本章将介绍循环经济的基本概念，发达国家和我国发展循环经济的实践，以及产品生命周期与 3R 原则等内容。

13.1　基　本　概　念

循环经济（circular economy）是指在生产、流通和消费等过程中进行的减量化（reduce）、再利用（reuse）、资源化（recycling）活动的总称。其中：减量化是指在生产、流通和消费等过程中减少资源消费和废物产生。

再利用是指将废物直接作为产品或者经修复、翻新、再制造后继续作为产品使用，或者将废物的全部或者部分作为其他产品的部件予以使用。

资源化是指将废物直接作为原料进行利用或者对废物进行再生利用。

专栏 13-1　3R 运动兴起

随着世界人口的增长和经济、社会活动的扩张，人们对资源的需求量急剧增加，与此相伴随的是废弃物的数量和种类快速上升。全球化加剧了包括产品、技术和废弃物在内的物质的跨国流动。国际社会在环境和经济领域中越来越相互依存。在此背景下，人们达成了一种共识，即整个世界应该合作建立一种物质循环型社会：在这样的社会中，经济增长与环境保护是协调的、互利的。为达到这一目的，2004 年举办的海岛八国峰会同意在国际上推进"3R 运动"，并于 2005 年 4 月在日本举办的政府部长级会议上正式启动。该项运动的目标是建立以资源减量化、再利用和循环利用（reduce，reuse and recyling）为顺序的物质流动方式。

——摘自"中国环境与发展国际合作委员会循环经济课题组报告"，王洛林，比利特夫斯基等

循环经济是一种新的发展理念、工作思路、生产方式、产业形态。

（1）循环经济是一种新的发展理念：提高资源利用效率、减少污染物排放，用科学发展观破除资源约束、环境容量瓶颈，促进资源节约型、环境友好型社会建设，实现经济社会可持续发展。

（2）循环经济是一种新的工作思路：从耗竭自然资源的"资本"，向依赖自然资源的"利息"的发展目标转变；从高消耗和高强度使用不可再生能源，向研制高效率能源和更多地依赖可再生能源的发展目标转变。把经济发展的"快"建立在结构优化、质量提高、效益增长和消耗降低的基础上。着力解决资源约束问题、产业结构问题等。

（3）循环经济是一种新的生产方式：按照"物质代谢"和"共生关系"，

组合相关企业形成产业生态群落，延长产业链，以"资源—产品—再生资源"为表现形式，是一种讲求经济效益和生态效益的集约型经济发展方式，区别于原有的独立、自为、竞生，以"资源—产品—废弃物"为表现形式，漠视废水、废气、废渣随同经济发展而大量排放的经济增长方式。

（4）循环经济是一种新的产业形态：既包括资源节约和综合利用产业、废旧物质回收产业、环保产业等显性循环经济产业，又包括租赁、登记服务等形式的隐形循环经济产业，两者一起为经济社会发展、资源环境协调提供保障。

发展循环经济的目的是提高资源效率，即提高单位天然资源所能生产出来的产品量（或产值、或服务量）。

资源效率提高了，环境就可得到改善，这是因为环境的严重破坏，从根本上讲，是过量消耗资源造成的。换言之，资源效率提高了，环境效率就会得到相应的提高。

提高资源效率、环境效率的目的是有利于实现经济、社会的可持续发展。

当然，发展循环经济，并不是提高资源效率、降低单位 GDP 环境负荷的唯一途径。除此之外，调整产业结构、调整产品结构、提高技术水平、节约能源、开发利用可再生能源、改变企业经营模式、改变消费观念等，都是有效途径。但无论如何，发展循环经济是重要途径之一。

为此，我们在发展循环经济的历史进程中，要从可持续发展的角度，并结合我国国情，逐步明确循环经济应分担的任务，其中包括阶段目标和长远目标。

13.2　发达国家发展循环经济的实践

循环经济一词首次正式出现在 1996 年德国颁布的《循环经济和废弃物管理法》。2000 年，日本颁布了《循环型社会形成推进基本法》和若干专门法，采用了"循环型社会"概念。目前一些发达国家在循环经济的研究和实践方面取得了很多成果。

13.2.1　日本循环经济发展概况

1）日本建设循环型社会的背景

随着日本经济发展和人口增加及生活垃圾排放总量的不断增加，导致垃圾填埋场日趋饱和，不得不采取措施。20 世纪 70 年代以来，日本的废弃物排放总量一直呈上升趋势。为促进垃圾的减量排放和提高垃圾的循环利用率，1991 年日本对《废弃物管理法》进行了修改，并出台了促进可循环资源利用法。此法旨在促进工业副产品的再利用，提出了一些关于日常用品如纸张和玻璃回收利用的具体措施，要求对产品中可回收利用部分作出标志。还要求汽车、家电等行业设计有利于回收利用的新产品。20 世纪 90 年代起，日本经济、贸易与产业省通过产业结构协会发布了一份可回收产品的参考清单，并号召各行业积极参加产品回收利用活动。

1996 年又出台了《容器包装回收利用法》，旨在尽量减少使用及回收利用容器和包装。它要求消费者对垃圾进行分类，生产者通过给指定的机构交纳一定的费用来实现对其产品一定比例的回收。

日本每年废弃 1800 万台电视、冰箱、空调和洗衣机，总重量达 60 万 t，其中各类金属有 10 万 t。大量的废家电如果不能及时得到回收利用，不仅会浪费大量资源，而且还会污染环境。1998 年日本又制定了《家电回收利用法》，主要对包括电视、冰箱、空调、洗衣机在内的家电进行强制回收利用，家电生产企业承担回收和利用废旧家电的义务。具体回收利用率为：空调 60% 以上、电视机 55% 以上、冰箱 50% 以上、洗衣机 50% 以上。在规定时间内，生产企业如达不到上述回收重复利用的比例将受到相应处罚。该法还规定，销售商有接受和回收消费者报废家电的义务，而消费者应当承担家电处理和再利用的部分费用（空调 3500 日元、电视机 2700 日元、冰箱 4600 日元、洗衣机 2400 日元）。同时，鼓励各企业积极参与到废弃物回收利用的行列中来。该法的实施，不仅降低了单位废弃物处理的成本，而且提高了处理技术。该法的出台大大增强了公众建立循环经济的意识。

2)　日本循环经济体系的提出和建立

1997 年 7 月，日本产经省的产业结构协会提出了一份题为"循环型经济构想"的报告。报告简述了日本所面临的严峻的资源与环境问题，提出了关于建立循环型经济的构想。主要内容是：通过市场机制的调节，使资源和能源的输入与输出之差最小化，从而实现资源和能源利用效率的最大化，促使环境与经济协调发展；建立一个生产者和消费者、国家和地方政府通力合作的经济系统；建立一个促进生产者改进生产技术，尤其是减少环境负荷的相关技术的新系统；大力促进环境保护产业的发展。到 2010 年，新的环境保护产业将创造近 37 万亿日元的市场，提供 1400 万个就业机会。

日本产经省的倡议得到了公众的积极响应，日本将 2000 年定为"循环型社会元年"，并在内阁通过了《促进循环型社会建设基本法》、《促进资源有效利用法》、《食品回收利用法》、《建材回收利用法》、《修订的废弃物处理法》和《绿色采购法》等六项有关回收利用的法案。至此，加上原有的《容器包装回收利用法》和《家电回收利用法》，共同形成了较为完善的循环型社会的法律保障体系。一个比较完善的"循环型社会体系"在日本基本构建运行起来了。

3)　日本循环型社会体系的实施战略和措施

为了促进循环型社会的技术革新，推动循环型社会的发展，2001 年日本产经省实施了"3R"工程战略，政府支持和鼓励相关技术的开发和应用，以推动回收利用的商业化。此项战略旨在对一些关键领域，如汽车回收利用技术、家电回收利用技术和措施、容器包装回收利用技术、有害物质的回收利用技术以及这些技术的商业化提供援助。

2003 年 3 月，根据《促进循环型社会建设基本法》的规定，配合 2002 年 9 月约翰内斯堡可持续发展高峰会议实施计划中各国制定的加速向可持续的生产、消费形态转换的 10 年框架，日本政府制定了《推进循环型社会形成基本计划》。该计划提出了实现循环型社会的数值指标和一系列战略措施。提出到 2010 年循环经济所要达到的三个关键性指标：资源生产率（资源生产率＝产值/天然资源投入量）要达到 39 万日元/t，比 2000 年提高 40％；循环利用率达到 14％，比 2000 年提高 40％；垃圾最终处置量为 2800 万 t，相当于 2000 年的一半。此外，每个人每天的生活垃圾比 2000 年减少约 20％，工业垃圾的最终处理量比 1990 年减少约 75％。循环型社会市场规模及就业规模分别提高到 1997 年的两倍。

日本循环型社会的推动，不仅仅靠的是立法，而且社会各界也积极参与。国家制定大政方针和奖惩制度；企业严格按照法律规定处理废弃物；民众则要改变传统生活方式，配合处理废弃物；最后还需要社团组织和媒体的宣传和监督，使循环经济理念深入人心。

13.2.2　德国循环经济发展概况

德国是欧盟国家中最早倡导循环经济的国家之一，重点在废弃物循环利用和管理。德国的循环经济实质上就是起源于垃圾经济。

1）德国发展循环经济的背景

经过战后几十年经济的迅速发展，德国面临着垃圾日益增加的问题。廉价的大众产品越来越多，社会浪费日趋严重。由于垃圾中含有大量有害的有机物和无机物，造成日趋严重的污染，还衍生出许多其他环境问题。根据德国联邦统计局提供的数据，德国家庭的生活垃圾和工商业垃圾大约为 4500 万 t，其中 1900 万 t 左右可以再利用，大约 1000 万 t 被焚烧。目前还有 1500 万 t 左右垃圾没有经过任何预处理，而停放在垃圾站。在德国曾经有无数个堆放旧垃圾的垃圾场。德国认识到简单的堆放或焚烧等传统的垃圾处理方法已不能清除众多垃圾和垃圾里的有害物质，无法再沿用下去，因此，在垃圾处理方面开始了有益的环境与经济尝试，并为今天德国实施的循环经济打下了基础。

2）德国循环经济的发展过程

20 世纪 70 年代末，德国大约有 5 万个垃圾堆放场，其中很大一部分管理不善。1972 年，德国颁布了《废弃物处理法》，目的是关闭管理不善的垃圾堆放场，建造县市负责管理的垃圾中心处理站。目前德国仍在使用的约 300 个生活垃圾处置站，是该法颁布后建立的。

垃圾的处理虽然大大得到改善，但是垃圾数目的急剧增加和有限的处理能力使得避免垃圾产生成为首要问题。1986 年，德国政府强调了避免垃圾产生和循环利用垃圾，并在其基础上制定了一般管理规定，即 1991 年颁布的《有害垃圾技术管理规定》和 1993 年的《居住区垃圾技术规定》。虽然这些规定还不足以真正解决现存的问题，但已经开始了最初的朝循环经济方向发展的尝试。

1991 年，德国制定了《包装废弃物处理法》（2000 年和 2001 年进行了修订）和《避免和回收包装品垃圾条例》，扩大了废弃物再利用的范围，强化了产品生产者责任。该法律规定，自 1995 年 7 月 1 日起，玻璃、马口铁、铝、纸板和塑料等包装材料的回收率要达到 80％。德国还根据各个行业的不同情况，制定了促进各行业垃圾再利用的法规，使饮料包装、废品、矿渣、废汽车、废旧电子产品都变废为宝。

1996 年 10 月，德国颁布了《循环经济和废弃物管理法》。该法的中心是产品责任制。即在产品生产和使用过程中要尽量避免废物的产生，在产品使用报废后可重新利用或其处理不会对环境产生消极影响。这一制度也成为德国循环经济的基础。由于产品制造和使用中消耗的能源以及产品生产中原料的流向，直接影响到是否能在不破坏环境的条件下实现可持续发展，所以在产品整个生命周期的所有阶段都要重视对环境的影响，尽可能避免废物的产生。生产者在开发和设计新产品时，要尽可能地节省材料；在生产过程中，避免产生更多的垃圾；在产品使用报废后，还要保证垃圾处理符合环保要求。产品责任制的特点就是要在设计、制造、利用和处理中都要考虑产品的环境因素，以及包括生态、经济和社会效益三大层面的有关要素。这一政策适用于所有的产品和所有种类的废弃物。旧器材和旧产品的再生利用可以提供大量的再生原材料以生产新产品，因此产品责任制不仅可以产生积极的生态效益，而且在经济上对生产者也有吸引力，这一点对缺少原材料的国家，具有特别的意义。

其他发达国家，如丹麦从 1987 年开始通过收取垃圾填埋税，到后来逐步提高垃圾填埋税，使废弃物的回收率大幅提高（见专栏 13-2）。这些经验，都可供发展中国家借鉴。

专栏 13-2　丹麦的垃圾填埋税政策使废弃物回收率大幅提高

丹麦是第一个征收垃圾填埋税的国家。1987 年约有 40％的垃圾在填埋场填埋。这一年开始，政府实施在垃圾处理费之外每吨另交 40 丹麦克朗税（6 美元）的政策。以后又不断提高垃圾填埋税的税率。1999 年，该税已增至每吨 375 丹麦克朗（57 美元）。随着垃圾填埋税的提高，垃圾填埋率不断下降，回收率不断提高。2003 年的垃圾回收利用率提高到为 65％，焚烧处理率 26％，只有 9％的垃圾被填埋。

图 13-1 说明了垃圾税与垃圾填埋下降之间的关系：随着填埋税的提高，循环利用率有所上升，而填埋率有所下降。

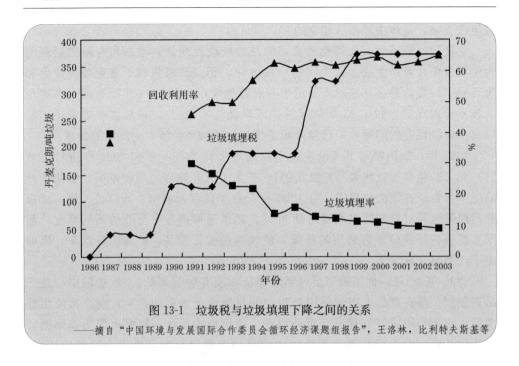

图 13-1　垃圾税与垃圾填埋下降之间的关系

——摘自"中国环境与发展国际合作委员会循环经济课题组报告",王洛林,比利特夫斯基等

13.3　我国发展循环经济的实践

13.3.1　我国循环经济发展概况

20 世纪 80 年代末,我国积极参与实施联合国环境规划署制定的《清洁生产计划》,工业污染防治战略开始从末端治理向清洁生产转移,逐步在全国范围内推进清洁生产,取得了良好的效果,并在发展中国家首先制定了《清洁生产促进法》。

20 世纪 90 年代末,从国外引入了循环经济的新理念,并且很快得到了最高领导层的重视。在 2002 年全球环境基金成员国会议上,江泽民同志发表了关于"只有走以最有效利用资源和保护环境为基础的循环经济之路,可持续发展才能得以实现"的重要讲话。

2003 年 3 月,胡锦涛总书记指出:"要加快转变经济增长方式,将循环经济的发展理念贯穿到区域经济发展、城乡建设和产品生产中,使资源得到最有效地利用。最大限度地减少废弃物排放,逐步使生态步入良性循环,努力建设环境保护模范城市、生态示范区、生态省。"各地纷纷响应,推行循环经济成为全国性的热潮。

2005 年 7 月,国务院正式发布了《国务院关于加快发展循环经济的若干意见》,对我国发展循环经济的目标、重点领域、管理政策等提出了原则性指导方针,要求各级政府和有关部门把发展循环经济作为编制有关规划的重要指导原则，用循环经济理念指导编制"十一五"规划和各类区域规划、城市总体规划，以及矿产资源可持续利用、节能、节水、资源综合利用等专项规划，并制定和实施循环经济推进计划。循环经济已经成为国家重大发展战略。全国各地已经行动起来，很多省、市、县已经制定了循环经济发展战略。

2005 年 10 月，国家发展和改革委员会、国家环保总局等 6 个部门联合选择了钢铁、有色、化工等 7 个重点行业的 42 家企业，再生资源回收利用等 4 个重点领域的 17 家单位，13 个不同类型的产业园区，涉及 10 个省份的资源型和资源匮乏型城市，开展第一批循环经济试点，目的是探索循环经济发展模式，推动建立资源循环利用机制。目前，我国正在开展第二批循环经济试点工作。

2006 年 10 月，中国共产党第十六届中央委员会第六次全体会议通过了《中共中央关于构建社会主义和谐社会若干重大问题的决定》，明确提出，"优化产业结构，发展循环经济，推广清洁生产，节约能源资源，依法淘汰落后工艺技术和生产能力，从源头上控制环境污染"。

2007 年 10 月，胡锦涛总书记在中国共产党第十七次全国代表大会上的报告明确指出，"建设生态文明，基本形成节约能源资源和保护生态环境的产业结构、增长方式、消费模式。循环经济形成较大规模，可再生能源比重显著上升。主要污染物排放得到有效控制，生态环境质量得到明显改善。生态文明观念在全社会牢固树立"。可见，循环经济已被提到党和国家重大战略决策层面上来，意义重大。

2008 年 9 月，《中华人民共和国循环经济促进法》正式颁布。

13.3.2　我国发展循环经济的特点

发达国家是在完成工业化，清洁生产技术与管理在生产领域已基本实现，这时传统的垃圾处理不能从根本上解决资源与环境问题的背景下，才提出了废弃物的循环利用问题。他们对循环经济的定义基本是以废弃物循环利用为特征的。尤其是日本，把废弃物收集、分类处理、循环利用的产业链，即所谓的"静脉产业"作为建立循环型社会的主要支撑。

在发达国家工业化时期，人类只有不到 1/5 的人口在搞工业化建设，资源充足，价格低廉。而今天的世界有超过一半的人口在进行工业化建设，发达国家的人均资源消耗依然保持在较高的水平。国际市场资源十分抢手，价格已被抬到很高的程度。所以循环经济在我国被赋予了不同的内涵，以减量化和资源高效利用为核心。保障经济发展的可持续性需要从源头上实现物质使用"减量化"，即要求用较少的原料和能源投入来达到既定的生产目的或消费目的，从经济活动的源头就注意节约资源和减少污染。

这里"减量"有绝对减量和相对减量两层意思：绝对减量指的是物质投入总量或废弃物产生总量的绝对减少；相对减量指的是创造单位经济产出所需的

物质投入量或废弃物产生量的减少。

"减量化"的实质是提高资源的产出效率和能源的利用效率，也就是要在保持国民经济快速增长的同时，资源、能源消耗量的增幅呈下降趋势。

"减量化"，具有丰富的科学内涵，可以从微观和宏观两个层面上来理解"减量化"。

微观层面上："减量化"是指各种产品或装置在设计、生产、流通以及使用等环节中要减少投入的原料量及产生的废物量，常常表现为要求产品或装置小型化和轻型化，要求产品的包装应该简单朴实而不是豪华浪费，等等。

宏观层面上："减量化"是指社会经济系统中的各种主要资源，包含矿产、能源和水等天然资源，以及钢铁、有色金属、水泥和化肥等材料消耗量的减量问题。社会经济系统中生产和消费环节的减量化原则常常表现为：

（1）生产环节。单位产品（如 1t 钢材、1t 铜材等）所需投入的原料（如矿石、能源、空气、水等）或产生废弃物（固体废物、废水、废气等）的减量。

（2）消费环节。单位经济产出（以 GDP 或 GNP、服务量等来衡量）所消耗的物质（能源、水、钢铁、有色金属、水泥、化肥等）或产生的废弃物（固体废物、废水、废气等）的减量。

美国 1930～2000 年 GDP 与单位 GDP 钢材消费量的变化如图 13-2 所示。

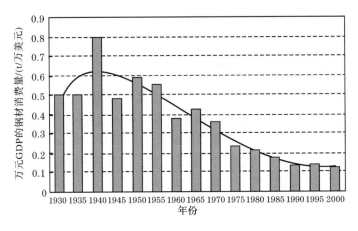

图 13-2　美国单位 GDP 钢材消费量的历史变化

（GDP 以 1995 年不变价格计算）

资料来源：（1）http://minerals. usgs. gov/minerals/pubs/commodity/steel/.

（2）http://www. bea. gov/bea/dn/home/gdp. htm/.

由图 13-2 可见，在此阶段单位 GDP 钢材消费量的最大值出现在 1940 年，其值为 0.796t/万美元；最小值出现在 2000 年，其值为 0.132t/万美元。钢材的使用效率提高了六倍多。

对于我国来说,"减量化"是第一位的。首先要考虑怎样减量化,然后才是再利用、资源化。产品是如此,废物也是如此。这是因为再利用是不得已的办法,如果一样东西的寿命很长,总也不坏,就不必再利用了。资源化是要花费资源、能源的,最好是少产生废物,资源化过程中的花费也就少了。我国正处于工业化的重要阶段,每年需要大量物质,资源消耗高;我国存在资源效率低、浪费大等问题。所以,我国发展循环经济,建设资源节约型、环境友好型社会,应将减量化放在突出的位置。

"减量化"是实现可持续发展的重要途径之一。它可以落实到不同层次的各个经济活动中去,可以"分解"到产品设计、制造、服务和使用等各个环节中去,具有可操作性。

13.3.3 我国循环经济工作内容

发展循环经济是我国经济社会发展的一项重大战略,应当遵循统筹规划、合理布局、因地制宜、注重实效、政府推动、市场引导,企业实施、公众参与的方针。

发展循环经济应在技术可行、经济合理和有利于节约资源、保护环境的前提下,按照减量化优先的原则实施。在废物再利用和资源化过程中,应当保障生产安全,保证产品质量符合国家规定的标准,并防止产生再次污染。国家、各级人民政府、企事业单位、公民等都应各司其职,其中:

(1) 国家应鼓励和支持开展循环经济科学技术的研究、开发和推广,鼓励开展循环经济宣传、教育、科学知识普及和国际合作;鼓励和支持行业协会在循环经济发展中发挥技术指导和服务作用;

(2) 县级以上人民政府应建立发展循环经济的目标责任制,采取规划、财政、投资、政府采购等措施,促进循环经济发展;

专栏 13-3 山东日照市的废石料循环利用

在山东省日照市有数十家小石材加工企业,这些企业基本上是以家庭为基础组建的,解决了大量的就业问题。每个小企业都产生数量不大的废弃碎石料,但大量小企业聚集产生的废弃石料的堆放将占用大量土地。如果强制性地要求每个小企业都必须处理自己产生的废弃物,每个企业都没有能力做到。因此,日照市环保局出面,支持成立了一家利用这些废弃碎石料生产人造石材的循环经济企业。环保局规定每家小企业必须将其产生的废弃碎石料运送到人造石材企业,并对他们免收排污费。新建的这家人造石材循环经济企业达到了规模经济水平,政府对其给予了税收优惠,使其能够获得市场平均利润。在政府的支持下,那些小石材加工企业得以继续生产,废物也得到了循环利用,环境得到了保护,经济实现了增长,增加了就业,循环经济企业也获得了经济效益。政府不但没有支出一分钱,反而增加了税收,形成了环境保护、就业增加、资源循环利用、经济增长多方共赢的良性循环。

——摘自 http://www.cciced.org/publications/doccollect/meeting05/200806/t20080624_149448.htm

（3）　企业事业单位应建立健全管理制度，采取措施，降低资源消耗，减少废物的产生量和排放量，提高废物的再利用和资源化水平；

专栏 13-4　钢铁行业发展循环经济潜力巨大

　　上海宝钢通过各种节能和循环利用的手段，吨钢能耗降低到 675kg 标准煤，比全国平均水平低约 10%，比 80 年代投产时的 1.2t 下降了将近一半；每吨钢耗新鲜水降低到 3.72m³，只有全国平均水平四分之一左右；高炉煤气放散率由以前的 10% 下降到 0.13%；通过资源的综合利用，宝钢的电力已经实现自给自足，在 2004 年还向社会供电 8.6 亿 kW·h；宝钢的矿渣已经基本全部回收利用。如果全国的钢铁厂都达到宝钢的水平，每年可以节约 2000 万 t 标准煤；30 亿 m³ 新鲜水；少排几十万吨 SO₂。

　　——摘自 http://www.cciced.org/publications/doccollect/meeting05/200806/t20080624 _ 149448.htm

---

（4）　公民应当增强节约资源和保护环境意识，合理消费，节约资源。鼓励和引导公民使用节能、节水、节材和有利于环境保护的产品及再生产品，减少废物的产生量和排放量。

从"减量化、再利用和资源化"角度来看，发展循环经济主要包含以下工作。

1）　减量化

限制、淘汰方面：禁止生产、进口、销售列入淘汰名录的设备、材料和产品，禁止使用列入淘汰名录的技术、工艺、设备和材料。

设计方面：从事工艺、设备、产品及包装物设计，应当按照减少资源消耗和废物产生的要求，优先选择采用易回收、易拆解、易降解、无毒无害或者低毒低害的材料和设计方案，并应当符合有关国家标准的强制性要求；对在拆解和处置过程中可能造成环境污染的电器电子等产品，不得设计使用国家禁止使用的有毒有害物质；设计产品包装物应当执行产品包装标准防止过度包装标准，防止过度包装造成资源浪费和环境污染。

节水方面：工业企业应当采取先进或者适用的节水技术、工艺和设备，制定并实施节水计划，加强节水管理，对生产用水进行全过程控制。

农业方面：县级以上人民政府及其农业等主管部门应推进土地集约利用，鼓励和支持农业生产者采用节水、节肥、节药的先进种植、养殖和灌溉技术，推动农业机械节能，优先发展生态农业；在缺水地区，应当调整种植结构，优先发展节水型农业，推进雨水集蓄利用，建设和管护节水灌溉设施，推进用水效率，减少水的蒸发和漏失。

此外，还包括节油、采矿、建筑业、农业、国家机关、服务行业、再生水、一次性消费品等领域，具体可参见我国的《循环经济促进法》。

2）　再利用和资源化

产业园区方面：应组织区内企业进行资源综合利用，促进循环经济发展。鼓励各类产业园区的企业进行废物交换利用、能量梯级利用、土地集约利用、水的分类利用和循环使用，共同使用基础设施和其他有关设施；新建和改造各类产业园区应当依法进行环境影响评价，并采取生态保护和污染控制措施，确保本区域的环境质量达到规定的标准。

企业方面：应按照国家规定，对生产过程中产生的粉煤灰、煤矸石、尾矿、废石、废料、废气等工业废物进行综合利用；发展串级用水系统和循环用水系统，提高水的重复利用率；采用先进或者适用的回收技术、工艺和设备，对生产过程中产生的余热、余压等进行综合利用；

农业方面：鼓励和支持农业生产者和相关企业采用先进或者适用技术，对农作物秸秆、禽畜粪便、农产品家工业副产品、废农药薄膜等进行综合利用，开发利用沼气等生物质能源。

此外，还包括建设单位、农业、林业、废物回收、电器电子产品、再制造和轮胎翻新、污泥等领域，具体可参见我国的《循环经济促进法》。

总之，建立循环经济，是一项十分艰巨的长期任务，涉及的问题很多，只有各行各业、社会各阶层、政府各部门共同努力，方能完成。在当前起步阶段，尤其要强调调查研究和理论工作，并在此基础上加强宣传、教育，以达成广泛的共识。只有这样，发展循环经济的目的和目标才能更加清晰，工作思路和工作步骤才能更加明确，大家的看法才能更加一致，循环经济才能健康的发展。国外的经验要借鉴，但从国情出发，研究我国怎样发展循环经济才是最重要的。

13.4　产品生命周期与 3R 原则

13.4.1　产品生命周期中 3R 原则的体现

产品的生命周期，包括生产→制造→包装、运输→使用→报废等阶段。减量化原则贯穿于产品整个生命周期。有些产品报废以后，还有可能再利用（含再制造），或者回收其中部分材料，把它们资源化重新作为原料使用，如图 13-3 所示。产品的再利用、再制造或资源化，与从头生产产品相比，能节约大量资源和能源，减少污染。例如电炉流程，以废钢为主要原料，是静脉工厂，与高炉-转炉流程相比，消耗的天然资源（铁矿石）很少，消耗的能源也少得多（约为 1/3）；污染也少得多。铝、铜等更是如此。

由图 13-3，从减量化、再利用和资源化（3R 原则）三方面来说，分别要做到：

（1）减量化方面。企事业单位应当采取措施降低资源消耗、减少废物的产生量和排放量，提高废物的再利用和资源化水平；各级政府、机关以及公民等应当增强节约资源和保护环境意识，合理消费，节约资源。

（2）再利用方面。消费群体应改变产品使用方式，尽可能多次并以多种方式使用自然资源和产品。通过再利用（含再制造），可以防止物品过早成为垃圾，延长产品和服务的寿命。

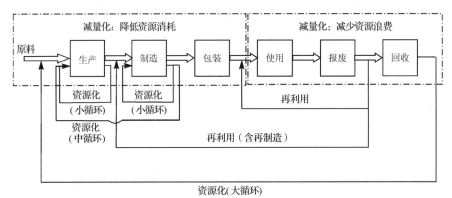

图 13-3　3R 原则在产品生命周期的体现

（3）资源化方面。通过把废弃物变成二次资源以减少最终处理量并减少一次资源的消耗量。它要求生产出来的物品在完成其使用功能后重新变成可以利用的资源，实现废弃物资源化。生产者应尽量利用二次资源代替自然资源，减少天然资源的消耗。

在发展循环经济时，要注意"减量化、再利用、资源化"三原则之间的优先排序问题。在整个经济系统中，首先应考虑的是"减量化"，也就是先要考虑尽可能减少天然资源的消耗量和废物产生量，然后才是这些废物的循环问题。在产品的使用和报废问题上，首先应考虑"再利用"，也就是先要考虑尽可能延长产品的使用寿命，减少一次性使用的产品，然后才是产品报废后的资源化问题。这些原则及其优先排序问题，在我国显得格外重要，其原因在于"减量化"程度还较低，不少产品在"再利用"、延长使用寿命方面考虑得还不够。

关于再制造，见专栏 13-5。

专栏 13-5　再　制　造

再制造是以废旧机电产品为对象，在保持零部件材质和形状基本不变的前提下，运用高技术进行修复、运用新的科技成果进行改造加工的过程。再制造虽然也要消耗部分能源、材料和一定的劳力投入，但是它充分挖掘了蕴涵在成型零件中的材料、能源和加工附加值，使经过再制造的产品性能达到或超过新品，而成本比制造新品降低很多。

在资源的流程中，再制造区别于再利用和再循环的主要特性是：再制造是以废旧机电产品为对象，在保持零（部）件材质和形状基本不变的前提下，运用高技术进行修复、运用新的科技成果进行改造，充分挖掘蕴涵于成型零（部）件中的材料、能源和加工附加值，使经过再制造的产品性能达到或超过新品，而成本是新品的50%、节能60%、节材70%以上，对保护环境贡献显著。再制造产品不是二手产品，而是新品。再制造的目标是尽可能地使"回炉"做原料或"深埋"处理掉的部分减到最小。再制造是采用高技术加工来实现上述指标的，它扩展了产品全寿命周期理论，是实现循环经济的重要举措。

再制造技术研究受到发达国家的高度重视。美国于 20 世纪 90 年代初建立了国家再制造与资源回收中心以及再制造研究所、再制造工业协会。美军是目前世界上最大的再制造受益者，它的车辆和武器通常使用再制造部件，不但节约了军用装备的制造费用，减少了备件库存，而且提高了装备的寿命和可维修能力。美国 2002 年再制造产业的年产值为美国 GDP 的 0.4%。

——摘自"再制造"，徐滨士，刘世参，史佩京

13.4.2　三个层面上的物质循环

在工业经济系统的物质流动中，有以下三种循环，或称三个层面上的物质循环（见图 13-3）：

（1）大循环——工业产品经使用报废后，其中部分物质返回原工业部门，作为原料，重新利用。关于大循环，见本书第 14 章。

实例：德国双轨制回收系统（DSD）——从大循环的角度，要大力发展废旧资源回收产业，只有这样才能在整个社会的范围内形成"自然资源—生产—消费—二次资源"的循环经济环路。在这方面，德国的 DSD 起了很好的示范作用。DSD 是一个专门对包装废弃物进行回收利用的公司，它接受有关企业的委托，组织收运者对他们的包装废弃物进行回收和分类，然后送至相应的资源再利用厂家进行循环利用，能直接回用的包装废弃物则送返制造商。DSD 系统的建立大大地促进了德国包装废弃物的回收利用。例如，玻璃、塑料、纸箱等包装物，德国政府曾规定回收利用率为 72%，1997 年已达到 86%；废弃物作为再生材料利用 1994 年为 52 万 t，1997 年达到了 359 万 t；包装垃圾已从过去每年1300 万 t 下降到现在的 500 万 t。

（2）中循环——企业之间的物质循环，例如，下游工业的废物返回上游工业，作为原料，重新利用；或者，扩而大之，某一工业的废物、余能，送往其他工业去加以利用。关于中循环，见本书第 15 章。

实例：卡伦堡生态工业园区模式——单个企业的清洁生产和厂内循环具有一定的局限性，因为它还可能会形成厂内无法消解的一部分废料和副产品，于是需要扩大范围到厂外去组织物料循环。生态工业园区就是在更大的范围内实施循环经济的法则，把不同的工厂联结起来形成共享资源和互换副产品的产业共生组合，使得这家工厂的废气、废热、废水、废物成为另一家工厂的原料和能源。丹麦卡伦堡是世界上工业生态系统运行最早的代表。这个生态工业园区的主体企业是发电厂、炼油厂、制药厂、石膏板生产厂等。以这些企业为中心，通过贸易方式利用对方生产过程中产生的废弃物和副产品。

（3）小循环——企业内部的物质循环，例如，下游工序的废物返回上游工序，作为原料，重新利用；水在企业内的循环；以及其他消耗品、副产品等在

企业内的循环。关于小循环，见本书第 16 章。

　　实例：杜邦化学公司模式——组织厂内的物料循环是循环经济在微观层次的基本表现。20 世纪 80 年代末美国杜邦公司的研究人员创造性地把 3R 原则发展成为与化学工业实际相结合的 "3R 制造法"，以达到少排放甚至零排放的环境保护目标。他们通过放弃使用某些环境有害型的化学物质、减少某些化学物质的使用量以及发明回收本公司产品的新工艺，到 1994 年已经使生产造成的塑料废弃物减少了 25％，空气污染物排放量减少了 70％。同时，还在废塑料如废弃的牛奶盒和一次性塑料容器中回收化学物质，并开发出了耐用的乙烯材料维克等新产品。

　　发展循环经济，对以上三种循环，都要重视。然而，比较起来，一般更加重视的是大循环，甚至在有些文献中说物质循环，主要就是指大循环。这是因为：在经济规模基本稳定的情况下，大循环在提高资源效率方面的作用很大。然而，由于我国经济正处在高速增长期，情况比较特殊（见本书 14.2 节）。对以上三种循环持同等重视的态度，可能是较为正确的。

主要参考文献

冯之浚. 2004. 循环经济导论. 北京：人民出版社

季昆森. 2004. 循环经济原理与应用. 合肥：安徽科学技术出版社

陆钟武. 2003. 关于循环经济几个问题的分析研究. 环境科学研究，16(5)：1～5，10

陆钟武. 2005. 关于进一步做好循环经济规划的几点看法. 环境保护，(1)：14～17，25

陆钟武. 2006. 谈企业发展循环经济. 企业管理，(2)：56～60

吴季松. 2003. 循环经济－全面建设小康社会的必由之路. 北京：北京出版社

赵新良，马桂新. 2007. 循环经济论纲. 沈阳：辽宁人民出版社

中国环境与发展国际合作委员会. 2005. 给中国政府的环境与发展政策建议. 北京：中国环境科学出版社

中国循环经济发展论坛组委会. 2004. 中国循环经济发展论坛 2004 年会论文集，上海

中华人民共和国第十一届全国人民代表大会常务委员会. 2008. 中华人民共和国循环经济促进法. 北京：中国法制出版社

周宏春，刘燕华等. 2005. 循环经济学. 北京：中国发展出版社

诸大建. 2006. 建设基于循环经济新模式的全面小康社会// 钱易. 清洁生产与循环经济——概念、方法和案例. 北京：清华大学出版社，8：34～39

复习思考题

1. 何谓 "循环经济"？发展循环经济要遵循的主要原则是什么？你对循环经济是怎样理解的？

2. 分别收集 2～3 个国、内外比较典型的循环经济型企业或生态工业园，分析它们的形成机制。

3. 你觉得在发展循环经济方面，企业和政府分别应该扮演怎样的角色，发挥怎样的作用？

第14章　社会层面上的物质循环

社会层面上的物质循环是大循环。要注意：有些工业物质是适宜于大循环的，另一些是不适宜或根本不可能进入大循环的。在这方面，工业物质划分为以下三类：

第一类。这类物质的大循环，在技术上是可行的，在经济上也是合算的。例如，各种金属（以金属结构材料为主）、玻璃、纸张、催化剂及塑料等。

第二类。这类物质的大循环，在技术上是可行的，但在经济上不一定合算。其中包括一些建筑材料和包装材料、制冷剂、溶剂等。

第三类。这类物质几乎是无法进入大循环的。如表面涂层、颜料、油漆、染料、杀虫剂、除草剂、杀菌剂、防腐剂、聚凝剂、防冻剂、燃料、炸药、推进剂、阻燃剂、试剂、清洁剂、化肥、润滑剂等化工产品。

发展循环经济过程中，对于以上三类物质应采取不同的对策：①要使第一类物质得到尽可能充分的循环；②要研究第二类物质的循环技术，使之适宜于循环；③要研究第三类物质的代用品，或替代方法。例如，用生物法杀虫，替代杀虫剂等。

研究社会层面上的物质循环，所使用的主要工具是物质流分析模型。本章将着重阐明陆钟武提出的物质流分析模型。关于物质流分析的其他各种模型，读者可参见本章主要参考文献。

14.1　物质流分析模型

物质流分析（substance flow analysis，SFA）是在一个国家或一个地区范围内，对特定的某种物质（如铁、铝、铜等）进行工业代谢研究的有效手段。所谓工业代谢是指将原料和能源转变成最终产品和废物的过程中，一系列相互关联的物质变化的总称。所以，物质流分析的任务是弄清楚与这些物质变化有关的各股物流的状况，以及它们之间的相互关系。其目的是从中找到节省天然资源、改善环境的途径，有理有据地提出供决策者参考的建议，以推动工业系统向可持续发展方向转化。

陆钟武的"具有时间概念的钢铁产品生命周期的铁流分析模型"如图14-1所示。选定的观察对象是一个国家或地区在某一年（第τ年）内生产的全部钢铁产品，进出口未考虑。图中所标出的各股物流的流量，都不是实物流量，而是按各种实物的铁含量分别折算成的铁流量。

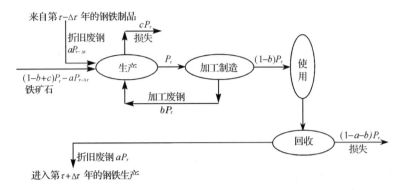

图 14-1   钢铁产品生命周期的铁流分析模型（单位：t/a）

图中，第 τ 年的钢铁产品产量为 P_τ t，经加工制造阶段后，形成的钢铁制品量为 $(1-b) \times P_\tau$ t，同时产生加工废钢 $b \times P_\tau$ t。这些加工废钢全部返回生产阶段，重新处理。钢铁产品经使用 $\Delta\tau$ 年后报废，形成折旧废钢 $a \times P_\tau$ t。这些折旧废钢作为原料进入第 $\tau+\Delta\tau$ 年的钢铁生产过程。与此同时，$(1-a-b) \times P_\tau$ t 废弃物未被回收，而进入环境之中。

同理，进入第 τ 年钢铁生产中去的折旧废钢 $a \times P_{\tau-\Delta\tau}$ t，是从第 $\tau-\Delta\tau$ 年的钢铁产品中演变过来的。

第 τ 年钢铁生产的各种排放物为 $c \times P_\tau$ t。

按铁元素平衡可知，第 τ 年钢铁生产还需铁矿石 $[(1-b+c) \times P_\tau - a \times P_{\tau-\Delta\tau}]$ t。

请注意，图 14-1 中有以下几点假设：①加工废钢是在钢铁产品生产出来的同一年就返回生产阶段去重新处理的；②钢铁产品的平均使用寿命是 $\Delta\tau$ 年；③回收的折旧废钢是在产品报废的当年，即第 $\tau+\Delta\tau$ 年，就返回钢铁生产中去的；④折旧废钢的回收率 a 值不随时间而变。

现就 a、b、c 三个参数的定义和计算式，作如下说明。

为此，令第 τ 年的钢铁生产过程中使用的折旧废钢量为

$$A = a \times P_{\tau-\Delta\tau}$$

第 τ 年钢铁制品制造过程中产生的加工废钢量为

$$B = b \times P_\tau$$

第 τ 年钢铁生产过程中的铁损失量为

$$C = c \times P_\tau$$

以上三式可分别改写为

$$a = \frac{A}{P_{\tau-\Delta\tau}} \tag{14-1a}$$

$$b = \frac{B}{P_\tau} \tag{14-1b}$$

$$c = \frac{C}{P_\tau} \tag{14-1c}$$

式（14-1a）、式（14-1b）和式（14-1c）分别是 a、b、c 三个系数的定义式。

现对系数 a 做进一步说明。系数 a 是铁的循环率，因为它说明的是在 $P_{\tau - \Delta \tau}$ 吨钢铁产品中，得到循环利用的那一部分废钢所占的比例，其值恒小于 1。必须提醒读者，在不同的文献中，物质循环率的定义很不相同，不可混淆。

在铁流分析模型中，$P_{\tau - \Delta \tau}$ 与 P_τ 的比值，说明了在 $\Delta \tau$ 年内产品产量的变化。所以，可以用它作为物流非稳态程度的判据。故令

$$p = \frac{P_{\tau - \Delta \tau}}{P_\tau} \tag{14-2}$$

并称之为物流的非稳度。稳态物流的 $p=1$；非稳态物流的 $p \neq 1$；产量增长的物流 $p<1$；产量下降的物流 $p>1$。

14.2　物质流分析指标

图 14-1 中，包含五个变量，即：P_τ、$P_{\tau - \Delta \tau}$、a、b 和 c。由这五个变量可以得到铁流分析的资源和环境指标。

1）废钢指数

第 τ 年的废钢指数，等于第 τ 年钢铁生产阶段使用的折旧废钢和加工废钢之和（$a \times P_{\tau - \Delta \tau} + b \times P_\tau$）与当年钢铁产量 P_τ 的比值，用 S_τ 来表示，即

$$S_\tau = \frac{a \times P_{\tau - \Delta \tau} + b \times P_\tau}{P_\tau} \tag{14-3}$$

或

$$S_\tau = a \times \frac{P_{\tau - \Delta \tau}}{P_\tau} + b = a \times p + b \tag{14-3'}$$

由式（14-3）或式（14-3'）定义的废钢指数可以判断第 τ 年钢铁工业废钢资源的充足程度。废钢指数越大，废钢资源越充足；废钢指数越小，废钢资源越短缺。

一个国家钢铁产量的变化对废钢指数 S_τ 有很大的影响。由式（14-3）或式（14-3'）可得

——如果钢铁产量保持稳定，即 $P_\tau = P_{\tau - \Delta \tau}$ 或 $p=1$，$S_\tau = a+b$；

——如果钢铁产量增长，即 $P_\tau > P_{\tau - \Delta \tau}$ 或 $p<1$，$S_\tau < a+b$；

——如果钢铁产量下降，即 $P_\tau < P_{\tau - \Delta \tau}$ 或 $p>1$，$S_\tau > a+b$。

由式（14-3）或式（14-3'）可知，如果 $a=0$，p 的数值对 S_τ 的大小没有影响，此时 $S_\tau = b$。如果 $a=1$，p 的数值对 S_τ 的大小影响最为显著，此时，$S_\tau = p+b$。

式（14-3′）是废钢指数 S_τ 与 p、a、b 三个变量之间的关系式。为了更清楚地了解该式所描述的主要规律，设 $b=0.05$，则式（14-3′）化简为

$$S_\tau = a \times p + 0.05 \qquad\qquad (14\text{-}3'')$$

按上式作图，得图 14-2。该图横坐标为铁的循环率 a，纵坐标为废钢指数 S，图中每一条直线对应一个 p 值。

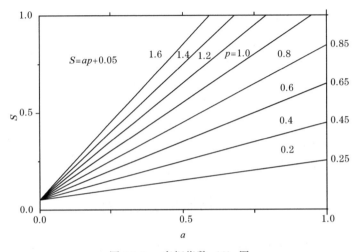

图 14-2　废钢指数（S）图

由 $p<1$ 的四条直线可见，提高 a 值，可使 S 值上升，但上升幅度较小。在极端情况下，即使 $a=1.0$，废钢指数 S 值也只能分别达到 0.25、0.45、0.65 和 0.85。

当 $p=1$ 时，直线的斜率较大，当 a 值提高到 0.95 时，S 值就等于 1.0。

$p=1.2$、1.4、1.6 三条曲线的斜率更大，按式（14-3″）计算，这三条线与 $S=1.0$ 横线相交处的 a 值分别为 0.79、0.68 和 0.59。

总之，在研究废钢指数时，不仅要考虑 a、b 等变量，而且还要把 p 这个重要因素考虑在内。在其他条件相同时，钢铁产品产量增长的情况下，废钢指数最低，而且产量增长越快，越是如此；产量下降的情况下，废钢指数最高，而且下降得越快，越是如此；产量保持不变的情况居中。这条规律，在考察各国钢铁工业废钢资源的充足程度时，是不可不特别关注的。否则，不可能正确地理解为什么有些国家钢铁工业的废钢资源充足，或者很充足，而另一些国家则废钢短缺，或严重短缺。

2）铁矿石指数

第 τ 年的铁矿石指数，等于第 τ 年钢铁生产阶段使用的铁矿石量[$(1-b+c) \times P_\tau - a \times P_{\tau-\Delta\tau}$]与当年钢铁产量 P_τ 的比值，用 R_τ 来表示，即

$$R_\tau = \frac{(1-b+c) \times P_\tau - a \times P_{\tau-\Delta\tau}}{P_\tau} \tag{14-4}$$

或

$$R_\tau = 1 - a \times \frac{P_{\tau-\Delta\tau}}{P_\tau} - b + c = 1 - a \times p - b + c \tag{14-4'}$$

由式（14-4）或式（14-4'）定义的铁矿石指数可以判断第 τ 年钢铁工业对铁矿石的依赖程度。铁矿石指数越大，钢铁工业越依赖于铁矿石等天然资源。

将废钢指数的定义式（14-3'）代入铁矿石指数的定义式（14-4'）中，可以得到铁矿石指数 R_τ 和废钢指数 S_τ 之间的关系式为

$$R_\tau = 1 + c - S_\tau \tag{14-5}$$

由式（14-5）可见，在 c 一定的情况下，废钢指数 S_τ 越大，铁矿石指数 R_τ 越小。

一个国家钢铁产量的变化对铁矿石指数 R_τ 有很大的影响。由公式（14-4）或式（14-4'）可得

——如果钢铁产量保持稳定，即 $P_\tau = P_{\tau-\Delta\tau}$ 或 $p=1$，$R_\tau = 1-a-b+c$；

——如果钢铁产量增长，即 $P_\tau > P_{\tau-\Delta\tau}$ 或 $p<1$，$R_\tau > 1-a-b+c$；

——如果钢铁产量下降，即 $P_\tau < P_{\tau-\Delta\tau}$ 或 $p>1$，$R_\tau < 1-a-b+c$。

由式（14-4）或式（14-4'）可知，如果 $a=0$，p 的数值对 R_τ 的大小没有影响，此时 $R_\tau = 1-b+c$。如果 $a=1$，p 的数值对铁矿石指数 R_τ 的大小影响最为显著，此时 $R_\tau = 1-p-b+c$。

总之，在研究铁矿石指数时，不仅要考虑 a、b、c 等变量，而且还要把 p 这个重要因素考虑在内。在其他条件相同时，钢铁产品产量增长的情况下，铁矿石指数最高，而且产量增长越快，越是如此；产量下降的情况下，铁矿石指数最低，而且下降得越快，越是如此；产量保持不变的情况居中。这说明钢铁产量增长时，只能主要依靠铁矿石等天然资源。

3）铁损失指数

铁损失指数，等于钢铁产品在一个生命周期内损失的铁量 $[(1-a-b) \times P_\tau + c \times P_\tau]$ 与第 τ 年钢铁产量 P_τ 的比值，用 Q_τ 来表示，即

$$Q_\tau = \frac{(1-a-b) \times P_\tau + c \times P_\tau}{P_\tau} \tag{14-6}$$

或

$$Q_\tau = 1 - a - b + c \tag{14-6'}$$

由式（14-6'）可见，Q_τ 是 a、b 和 c 的函数。c 越大，a 和 b 越小，铁损失指数 Q_τ 越大。

由式（14-4'）和式（14-6'），可得铁损失指数 Q_τ 和铁矿石指数 R_τ 之间的关

系式为

$$Q_\tau = R_\tau + a \times \left(\frac{P_{\tau-\Delta\tau}}{P_\tau} - 1 \right) \qquad (14\text{-}7)$$

由式（14-7）可得，如果 $P_{\tau-\Delta\tau} = P_\tau$ 或 $a = 0$，铁损失指数 Q_τ 和铁矿石指数 R_τ 相等。也就是说，如果钢铁产量保持稳定或报废制品没有回收利用，钢铁生产中使用的铁矿石中的铁与钢铁产品一个生命周期内的铁损失量在数量上相等。

4）铁资源效率

铁资源效率，等于第 τ 年的钢铁产量 P_τ 与当年钢铁生产阶段使用的铁矿石量 $[(1-b+c) \times P_\tau - a \times P_{\tau-\Delta\tau}]$ 的比值，用 r_τ 来表示。可见，铁资源效率就是投入单位铁矿石所能生产出来的钢铁产品量。所以，事实上，R_τ 的倒数就是铁的资源效率 r_τ，即

$$r_\tau = \frac{1}{R_\tau} \qquad (14\text{-}8)$$

将式（14-4′）代入式（14-8），得

$$r_\tau = \frac{1}{1 - a \times p - b + c} \qquad (14\text{-}8')$$

式（14-8′）是铁的资源效率 r 与 p、a、b、c 四个变量之间的关系式。为了更清楚地了解该式所描述的主要规律，设 $b=c$，则式（14-8′）化简为

$$r_\tau = \frac{1}{1 - a \times p} \qquad (14\text{-}8'')$$

按式（14-8″）作图，得图 14-3，该图横坐标为铁的循环率 a，纵坐标为铁资源效率 r，图中每一条曲线对应一个 p 值。

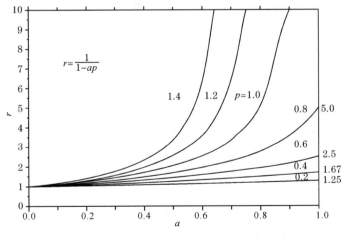

图 14-3　资源效率（r）图

由 $p<1$ 的各条曲线可见，提高 a 值可使 r 值上升，但上升幅度较小。即使 $a=1.0$，在 $p=0.2$、0.4、0.6、0.8 四种情况下，r 也只能分别达到 1.25、1.67、2.50、5.00。

由 $p=1$ 曲线可见，在提高 a 值的过程中，r 值上升较快，而且越来越快。式（14-8″）表明，在极端情况下，$a=1$ 而 $r=\infty$。

由 $p>1$ 的两条曲线可见，在提高 a 值的过程中，r 值的上升比 $p=1$ 时更快。在 $p=1.2$、1.4 两种情况下，按式（14-8″）计算，当 a 值分别达到 0.833 和 0.714 时，r 值已趋近 ∞。

此外，必须指出，图 14-3 是在假设 $c=b$ 的条件下画出来的，所以 r 值都在 1.0 以上，然而，在 $c>b$，而且 a 值较低时，很可能出现 $r<1$ 的情况。

总之，在研究铁资源效率时，不仅要考虑 a、b、c 等变量，而且还要把 p 这个重要因素考虑在内。在其他条件相同时，钢铁产品产量增长的情况下，铁资源效率最低，而且产量增长得越快，越是如此；产量下降（或不久前曾下降）的情况下，资源效率最高，而且下降得越快（或下降幅度越大），越是如此；产量保持不变的情况居中。这条规律，在考察各国铁资源效率的高低时，是不可不特殊关注的；否则可能会得出不客观的结论。

5）铁环境效率

铁环境效率，等于第 τ 年的钢铁产量 P_τ 与钢铁产品一个生命周期内损失的铁量 $[(1-a-b)\times P_\tau+c\times P_\tau]$ 的比值，用 q_τ 来表示。可见，铁环境效率就是单位铁的损失量所能生产出来的钢铁产品量。所以，事实上，Q_τ 的倒数就是铁的环境效率 q_τ，即

$$q_\tau = \frac{1}{Q_\tau} \tag{14-9}$$

将式（14-6′）代入式（14-9），得

$$q_\tau = \frac{1}{1-a-b+c} \tag{14-9'}$$

必须指出，式（14-3）～式（14-9）不仅适用于以钢铁产品为对象的物流，而且也适用于针对其他产品的物流。

14.3　计算例题

根据图 14-1 所示的铁流分析模型，下面给出三个例子。它们共同的假设条件是：$\Delta\tau=20$ 年，$a=0.40$，$b=0.05$，$c=0.10$。三个例子的差别在于钢铁产量的变化情况不同。

例 14-1. 某国钢铁产量 2005 年前的 20 多年时间里一直稳定在 $100\times10^6\,\mathrm{t/a}$。

绘制出 2005 年的钢铁产品生命周期铁流图，并计算 2005 年的废钢指数、铁矿石指数、铁损失指数、铁资源效率和铁环境效率。

解：2005 年设定为基准年 τ。$\Delta\tau=20$，故 $\tau-\Delta\tau$ 年为 1985 年。钢铁产量 2005 年前 20 多年时间里一直稳定在 100×10^6 t/a，故 $P_{2005}=P_{1985}=100\times10^6$ t/a。

将 $a=0.40$，$b=0.05$，$c=0.10$，$P_{2005}=P_{1985}=100\times10^6$ 代入图 14-1，得到图 14-4。

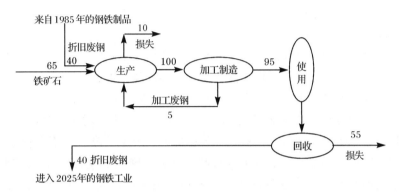

图 14-4　例 14-1 的铁流分析图（单位：10^6 t/a）

图 14-4 所示为 2005 年钢铁产品生命周期的铁流分析图。2005 年，钢铁工业消耗了 65×10^6 t 的铁矿石，40×10^6 t 的折旧废钢（来源于 1985 年的钢铁制品）。加工制造阶段产生的 5×10^6 t 加工废钢进入钢铁生产阶段。

2005 年的钢铁制品演变成的折旧废钢量中有 40×10^6 t，将会进入 2025 年的钢铁工业。

根据公式 (14-3)，2005 年的废钢指数为
$$S_{2005}=\frac{(40+5)\times10^6}{100\times10^6}=0.45$$

根据公式 (14-4)，2005 年的铁矿石指数为
$$R_{2005}=\frac{65\times10^6}{100\times10^6}=0.65$$

根据公式 (14-6)，2005 年的铁损失指数为
$$Q_{2005}=\frac{(10+55)\times10^6}{100\times10^6}=0.65$$

根据公式 (14-8)，2005 年的铁资源效率为
$$r_{2005}=\frac{1}{R_{2005}}=\frac{1}{0.65}=1.54$$

根据公式 (14-9)，2005 年的铁环境效率为
$$q_{2005}=\frac{1}{Q_{2005}}=\frac{1}{0.65}=1.54$$

例 14-2. 某国钢铁产量快速增长，1985 年时钢铁产量为 45×10^6 t，2005 年时为 350×10^6 t。绘制出 2005 年的钢铁产品生命周期铁流图，并计算 2005 年的废钢指数、铁矿石指数、铁损失指数、铁资源效率和铁环境效率。

解： 将 $a = 0.40$，$b = 0.05$，$c = 0.10$，$P_{2005} = 350 \times 10^6$ t/a，$P_{1985} = 45 \times 10^6$ t/a 代入图 14-1，得到图 14-5。

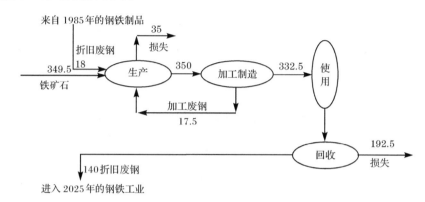

图 14-5 例 14-2 的铁流分析图（单位：10^6 t/a）

根据公式（14-3），2005 年的废钢指数为

$$S_{2005} = \frac{(18 + 17.5) \times 10^6}{350 \times 10^6} = 0.10$$

根据公式（14-4），2005 年的铁矿石指数为

$$R_{2005} = \frac{349.5 \times 10^6}{350 \times 10^6} = 1.00$$

根据公式（14-6），2005 年的铁损失指数为

$$Q_{2005} = \frac{(35 + 192.5) \times 10^6}{350 \times 10^6} = 0.65$$

根据公式（14-8），2005 年的铁资源效率为

$$r_{2005} = \frac{1}{R_{2005}} = \frac{1}{1.00} = 1.00$$

根据公式（14-9），2005 年的铁环境效率为

$$q_{2005} = \frac{1}{Q_{2005}} = \frac{1}{0.65} = 1.54$$

例 14-3. 某国钢铁产量下降，1985 年时钢铁产量为 130×10^6 t，2005 年时为 90×10^6 t。绘制出 2005 年的钢铁产品生命周期铁流图，并计算 2005 年的废钢指数、铁矿石指数、铁损失指数、铁资源效率和铁环境效率。

解： 将 $a = 0.40$，$b = 0.05$，$c = 0.10$，$P_{2005} = 90 \times 10^6$ t/a，$P_{1985} = 130 \times 10^6$ t/a 代入图 14-1，得到图 14-6。

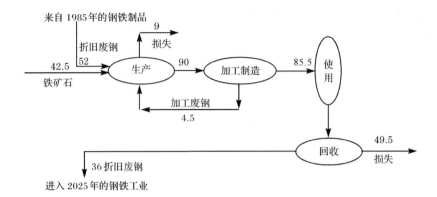

图 14-6　例 14-3 的铁流分析图（单位：10^6 t/a）

根据公式（14-3），2005 年的废钢指数为

$$S_{2005}=\frac{(52+4.5)\times10^6}{90\times10^6}=0.63$$

根据公式（14-4），2005 年的铁矿石指数为

$$R_{2005}=\frac{42.5\times10^6}{90\times10^6}=0.47$$

根据公式（14-6），2005 年的铁损失指数为

$$Q_{2005}=\frac{(9+49.5)\times10^6}{90\times10^6}=0.65$$

根据公式（14-8），2005 年的铁资源效率为

$$r_{2005}=\frac{1}{R_{2005}}=\frac{1}{0.47}=2.13$$

根据公式（14-9），2005 年的铁环境效率为

$$q_{2005}=\frac{1}{Q_{2005}}=\frac{1}{0.65}=1.54$$

将上面三个例子的计算结果汇总，得到表 14-1。

表 14-1　例 14-1、例 14-2、例 14-3 的计算结果汇总

参数	例 14-1	例 14-2	例 14-3
废钢指数 S_τ	0.45	0.10	0.63
铁矿石指数 R_τ	0.65	1.00	0.47
铁损失指数 Q_τ	0.65	0.65	0.65
铁资源效率 r_τ	1.54	1.00	2.13
铁环境效率 q_τ	1.54	1.54	1.54

上述三例中，废钢指数 S_τ、铁矿石指数 R_τ 和铁资源效率 r_τ 差别很大，原因只有一个，那就是钢铁产量的变化趋势不同。铁损失指数 Q_τ 和铁环境效率 q_τ 相同，原因在于 Q_τ 仅与 a、b 和 c 等参数有关，钢铁产量的变化对 Q_τ 没有影响。

例 14-2 中，钢铁产量快速增长，所以废钢指数 S_τ 较低，铁矿石指数 R_τ 较高，铁资源效率 r_τ 较低。例 14-3 中，钢铁产量下降，所以废钢指数 S_τ 较高，铁矿石指数 R_τ 较低，铁资源效率 r_τ 较高。例 14-1 中，钢铁产量保持不变，所以废钢指数 S_τ、铁矿石指数 R_τ 和铁资源效率 r_τ 均居中。

14.4　废钢指数应用实例

钢铁工业的主要铁源有两个：一是铁矿石，二是废钢。前者是自然资源，而后者是回收的再生资源。

钢铁工业应尽可能少用铁矿石，多用废钢，这样不仅有利于保存资源，而且还有利于节约能源，减少污染。

在钢铁联合企业，提高转炉炉料的废钢比，是少用铁矿石的重要途径。电炉钢厂，以废钢为主要原料，在这方面更具优势。而且，电炉钢厂占地面积小，投资低，很具有吸引力。

但是，提高转炉炉料的废钢比和发展电炉钢厂的前提条件，是要有充足的废钢资源。否则，在废钢短缺、价格昂贵的情况下，要钢铁工业多用废钢，只能是一个良好的愿望。

世界各国、各地区，废钢资源的实际情况差别很大。有的国家（地区）废钢资源较充足，价格较低。在这种情况下，当然可以多建些电炉钢厂；转炉也可以多吃些废钢。例如美国就属于这种情况，其电炉钢比高达 45% 以上。而有的国家（地区）废钢资源不足，价格较高。在这种情况下，不可能大力发展电炉钢厂，转炉也不可能多吃废钢，例如，中国就属于这种情况，其电炉钢比徘徊在 15% 上下。

由此可见，废钢资源状况是决定一个国家（地区）钢铁工业总体结构，尤其是流程结构的一个主要因素。当然，电价问题也是一个重要因素。如果电价很高，电炉钢的发展必然会受到影响。

14.4.1　几种不同来源的废钢

对于一个国家来说，其钢铁工业的废钢资源，按其来源划分，有以下几种：

（1）自产废钢——来自钢铁企业内部炼钢、轧钢等工序的切头、切尾、残钢、轧废等。这些废钢叫做自产废钢，又称"内部废钢"。

　　自产废钢通常只是在本企业内部循环利用，不进入市场流通。

　　(2)　加工废钢——来自国内制造加工工业的废钢（即加工铁屑），叫做加工废钢。

　　加工废钢通常在较短的时间内就能返回钢铁工业，所以又称"短期废钢"。

　　(3)　折旧废钢——国内的各种钢铁制品（如机器设备、车辆、容器、家用电器等），在使用寿命终了并报废后形成的废钢，叫做折旧废钢。

　　从钢铁工业生产出来的钢，最后变成折旧废钢，一般要经过一段较长的时间（十年以上）。所以，折旧废钢又称"长期废钢"。

　　从钢演变成折旧废钢，要经过一段较长的时间，也就是说，这中间有一个"时间差"。这虽然是极普通的常识，但是，这是一个很重要的概念。在研究钢铁工业的废钢资源时，只有引入这个"时间差"概念，才能把问题弄清楚。否则，研究工作将毫无收获。

　　在数量上，折旧废钢量远大于加工废钢量。前者往往是后者的好几倍。所以，在研究废钢资源问题时，要特别注重折旧废钢。

　　(4)　进口废钢——这是从国外进口的废钢。

　　以上四种不同来源的废钢，主要供钢铁工业的炼钢厂使用。如有剩余，可向国外出口。

14.4.2　实例——中、日、美三国废钢指数的估算

　　1)　钢产量的变化情况

　　中、日、美三国钢产量的变化情况：①中国的钢产量一直在增长，尤其是近 20 年来更是高速增长；②20 世纪末的 30 年来，日本的钢产量基本上是稳定的；③美国的钢产量在 20 世纪 70 年代末大幅度下降，如图 14-7 所示。

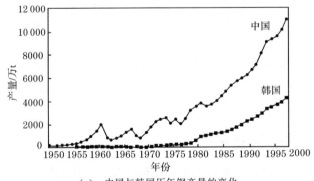

（a）　中国与韩国历年钢产量的变化

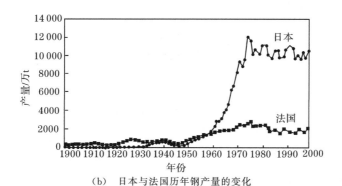

（b）　日本与法国历年钢产量的变化

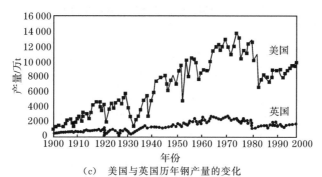

（c）　美国与英国历年钢产量的变化

图 14-7　中、日、美等国钢产量的变化

2)　废钢指数的估算方法

钢铁工业废钢指数可按下述方法进行估算。

一个国家废钢资源的收支平衡关系如表 14-2 所示。

表 14-2　一个国家废钢资源的收支平衡关系

收入项		支出项	
代号	名称	代号	名称
(1)	折旧废钢 ⎫ 采购废钢	(5)	出口废钢
(2)	加工废钢 ⎭	(6)	废钢消耗
(3)	内部废钢（钢厂自产）		
(4)	进口废钢		

在统计期内，若废钢收支平衡，则有

$$(1)+(2)+(3)+(4)=(5)+(6)$$

若收支不平衡，则废钢库存量发生变化。本小节将在废钢收支平衡情况下推算钢铁工业的废钢指数。

按上式，采购废钢量（折旧废钢＋加工废钢）等于

$$(1)+(2)=(5)+(6)-(4)-(3)$$

故废钢指数等于

$$S = \frac{(1) + (2)}{统计期内钢产量}$$

或

$$S = \frac{(6) + (5) - (4) - (3)}{统计期内钢产量}$$

3) 中、日、美三国的废钢指数

按上述方法计算的中、日、美三国钢铁工业的废钢指数，分别见于表 14-3、表 14-4、表 14-5。

表 14-3　中国钢铁工业废钢指数的估算表

年份	(6) 废钢消耗 /千 t	(4) 进口废钢 /千 t	(3) 内部废钢 /千 t	(6)-(4)-(3) /千 t	钢产量 /千 t	$S = \dfrac{(6)-(4)-(3)}{钢产量}$
1988	20 550	96	9638	10 816	59 430	0.1820
1989	22 000	49	9662	12 289	61 580	0.1996
1990	23 780	155	10 110	13 525	66 340	0.2039
1991	24 750	134	10 589	14 027	71 000	0.1976
1992	28 260	1498	11 193	15 569	80 930	0.1924
1993	31 760	3130	11 660	16 970	89 530	0.1895
1994	36 000	2200	16 000	17 800	92 610	0.1922
1995	28 950	1350	17 300	10 300	95 360	0.1080
1996	27 900	1280	16 800	9820	101 230	0.0970
1997	28 000	1819	17 200	8981	108 910	0.0830

注：(1) 各年份的内部废钢量取自中国废钢铁协会提供的资料。出口废钢量很小，故未计入。

(2) 1995 年以来 S 值降至 0.10～0.11 之间，原因待查。

表 14-4　日本钢铁工业废钢指数的估算表

年份	(6) 废钢消耗 /千 t	(5) 出口废钢 /千 t	(4) 进口废钢 /千 t	(3) 内部废钢 /千 t	(6)+(5)-(4) -(3)/千 t	钢产量 /千 t	$S = \dfrac{(6)+(5)-(4)-(3)}{钢产量}$
1988	42 976	416	1549	5160	36 683	108 000	0.3400
1989	45 836	586	889	5520	40 013	110 000	0.3638
1990	48 254	395	1048	5760	41 841	110 300	0.3793
1991	47 438	363	821	5700	41 280	109 600	0.3766
1992	42 748	1725	328	5100	39 045	98 100	0.3980
1993	43 126	1178	913	5160	38 231	99 600	0.3838
1994	43 121	969	1069	5160	37 861	98 300	0.3852
1995	43 807	912	1209	5280	38 230	101 600	0.3763
1996	43 936	1993	375	5280	39 193	98 800	0.3967
1997	46 933	2313	415	5640	43 191	104 500	0.4133

注：各年份的内部废钢量是按废钢消耗量的 12% 估算的，即 (3) = (6) × 0.12。

表 14-5　美国钢铁工业废钢指数的估算表

年份	(6) 废钢消耗 /千 t	(5) 出口废钢 /千 t	(4) 进口废钢 /千 t	(3) 内部废钢 /千 t	(6)+(5)-(4) -(3)/千 t	钢产量 /千 t	$S=\dfrac{(6)+(5)-(4)-(3)}{钢产量}$
1988	69 692	9160	941	9757	68 154	90 700	0.7514
1989	65 507	12 070	1016	9171	67 390	88 900	0.7580
1990	64 656	11 580	1292	9052	65 892	89 700	0.7346
1991	62 884	9345	1073	8804	62 352	79 700	0.7823
1992	63 228	9203	1279	8852	62 300	84 300	0.7390
1993	67 472	9869	1545	9446	66 350	88 800	0.7472
1994	69 300	8839	1877	9700	66 560	91 200	0.7298
1995	60 300	10 439	2119	8442	60 178	95 200	0.6321
1996	55 700	8443	2604	7798	53 741	95 500	0.5627
1997	59 000	8932	2866	8260	56 806	98 500	0.5767

注：各年份的内部废钢量是按废钢消耗量的 14% 估算的，即 (3)=(6)×0.14。

按照上述方法，1988～1997 十年间，中、日、美三国废钢指数的估算值在以下范围内波动。

中国：$S=0.18\sim0.20$；

日本：$S=0.35\sim0.40$；

美国：$S=0.60\sim0.75$。

三国废钢指数的估算值之间，差别这么大，主要原因是这三个国家钢产量变化的情况差别很大：日本的钢产量基本保持稳定；中国钢产量持续高速增长；而美国钢产量曾大幅下降。

可见，关于废钢问题，对于中、日、美三国来说：

1)　中国

(1)　在钢产量持续高速增长的情况下，中国钢铁工业的废钢指数仅为 0.18～0.20，废钢资源十分短缺，价格亦较高。在这种情况下，钢铁工业对铁矿石的依靠程度极高，只能以高炉-转炉流程为主，电炉钢比不可能高，转炉多吃废钢的愿望不可能成为现实。

(2)　如仅仅依靠国内废钢资源，电炉钢比不可能超过百分之十几。在大量进口废钢的情况下，国际市场上废钢价格的走势如何变化，应慎重考虑。而且，必须解决电价高的问题，否则电炉钢的市场竞争力会受到影响。

(3)　可以预料，将来当我国钢产量进入缓慢增长期，或进入稳定期后，废钢不足的局面，将逐步好转。钢产量长期（十年以上）稳定后，废钢指数将上升到 0.35 左右，废钢资源将变得比较充足（接近日本现在的水平）。到那时，电炉钢比将有一定程度的增长；转炉多吃一些废钢的问题将成为现实。

2）　美国

（1）　美国钢产量在 20 世纪 70 年代末 80 年代初大幅度下降后，废钢指数很高，1988 年为 0.7514。钢铁工业对铁矿石的依赖程度大幅度下降，原有的部分铁矿暂时关闭；在废钢充足、电价较低的情况下，电炉钢厂得到很大发展，部分地取代了高炉-转炉流程。

（2）　90 年代以来，钢产量有所回升，废钢指数逐步下降，1997 年为 0.5767，但废钢资源仍是充足的，多余的废钢仍在出口国外。

（3）　可以预料：如果美国钢产量继续增长，那么它的 S 值将进一步降低。降低的幅度，决定于钢产量的增长幅度。即使产量保持现有水平，经过若干年后，它的 S 值也将下跌到相当于日本现在的水平（0.35～0.40），废钢十分充足的局面将不复存在。到那时，仅依靠本国废钢资源，能否支撑已经发展起来的全部电炉钢厂，可能成为问题。

由此可见，对钢铁工业进行决策时，只考虑当前情况是不够的，一定要将短期计划与中长期预测结合起来，否则容易发生决策上的偏差！

3）　日本

S 值介于中、美之间，且波动较小；电炉钢比亦如此。如钢产量继续保持稳定，那么 S 值仍将在 0.35～0.40 之间波动。

总之，在其他条件大致相同的情况下，钢产量的变化决定了废钢的充足程度，也决定了电炉钢在钢产量中所占的比例。这方面的情况，在国与国之间有很大差别，决不可盲目攀比，更不宜进行简单的数字上的对比。

以上就是关于钢铁工业废钢资源状况的简要分析和说明。其他工业的情况，大同小异，不必多说。

我们的努力方向，只能是把该回收的二次资源尽可能都回收回来，加以利用，在一定程度上缓解二次资源短缺问题。在产品产量继续高速增长的情况下，根本扭转二次资源短缺的局面是不可能的。物质循环的客观规律是不会改变的。

14.5　中国的铁、铜、铅的物质流分析

14.5.1　中国的铁流图

图 14-8 是我国 2001 年钢铁产品生命周期的铁流图。

我国钢铁制品的平均使用寿命约为 20 年。

我国 2001 年的钢产量为 1.54 亿 t，钢铁制品的含铁量为 1.59 亿 t，净进口

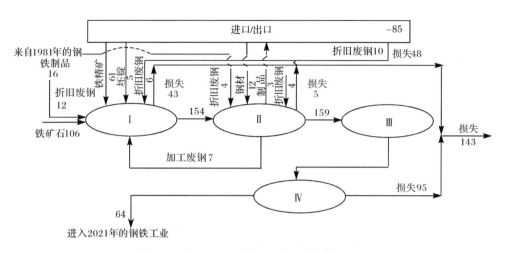

图 14-8　中国 2001 年的铁流图（单位：10^6 t）
Ⅰ．生产；Ⅱ．加工制造；Ⅲ．使用；Ⅳ．回收

的各种物质含铁量为 0.85 亿 t。

我国 2001 年的铁矿石指数为 1.117t/t，废钢指数为 0.123t/t，铁损失指数为 0.929t/t。

14.5.2　中国的铜流图

图 14-9 是我国 2002 年铜产品生命周期的铜流图。

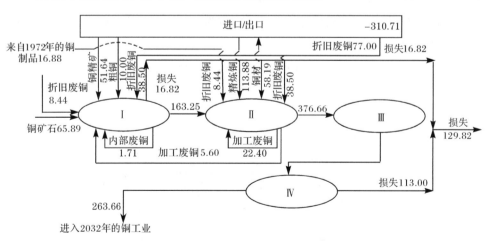

图 14-9　中国 2002 年的铜流图（单位：10^4 t）
Ⅰ．生产；Ⅱ．加工制造；Ⅲ．使用；Ⅳ．回收

我国铜制品的平均使用寿命约为 30 年。

我国 2002 年的精炼铜产量为 163.25 万 t，铜制品的含铜量为 376.66 万 t，净进口的各种物质含铜量为 310.71 万 t。

我国 2002 年的铜矿石指数为 0.781t/t，废铜指数为 0.086t/t，铜损失指数为 0.795t/t。

14.5.3 中国的铅流图（铅酸电池系统）

图 14-10 是我国 1999 年铅酸电池系统的铅流图。

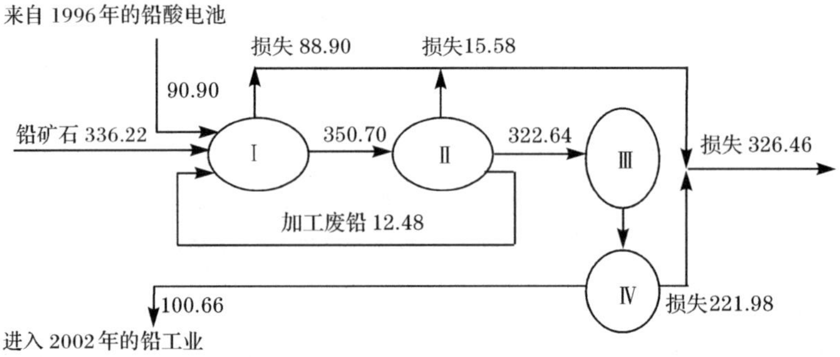

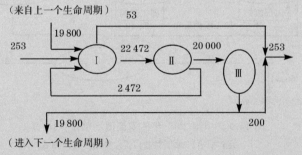

图 14-10 中国 1999 年铅酸电池系统的铅流图（单位：10^3 t）

Ⅰ. 生产；Ⅱ. 加工制造；Ⅲ. 使用；Ⅳ. 回收

我国铅酸电池的平均使用寿命约为 3 年。

我国 1999 年铅酸电池中含铅量为 322.64 万 t。

我国 1999 年铅酸电池系统的铅矿石指数为 1.042t/t，废铅指数为 0.320t/t，铅损失指数为 1.012t/t。

专栏 14-1 瑞典铅酸电池系统的铅流

图 14-11 描述的是瑞典铅酸电池中铅的生命周期物流图，它的非稳度 $p=1$。铅产品的年产量为 22 472t，使用寿命为 5 年。

图 14-11 瑞典铅酸电池中铅的生命周期物流图（单位：t/a）

Ⅰ. 采矿、提炼、重熔、渣处理；Ⅱ. 电池制造；Ⅲ. 电池使用

按图中所标数据，铅的资源效率 r_τ 为

$$r_\tau = \frac{22472}{253} = 88.82$$

铅的环境效率 q_τ 为

$$q_\tau = \frac{22472}{253} = 88.82$$

可见，这个物流的工作水平是很高的。

计算得到：$a = 0.8811$，$b = 0.1100$，$c = 0.0024$.

（1）在稳态流情况下（$p = 1$），按式（14-8′）计算各 a 值下的 r 值，可得图 14-12 中的曲线 1。线上的"＊"点是该铅酸电池模拟系统的"工作点"。由图可见，如果能将 a 值在现有基础上再稍微提高一点，那么 r 值还能上升很多。相反，a 值的微小下降，就可引起 r 值的大幅下降。

（2）如果瑞典铅酸电池模拟系统中的铅流是非稳态的。例如，图 14-12 中曲线 2 是非稳态 $p = 0.6$ 时，r 与 a 之间的关系曲线。在这种情况下，即使铅的循环率维持在原有的 $a = 0.8811$ 高水平上，铅的资源效率也会从 88.82 降为 2.75（见曲线 2 上的圆点）。这个差别是多么悬殊啊！

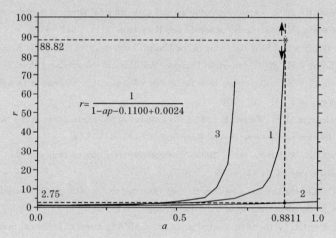

图 14-12　案例中 r 与 a 之间的关系

曲线 1. $p = 1.00$；曲线 2. $p = 0.60$；曲线 3. $p = 1.25$

曲线 3 是非稳度 $p = 1.25$ 时，r 与 a 之间的关系曲线。按式（14-8′）计算，在 $a = 0.71$ 时，r 值就已接近∞。也就是说，如果铅的循环率仍维持原有的 $a = 0.8811$，那么，不仅铅的生产有可能全部使用回收的废铅作为原料（如冶金技术允许如此），而且还有较多剩余的废铅可供出口，或储备。

主要参考文献

卜庆才. 2005. 物质流分析及其在钢铁工业中的应用［博士学位论文］. 沈阳：东北大学

陆钟武. 2000. 关于钢铁工业废钢资源的基础研究. 金属学报，36(7)：728~734

陆钟武. 2001. 关于钢铁工业废钢资源量的一般分析// 2001 中国钢铁年会论文集. 上卷. 北京：冶金工业出版社：70~80

陆钟武. 2002. 钢铁产品生命周期的铁流分析——关于铁排放量源头指标等问题的基础研究. 金属学报，

38(1)：58～68

陆钟武. 2002. 论钢铁工业的废钢资源. 钢铁，37(4)：66～70

陆钟武. 2003. 关于循环经济几个问题的分析研究. 环境科学研究，16(5)：1～5，10

陆钟武. 2006. 物质流分析的跟踪观察法. 中国工程科学，8(1)：18～25

毛建素，陆钟武，杨志峰. 2006. 铅酸电池系统的铅流分析. 环境科学，27(3)：43～48

岳强，陆钟武. 2005. 中国铜循环现状分析——具有时间概念的产品生命周期物流分析方法. 中国资源
　　综合利用，(5)：4～8

张寿荣. 2000. 进入 21 世纪我国需要多少钢? 中国钢铁工业技术进步与结构调整方向战略. 北京：冶金
　　工业出版社

中国有色金属工业年鉴编辑委员会. 中国有色金属工业年鉴 1991～2006. 北京：中国印刷总公司

Ayres R U. 1994. Industrial metabolism：theory and policy// Allenby B R，Richard D J. The Greening of
　　Industrial Ecosystems. Washington DC：National Academy Press

Ayres R U. 1997. Metals recycling：economic and environmental implications. Resources，Conservation
　　and Recycling，(21)：145～173

Dahlström K，Ekins P. 2007. Combining economic and environmental dimensions：value chain analysis of
　　UK aluminium flows. Resources，Conservation and Recycling，51(3)：541～560

Fenton M D. 1999. Iron and Steel Recycling in the United States in 1998. Open File Report 01－224

Graedel T E，Allenby B R. 2003. Industrial Ecology. 2nd Edition. New Jersey：Prentice Hall

Hansen E，Lassen C. 2002. Experience with the use of substance flow analysis in Denmark. Journal of
　　Industrial Ecology，6(3－4)：201～219

Joosten L A J，Hekkert M P，Worrell E. 2000. Assessment of the plastic flows in the Netherlands using
　　STREAMS. Resources，Conservation and Recycling，30 (2)：135～161

Kapur A，Bertram M，Spatari S，et al. 2003. The contemporary copper cycle of Asia. Material Cycles
　　and Waste Management，(5)：143～156

Karlsson S. 1999. Closing the technospheric flow of toxic metals，modeling lead losses from a lead-acid
　　battery system for Sweden. Journal of Industrial Ecology，3(1)：23～40

Kleijn R. 1999. IN＝OUT，the trivial central paradigm of MFA? Journal of Industrial Ecology，3(2－3)：
　　8～10

Spatari S，Bertram M，Fuse K，et al. 2002. The contemporary European copper cycle：1 year stocks and
　　flows. Ecological Economics，(42)：27～42

Spatari S，Bertram M，Fuse K，et al. 2003. The contemporary European zinc cycle：1 year stocks and
　　flows. Resources，Conservation and Recycling，39 (2)：137～160

Steel Statistical Yearbook 1998. 1998. IISI Committee on Economics Studies，Brussels

复习思考题

1. 观察并思考一下你平均生活中接触到的物质中，哪些物质是可回收利用的? 哪些物质是不可能回收利
　 用的?

2. 已知 $a=0.40$，$b=0.10$，$c=0.05$，$\Delta\tau=20$，第 $\tau-\Delta\tau$ 年钢产量为 43.5×10^6 t/a，第 τ 年为 $123.0\times$
　 10^6 t/a。求第 τ 年钢铁工业的废钢指数和铁矿石指数，并与产量保持不变情况下的废钢指数和铁矿石
　 指数进行对比；当 $a=0.60$。求第 τ 年钢铁工业的废钢指数和铁矿石指数，并与 $a=0.40$ 的计算结果
　 进行对比。

3. 已知 $a=0.40$, $b=0.10$, $c=0.05$, 钢产量曾长期稳定在 $P_0=100\times10^6\,t/a$, 后来下降为 $nP_0=60\times10^6\,t/a$。求产量下降后钢铁工业的废钢指数和铁矿石指数, 并与产量保持不变情况下的废钢指数和铁矿石指数进行对比。

4. 已知 $a=0.40$, $b=0.10$, $c=0.05$, $\Delta\tau=20$, 第 $\tau-\Delta\tau$ 年钢产量为 $50\times10^6\,t/a$, 第 τ 年为 $90\times10^6\,t/a$。求第 τ 年钢铁工业的铁资源效率和铁环境效率, 并与产量保持不变情况下的铁资源效率和铁环境效率进行对比; 当 $a=0.60$ 时, 求第 τ 年钢铁工业的铁资源效率和铁环境效率, 并与 $a=0.40$ 的计算结果进行对比。

第15章　生态工业园——企业之间的物质循环

15.1　基 本 概 念

15.1.1　生物共生与工业共生

1)　生物共生

"共生"（symbiosis）一词来源于希腊语，最早由德国生物学家德巴瑞（Debarry）于1879年提出。德巴瑞将共生定义为不同生物种群按某种物质联系生活在一起，形成共同生存、协同进化的关系。在生物界，共生是一种普遍存在的现象，存在着各种各样不同或相同种群生物之间的共生。

在生物学上，种群之间的相互关系有的是互助关系，有的是对抗性的，在这两种极端之间，还有各种形式。一般的，种间共生关系可以分为寄生、偏利共生和互惠共生，具体如下：

(1)　寄生是共生的一种特殊形态，它具有两个基本特点：一是寄生关系，一般不产生新能量，而只改变寄主内部的能量分配；二是寄生关系只存在单向的能量或物质流动，表现为从寄主流向寄生者。在寄生关系中，寄生者是能量的净消费者，而寄主是能量的生产者。当寄生者的能量消费速度大于寄主的能量生产速度时，寄主将被解体，从而寄生关系也将消亡。而当寄生者的能量消费速度小于寄主的能量生产速度时，寄生关系将长期存在。

(2)　偏利共生（也称共栖）是共生行为模式中不太常见的一种，可以说是从寄生向互惠共生转换的中间类型。偏利共生的特点：一是偏利共生关系产生新能量，但这种新能量一般只向共生关系中的某一单元转移，或者说某一共生单元获得全部新能量；二是偏利共生关系存在双向物质、能量和信息交流。偏利共生关系总的来说是对一方无害而对另一方有利。

(3)　互惠共生又可分为非对称互惠共生和对称互惠共生。

非对称性互惠共生是共生行为模式中最常见的一种，其主要特点：一是这类共生以共生单元的分工为基础，产生新能量；二是这类共生所产生的新能量往往由于共生界面的作用而形成非对称性分配；三是这类共生往往不仅存在双边的物质、信息和能量的交流机制，而且存在多边的交流机制。

对称性互惠共生是共生关系中最理想类型，而且是最有效率、最有凝聚力且最稳定的共生形态，可以说对称性互惠共生是共生的目标类型和目标状态。其主要特点：一是以共生单元的分工与合作为基础，产生新能量；二是共生界面具有在所有共生单元之间实现对称性分配的功能特性；三是共生过程中不仅存在频繁的双边交流机制，而且存在广泛的多边交流机制。

从上述对生物界共生现象的分析可以看出"共生"具有以下几个基本特征：一是指两种生物间的共生关系；二是至少对其中的一方有利；三是往往形成一种特殊结构形态，称为生物共生体。

2）　工业共生

工业共生（industrial symbiosis）的概念是借鉴自然生态系统的共生含义逐渐丰富而来的。经过大量学者的研究，工业共生的概念得到了不断丰富和完善。目前，大家比较认同丹麦卡伦堡公司出版的《工业共生》一书中所给的定义：工业共生是以共生理论和工业生态学相关理论为基础，研究不同企业间的合作关系，通过这种合作，共同提高企业的生存能力和获利能力，实现对资源的节约和环境保护。在这里共生被用来着重说明企业因相互利用副产品、废品而发生的各种合作关系。可见，共生的本质就是企业间的合作，只是这种合作是以副产品、废品的交换为纽带，以提高资源利用效率和保护环境为目标。

工业共生进化是一个螺旋上升的过程，通过持续技术创新，不断淘汰落后技术、设备和成员企业，工业共生体的稳定性不断增强，进而促使工业共生整体不断进化。工业共生进化体现在以下几个方面：①工业共生系统的稳定性提高，系统抗风险能力提高；②成员企业的技术创新能力提高；③成员企业的市场竞争力提高；④成员企业的经济效益和环境效益均不断提高；⑤工业共生的空间辐射范围逐渐扩大。归纳起来，工业共生进化表现在空间分布形态的进化、工业共生模式的进化和技术创新的推动作用。工业共生进化的目标是工业生态网络，也就是趋近于自然生态系统，表现出多样性、复杂性、灵活性和稳定性等特征。工业共生进化不仅包括成员企业竞争力的提升，而且也包括企业间关系和整个共生系统的进化，但无论从企业微观层次，还是从企业群落层面，研究结论是一致的，即工业共生进化是朝向多样性和复杂性的网络形态演进的，而这一目标更接近于自然生态系统。

根据共生参与企业的所有权关系划分，又可分为自主实体共生和复合实体共生。所谓自主实体共生，是指参与企业都具有独立的法人资格，双方不具有所有权上的隶属关系，均是独立的，它们的合作关系不是依靠上级的行政命令来约束的，完全是受利益机制驱动的，在利益得不到满足时，它们可以结束这种合作关系。当然，随着企业业务的扩展，为了满足其发展的要求，它们也可以寻找更多的伙伴加入到这一共生系统中。这种共生模式的代表性案例就是丹麦卡伦堡生态工业园。复合实体共生是指所有参与共生的企业同属于一家大型公司，它们是该大型公司的分公司或某一生产车间。这种共生模式的"和与散"完全取决于总公司的战略意图，或者是出于总公司优化资源、整合业务的需要，或者是迫于对环保要求的压力而进行的，参与实体往往没有自主权。这种共生模式的代表性案例就是中国贵港制糖生态工业园。

15.1.2　生态工业园的特征

生态工业园区是依据循环经济理念、工业生态学原理和清洁生产要求而设计建立的一种新型工业园区。它通过物流或能流传递等方式把不同工厂或企业连接起来，形成共享资源和互换副产品的产业共生组合，建立"生产者—消费者—分解者"的物质循环方式，使一家工厂的废物或副产品成为另一家工厂的原料或能源，寻求物质闭环循环、能量多级利用和废物产生最小化。它通过模拟自然生态系统，建立工业生态系统中"生产者、消费者、分解者"间的"食物链"和"食物网"，即通过企业之间的物质循环来实现物质闭环循环和能量梯阶利用，达到资源、能源利用的最大化，副产品、废品排放的最小化。

生态工业园的主要特征是：不同企业间形成相互利用副产品、废品及能量和废水的梯级利用的生态工业链（网），进而形成生态工业体系，实现园区资源利用的最大化和废物排放的最小化；生态工业园内的基础设施、资源和信息共享；生态工业园不受地域的限制，只要存在工业共生关系，都可以成为它的一个共生环节；实现园区生态环境与经济的双重优化和协调发展；生态工业园内各企业之间的关系，是相互利用副产品、废品和余能，形成的是生态工业链；而传统产业链上各企业之间的关系，是上游企业的主产品作为下游企业的主要原材料，形成的是产品链。

正如 Lowe 和 Warren 所说：生态工业园最本质的特征在于企业间的相互作用以及企业与自然环境间的作用。

15.1.3　生态工业园的类型

纵观国内外的生态工业园，它们并没有一个统一的模式，而是因地制宜，各具特色，但可从产业结构、原始基础、区域位置等不同的角度对生态工业园进行分类。

1）按产业结构分类

生态工业园可分为联合型和综合型两类。

联合型生态工业园是以某一大型的联合企业为主体的生态工业园，典型的如美国杜邦模式、贵港国家生态工业园等。对于冶金、石油、化工、酿酒、食品等不同行业的大企业集团，非常适合建设联合型的生态工业园。

综合型生态工业园内各企业之间的工业共生关系更为多样化。与联合型园区相比，综合型生态工业园需要更多的考虑不同利益主体之间的协调和配合。例如，丹麦的卡伦堡工业园区是综合型生态工业园的典型。目前，大量传统的工业园适合朝综合型生态工业园的方向发展。

　　2)　按原始基础分类

　　生态工业园可划分为改造型与全新规划型。

　　改造型生态工业园是园区内已经存在的大量工业企业通过适当的技术改造，在区域内建立物质和能量的交换，丹麦卡伦堡工业园区也是改造型园区的典型。

　　全新规划型生态工业园是在规划和设计基础上，从无到有地进行建设，主要吸引那些具有"绿色制造技术"的企业入园，并创建一些基础设施，使得这些企业间可以进行物质、能量的交换，南海生态工业园就属于这一类型。这一类生态工业园投资大，建设起点高，对其成员的要求也高。

　　3)　按区域位置分类

　　生态工业园可分为实体型和虚拟型。

　　实体型生态工业园的成员在地理位置上聚集于同一地区，可以通过管道等设施进行成员间的物质和能量交换。

　　虚拟型生态工业园不一定要求其成员在同一地区，它是利用现代信息技术，通过园区的数学模型和数据库的建立成员间的物质、能量交换关系，然后再在现实中选择适当的企业组成生态工业链、网。虚拟型生态工业园可以省去建园所需昂贵的购地费用，避免进行困难的工厂迁址工作，并具有很大的灵活性，其缺点是可能要承担较贵的运输费用，美国的 Brown-Sville 生态工业园和中国的南海生态工业园是虚拟型园区的典型。

15.2　实　　例

　　下面重点介绍卡伦堡和我国八个生态工业园、两个工业园的食物网结构、特点和功能。

15.2.1　生态工业园

　　1)　丹麦卡伦堡生态工业园

　　丹麦卡伦堡生态工业园（Kalundborg）是一个仅有 2 万居民的工业小城市，位于北海之滨，距哥本哈根以西 120.7km。20 世纪 70 年代，卡伦堡城的几个重要企业试图在减少费用、废品管理和更有效使用淡水等方面寻求合作，建立了企业间相互协作关系。20 世纪 80 年代以来，当地的管理者与发展部门意识到这些企业自发地创造了一种新的工业体系，将其称之为"生态工业园"，并从各方面给予了支持。目前在这个工业小城市，已经形成了蒸汽、热水、石膏、硫酸和生物技术等材料的相互依存共同发展的格局——卡伦堡生态工业园。卡伦堡生态工业园是目前世界上最成功的生态工业园典范。

卡伦堡生态工业园主要由六个核心部分组成,具体如下:

(1) Asnaes 电站,丹麦最大的火力发电站,容量为 1500kW。

(2) Statoil 精炼厂,丹麦最大的炼油厂,生产能力为 320 万 t/a。

(3) Gyproc 石膏板厂,每年生产 $1.4×10^7 m^2$ 石膏板。

(4) Novo Nordisk 生物技术公司,一个国际生物技术公司,年销售已超过 20 亿美元,其最大的工厂设在卡伦堡,生产各种药和工业酶。

(5) A-B Bioteknisk Jodrens,土壤修复公司,成立于 20 世纪 90 年代。

(6) 卡伦堡城,为 2 万居民供热,并为家庭和企业供水。

在过去的 20 多年中,上述的成员中还包括许多其他公司自发地发展了一系列多边互换副产品、废品的项目。

以下是卡伦堡生态工业园的发展历程:

(1) 卡伦堡生态工业园最初的共生是 1972 年 Gyproc 公司在卡伦堡建厂,利用 Statoil 公司产生的丁烷气。

(2) 1976 年,从药厂到农场的副产品流成为最大的互换路线,Novo Nordisk 公司每年无偿提供 $1.1×10^6 t$ 淤泥给 1000 家农场。

此后 3 年,Asnaes 公司开始供应飞灰给 Aalborg Protland 水泥公司,这也是首次由不在卡伦堡的一家公司加入合作。在 1981~1982 年发展了更多的互换项目,如 Asnaes 公司开始供应蒸汽给所在城市,以及 Statoil 公司和 Novo Nordisk 公司等。

(3) 此后 10 年,该网络又有进一步的发展,在 1985~2000 年,卡伦堡的共生关系在其副产品交换方面更加丰富:

1987 年 Statoil 将冷却水用管道输送给 Asnaes 用作沸腾炉原料;

1989 年 Asnaes 使用盐冷却水的废热进行渔产品生产;

1990 年 Statoil 卖熔融硫给 Jatland 的 Kemira 公司;

1991 年 Statoil 将处理过的废水送到 Asnaes 处使用;

1992 年 Statoil 送脱硫废气到 Asnaes,开始利用副产品生产液体化肥;

1993 年 Asnaes 完成烟道气的脱硫项目,向 Gyproc 供应硫酸钙;

1995 年 Asnaes 建再利用池收集废水供内部使用,并减少对 Tisso 湖的依赖;

1997 年 Asnaes 半数燃料由煤改为含沥青的液体燃料,并开始从飞灰中还原钒和镍;

1999 年 A-B Bioteknisk Jodrens 公司使用卡伦堡市下水道产生的淤泥作为原料制作受污染土壤的生物修复营养剂。

丹麦卡伦堡生态工业园是世界上较典型的生态工业园。在它 20 多年的发展过程中，充分发挥区域资源优势和工业优势，构建企业间相互利用副产品、废品的生态工业链，把污染物消灭在生产过程中，实现了区域内资源利用的最大化和污染物排放的最小化。通过构建企业间相互利用副产品、废品的生态工业链，提高生态工业园的园区企业间生态关联度，给卡伦堡生态工业园带来了巨大的环境效益和经济效益，见表 15-1。

表 15-1　卡伦堡生态工业园每年的环境效益和经济效益　　（单位：t）

副产品和废品的再利用		节约的资源		减少的污染物排放	
炉灰	130 000	油	45 000	CO_2	175 000
硫	4500	煤	30 000	SO_2	10200
石膏	90 000	水	600 000		
氮	1440				
磷	600				

事实上，源于这些交换的经济利益同样十分巨大。20 年间卡伦堡总共投资 16 个废料交换工程，投资额估计为 6000 万美元，而由此产生的经济效益估计为每年 1000 万美元。投资平均折旧时间短于 5 年。

1975 年、1985 年和 1995 年的卡伦堡生态工业园的食物网，见图 15-1、图 15-2 和图 15-3。

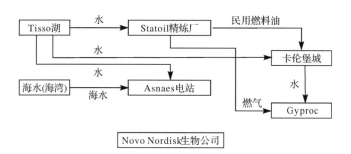

图 15-1　1975 年卡伦堡生态工业园的食物网

2)　贵港生态工业园

贵港生态工业园是以蔗田系统、制糖系统、酒精系统、造纸系统、热电联产系统、环境综合处理系统为框架，通过实施盘活、优化、提升、扩张等举措，建设生态工业园。该园区各系统之间通过副产品和废品的相互交换而相互衔接，从而形成一个比较完整的生态工业网络，通过园区的全面整合以及园区外界的物流交换，做到最大限度地转变废品为资源，使资源有效利用最大化；通过清污分流和清水回用做到水资源利用效率最大化；通过热电厂的运行做到能源生

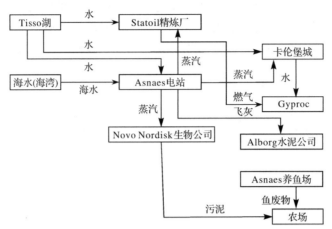

图 15-2　1985 年卡伦堡生态工业园的食物网

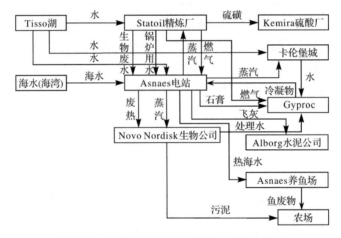

图 15-3　1995 年卡伦堡生态工业园的食物网

产和利用的最优化；通过废品利用和环保工程的建设做到环境污染最小化；通过高产高糖甘蔗园的建立保障园区系统的安全性，从而使园区内资源得到最佳配置、废品得到有效利用。贵港生态工业园目前已形成了以甘蔗制糖为核心，包括甘蔗—制糖—废糖蜜制酒精—酒精废液制复合肥、制糖滤泥—水泥，造纸中段废水—锅炉除尘、脱硫、冲灰，碱回收白泥—轻质碳酸钙等多条生态工业链。这些生态工业链相互利用废品作为自己的原料，构成了横向耦合的关系，并在一定程度上形成了食物网状结构。贵港生态工业园的食物网，见图 15-4。

　　3)　南海生态工业园

　　南海生态工业园以 21 世纪的朝阳产业且具有巨大市场需求的环保产业为主导，由核心区和虚拟区构成。核心区以环保产业为主导产业，包括环保设备与材

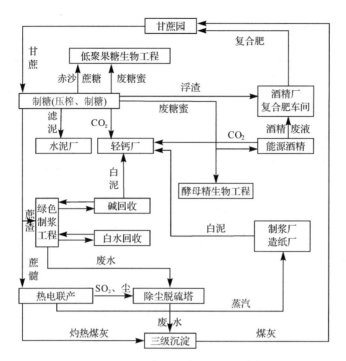

图 15-4　贵港生态工业园的食物网

料制造、绿色产品的生产、资源再生产业以及环境科技咨询服务等；虚拟区以该市现有的支柱产业如铝型材、陶瓷、塑料加工等远程企业为依托，园区从地理位置来说，形成以市区为中心基地，辐射珠江三角洲地区。核心区和虚拟区的 21 家企业作为生态工业园建设的成员单位，构建出 5 个工业群落，9 个主要的生态工业链，其中有 3 条形成闭合的循环链条。南海生态工业园的食物网，见图 15-5。

4）鲁北生态工业园

鲁北生态工业园在创立之初，针对磷石膏废渣难利用、难处理且长期制约磷复合肥工业发展的世界性难题，立足于生产过程的可持续设计，依靠技术创新，整合生产资源，在盐碱荒滩上创建了资源共享、工业共生、结构紧密的生态工业系统，形成了世界上为数不多、具有多年成功运行经验的生态工业园，深层次地实现了物质循环利用，解决了产业发展与环境保护的有机统一，先后创建了磷铵副产石膏制硫酸联产水泥、海水—水多用和盐碱电联产三条高相关度的生态工业链。鲁北生态工业园的食物网，见图 15-6。

5）石河子生态工业园

石河子生态工业园以垦区 3km 宽的 100 万亩芨芨草种植地、城市污水处理用地为中心，依托天宏造纸厂等当地的龙头企业，大力发展造纸工业，并根据工业食物链发展不断延伸的需要，逐步向整个地区区辐射。石河子生态工业园

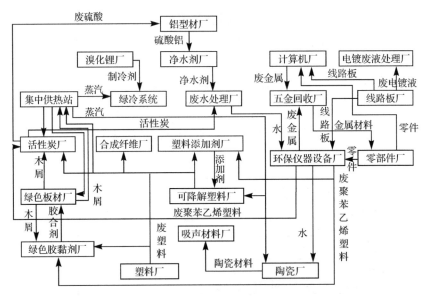

图 15-5　南海生态工业园的食物网

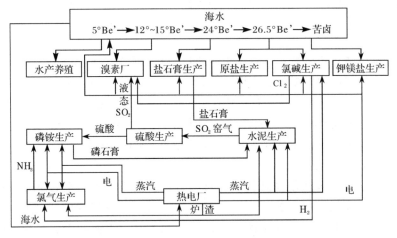

图 15-6　鲁北生态工业园的食物网

的建设立足于当地的资源优势,以 100 万亩芨芨草种植、城市生活污水和工业
废水的资源化利用为基础,发展种植系统—造纸系统—废水处理系统—种植系
统、种植系统—畜牧养殖系统—畜产品加工系统—废水处理系统—种植系统以
及种植系统—生态旅游系统等三条主要的生态工业链,以产业结构调整和发展
高新技术为核心,构筑了一个绿色生态工业系统。石河子生态工业园的食物网,
见图 15-7。

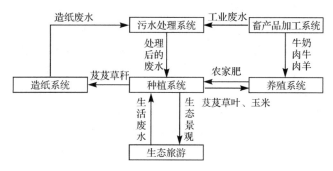

图 15-7　石河子生态工业园的食物网

6）　沱牌酿酒生态工业园

沱牌酿酒生态工业园是我国第一个酿酒型生态工业园。该园区通过模拟自然生态系统的功能，建立起生态工业链，以低消耗、低（无）污染，工业发展与生态协调发展为特征，形成了以生态良性循环为目标的酿酒生态工业园。在生产过程中，园区尽量减少粮食等原辅材料的耗用，以传统技艺同现代科技相结合，优化生产工艺和减轻劳动强度，把生产过程中产生的废水、废渣、废气综合加工再资源化，从而减少或消除对环境的污染，达到生态平衡。

目前，沱牌酿酒生态工业园已初具规模，并初见成效。通过生产全过程生态化运作的良性循环，将环保融入产品及生产过程中，使上道工序的废品经过处理后变为下道工序的绿色原料，充分实现了产品最大化和废品最小化。酿酒生态工业园占地 5000 余亩，其中绿化面积已达 1000 余亩。沱牌酿酒生态工业园已建立起较完整的酿酒工业生态体系，在酿酒工艺生产流程中，绿色原料入窖、发酵、蒸馏等过程产生的酒糟、炭渣、窖皮泥和废水也被充分利用，酒糟用来生产饲料和生物活性有机肥，饲料用做牛、猪、鸭等的养殖，动物排泄物和其他下脚料作有机肥料或沼气发酵，产生沼气用做酿酒能源，形成了较为完整的生态工业链。沱牌酿酒生态工业园的食物网，见图 15-8。

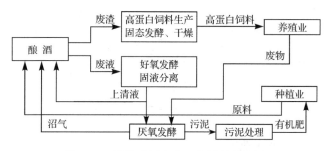

图 15-8　沱牌酿酒生态工业园的食物网

7) 沈阳铁西生态工业园

沈阳铁西生态工业园是由 S 形区域组成，位于所在市区的西部，总面积 126km²。该园区是全国闻名的老工业区，是城市的工业核心和支柱，是国家 "一五"、"二五" 时期重点建设起来的以机电工业为主体，国有大中型企业为骨干，涵盖化工、制药、冶金、纺织、轻工、建材等行业的综合性工业基地。近十几年来，该工业区面临环境基础薄弱、工业结构不尽合理、资源持续水平相对落后等问题。因此，该生态工业园的建设立足于当地的人才、技术和装备优势，发展医药化工—环保产业、医药化工—建材、医药化工—热电—建材、食品饮料—医药化工—第三产业—禽畜养殖、食品饮料—制药—环保以及装备制造—汽车制造—冶金产业等多条生态工业链，以经济结构调整为主线，以提高资源效率为核心，充分利用各种资源，实现合理的工业布局，使工业、经济、环境协调发展，进而振兴老工业基地。沈阳铁西生态工业园的食物网，见图 15-9。

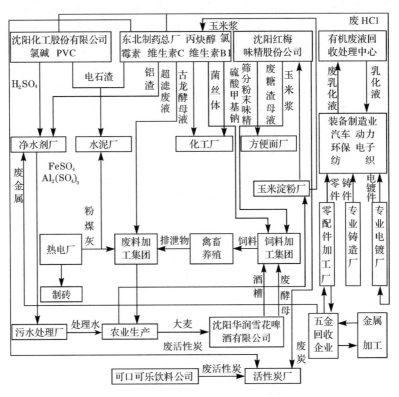

图 15-9　沈阳铁西生态工业园的食物网

8) 抚顺矿业生态工业园

在抚顺矿业生态工业园建设过程中，充分利用矿区的资源，选择有市场前景的项目，延伸与深化资源加工生态工业链，强化工业间的相互关联，优化资源配置，发展生态恢复基础上的多元化生态工业，建立区域物质共生经济带，提高资源利用率，降低产业发展中的物耗、能耗和污染指标，以经济、资源和环境协调发展为目标，逐步形成了具有结构优势、工业优势、布局合理的工业格局，推动了老工业基地的转型、改造和资源枯竭型工业的持续发展，形成了高科技、高效益、低污染、配套化、生态化的现代大型企业集团，实现矿区乃至所在城市的可持续发展。抚顺矿业生态工业园的食物网，见图 15-10。

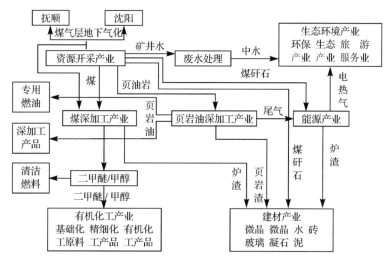

图 15-10　抚顺矿业生态工业园的食物网

9）　通化张家生态工业园

通化张家生态工业园以医药和食品加工为主导产业，采用多渠道投资，引进先进技术和生态产品生产技术，以具体的物质生态工业链和相关的信息链相结合，构建了医药—农业、葡萄酒业—废渣—酒精、葡萄酒业—农业、葡萄酒业—活性炭厂、农田—养殖—医药和农田—养殖—食品等多条生态工业链，以提高资源效率为核心，充分利用当地各种资源，实现社会、经济、环境的持续发展。通化张家生态工业园的食物网，见图 15-11。

15.2.2　工业园

1）　工业园 A

工业园 A 是一个以精细化工为主的工业体系，该园区共有 54 家企业，涉及化工、造纸、医药、环保等行业。主要产品为农副产品、矿物产品、芳香族产品和脂肪族产品等四大系列。由调查统计数据知，在园区内的 54 家企业中，只

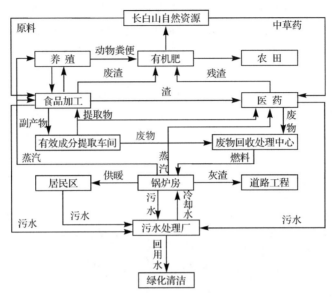

图 15-11　　通化张家生态工业园的食物网

有 8 条副产品、废品再利用的生态工业链,如碳铵废水—农田、废氨液—回收氨、废氨液—硫酸铵、氯化氨、残渣—耐火砖等。

　　该园区大多数企业对废品采取的回收和处置措施都是极其有限的。对于废渣的处理或进行简单地堆放或直接抛弃,很少进行综合利用;对于废水只进行简单的预处理,或送往大集团的污水处理厂或直接排放,无组织的废气、废液排放,对园区及其周围环境造成很大的影响。

　　2)　工业园 B

　　工业园 B 有重点企业 50 家,按行业可分为五类:采选、冶金、能源、化工和建材。园区年产原煤、石灰石和铁矿石 150 万 t、175 万 t 和 150 万 t,与此同时还外购原煤、铁矿石和生铁 1047.5 万 t、97.1 万 t 和 253.5 万 t,年生产精煤、焦炭、生铁、钢坯和钢材 935 万 t、754 万 t、170 万 t、300 万 t 和 100 万 t。园区电力由 8 个电力企业供给,剩余部分并入国家电网。同时,园区还生产一定量的化工产品,如工业萘、煤沥青、炭黑、甲醇等。

　　工业园 B 的企业大多是重污染企业,工艺相对落后,科技含量较低,环境治理措施少。因此,工业园 B 在促进当地经济发展的同时,也带来了较大的环境污染,企业内部资源浪费严重,如煤炭、铁矿石采选时产生的尾矿、电力企业的粉煤灰、焦化企业的焦炉煤气和炼铁企业的高炉煤气等未进行充分利用,区域环境质量呈恶化趋势。园区现有企业中虽有 8 家下游企业利用相关上游企业产生的副产品、废品,但还有大部分副产品、废品未加利用。未利用的可燃气体直接排放,增加了大气环境污染的程度，使空气中有害气体成分含量增加；未利用的固体废物大量堆放，不仅占用了大量土地，而且还增加了空气中悬浮颗粒的浓度，使空气能见度进一步下降；工业废水的直接排放，不仅浪费了大量水资源，而且造成当地水资源的污染。工业园 B 环境日益恶化，已到了非解决不可的地步。

15.3   生态工业园内各企业之间的关联度

研究生态工业园或一般工业园内各企业之间的关联度问题，是以人们对自然生态系统中生物群落各物种之间关联度的认识为基础的。因此，本节先介绍生物群落关联度，然后再介绍生态工业园企业之间的关联度。

15.3.1   生物群落关联度

生物群落关联度是指对一生物群落内物种间关联性大小的量度。它被广泛地应用于生物群落内各物种间相互作用、相互影响和相互依存的关系。

生物群落关联度等于群落食物网中实际观察到的食物链数与最大可能的食物链数之比，即

$$C = \frac{L}{S \times (S-1)/2} \tag{15-1}$$

式中：C 为生物群落关联度；S 为物种丰富度，表示食物网中所包含的物种数量；L 为实际观察到的食物链数。

由式（15-1）可见，生物群落关联度是物种丰富度和食物链数的函数。当物种丰富度一定时，生物群落关联度随食物链数的增加而增加；当食物链数一定时，生物群落关联度在开始阶段随物种丰富度的增加而快速下降，随后趋于平坦。

图 15-12 是一个生物群落食物网，其中共有 a、b、c、d、e 五个物种，即 $S=5$。图 15-12(a) 中的虚线表示该食物网中最大可能的食物链数，即 $S(S-1)/2=5\times(5-1)/2=10$；图 15-12(b) 中的实线表示该食物网中实际存在的食物链数，即 $L=6$。把 S 和 L 代入式（15-1）可得该生物群落关联度为

$$C = \frac{6}{5 \times (5-1)/2} = 0.6$$

如果图 15-12 所示的生物群落内物种间没有任何联系，即物种之间没有形成任何食物链，那么该生物群落的关联度为 0。此时，该生物群落类似于一级生态系统，生物群落内物种会"各行其是"，分别从环境中索取大量的资源和能源，同时向环境排放大量的废物和污染物，对生态环境造成严重的影响，所以，这是一种不可持续发展的生物群落。

如果图 15-12 所示的生物群落内只有部分物种间产生联系，那么该生物群落

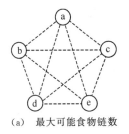
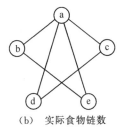

（a）最大可能食物链数　　　（b）实际食物链数

图 15-12　具有三个营养级的食物网

的关联度介于 0～1 之间。此时，该生物群落类似于二级生态系统，生物群落内物种间，出现了物质循环网络，输入和输出该生物群落的资源和废物较少，但该生物群落仍未完全实现物质和能量的循环利用。所以，这仍是一种不可持续发展的生物群落。

　　如果图 15-12 所示的生物群落内所有物种间都形成了食物链，那么该生物群落的关联度为 1。此时，该生物群落内各物种间相互依存、相互作用，形成了物质的闭路循环。整个系统并不从自然界索取任何资源，也不向自然界排放任何废物，靠太阳能持续运转，即类似于三级生态系统。

```
A   e   d   c   b   a
e   -   0   0   1   1
d   0   -   1   0   1
c   0   0   -   0   1
b   0   0   0   -   1
a   0   0   0   0   -
```

图 15-13　群落矩阵

　　用食物网表示生物群落内物种间的连接关系形象具体（图 15-12），但当生物群落内物种太多，或者关系太复杂时，则食物网难以用图形象表示，而且用图示的食物网也难于进行定量比较和研究。针对此问题，Cohen 提出了用群落矩阵表示食物网，从而将矩阵与食物网建立起一一对应关系，为进行食物网数据处理及研究各种数量关系提供了有效途径。对如图 15-12 所示的食物网，可用图 15-13 所示的群落矩阵 A 来表示。图 15-13 是一个 5×5 的矩阵，该矩阵上方表示捕食物种，左边表示被食物种。群落矩阵的物种丰富度仍为生物群落的物种数量，即 $S=5$。矩阵中数字"1"表示一个捕食者从一个特定的被食者获得资源（营养）；如果两者之间没有资源交换发生，则记为"0"。所以，群落矩阵中非零元素的个数就为该生物群落的食物链数。在图 15-13 中，$L=6$。

　　一些文献认为，生物群落中的食物链数是由实际观察到的食物链数和潜在食物链数组成。对如图 15-14 所示的食物网，如果物种 a 以物种 b 为食，并且物种 c 也以物种 b 为食，那么，物种 a 和物种 c 之间为获取物种 b 存在一种竞争关系，把物种间的这种竞争关系称为潜在食物链。他们认为有必要把潜在食物链记入生物群落的食物链总数内。所以，在进行生物群落关联度计算时，生物群落的食物链数等于实际观察到的食物链数

图 15-14　潜在食物链

L_r 与潜在食物链数 L_{pl} 的和，即 $L_{pt}=L_r+L_{pl}$，并称此情况下计算的关联度为生物群落潜在总关联度，即

$$C_{pt} = \frac{L_r + L_{pl}}{\dfrac{S \times (S-1)}{2}} \tag{15-2}$$

因此，为与生物群落潜在总关联度加以区分，把与实际食物链数 L_r 对应计算的生物群落关联度称做生物群落实际关联度 C_r，即

$$C_r = \frac{L_r}{\dfrac{S \times (S-1)}{2}} \tag{15-3}$$

比较式（15-2）和式（15-3）可见，生物群落潜在总关联度总是大于生物群落实际关联度。

例 15-1. 已知一个生物群落 Protected Intertidal（New England），该生物群落的食物网如图 15-15 所示。求出该生物群落的实际关联度和潜在总关联度。

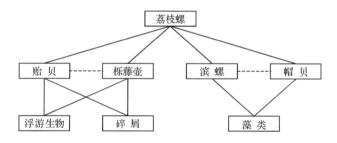

图 15-15　Protected Intertidal 群落的食物网

下面利用式（15-3）和式（15-2）计算该生物群落的实际关联度和潜在总关联度。

（1）生物群落实际关联度的计算。

由图 15-15 可见，该生物群落的物种丰富度 $S=8$，实际观察到的食物链数（实线）$L_r=10$。把 S 和 L_r 代入式（15-3），可求得该生物群落实际关联度为

$$C_r = \frac{10}{\dfrac{8 \times (8-1)}{2}} = 0.357$$

（2）生物群落潜在总关联度的计算。

图 15-15 中的虚线表示该生物群落的潜在食物链数，即 $L_{pl}=2$，把 S 和 L_r、L_{pl} 分别代入式（15-2），可求得该生物群落潜在总关联度为

$$C_{pt} = \frac{10+2}{\dfrac{8 \times (8-1)}{2}} = 0.428$$

此计算结果 C_{pt} 大于 C_r 值。

我们查阅和收集了世界上 27 个生物群落，并对其进行计算。27 个生物群落的实际关联度的平均值为 0.305，最大值为 0.600，最小值为 0.049。

由例 15-1 计算可见，由于把物种间的潜在竞争关系记为生物群落的一类食物链，从而使生物群落潜在总关联度大于生物群落实际关联度。可以想见，生物群落内物种间的这种竞争关系并不一定总是存在的。例如，羊吃草，牛也吃草，当草量丰富时，牛和羊会各吃各的草，彼此不会因为草量不足而发生"争斗"，此时，牛和羊之间就不存在竞争关系。再有，物种间的潜在竞争关系并不代表物种间实际的"营养"关系，即物种间实际发生的连接关系，当把潜在食物链记入生物群落的食物链时，将会片面地夸大物种间的连接关系。一些学者通过实际观察"植物——蚜虫——寄生虫（胡蜂）"生物群落发现，由于物种的聚集和食物环境的差异，可大大地降低物种间的这种竞争关系，他们认为把物种间的竞争关系记为食物链的一类，将会过分夸大生物群落关联度。所以，在讨论生物群落关联度问题时，以实际观察到的食物链数计算生物群落关联度将更符合实际。

15.3.2　园区企业间关联度

在生态工业园内（或工业园内），企业间的连接关系是由企业间发生的物质和能量流动而形成的一种区域性关系，它涉及资源、能源、产品、副产品和废品等多个方面。对生态工业园内企业间的连接关系如何进行评价，要解决的关键问题就是从错综复杂的关系中提炼出具体的表现形式，也就是找出企业间连接关系表现的方式以及影响这种关系发展的主要因素。由自然生态系统和工业生态系统的类比可见，两种系统有着惊人的相似。因此，把生物群落关联度的计算方法引入工业生态系统，定义园区企业间关联度，用它来评价生态工业园内企业间的连接关系。

在进行园区企业间关联度计算时，将分成两种情况：一种情况是同时考虑园区内生态工业链 L_e 和产品链 L_p，即总食物链数 $L_t = L_e + L_p$；另一种情况是只考虑园区内生态工业链。与上述两种情况对应的关联度分别称为园区企业间总关联度 C_t 和园区企业间生态关联度 C_e。计算公式如下：

园区企业间生态关联度为

$$C_e = \frac{L_e}{\dfrac{S \times (S-1)}{2}} \tag{15-4}$$

园区企业间总关联度为

$$C_t = \frac{L_t}{\dfrac{S \times (S-1)}{2}} \tag{15-5}$$

式中：C_e 为园区企业间生态关联度；C_t 为园区企业间总关联度；L_e 为生态工业园（包括工业园）内的生态工业链数；L_t 为生态工业园内的总食物链数；S 为生态工业园内的企业的数量。

以园区企业间生态关联度作为衡量生态工业园内企业间相互连接关系及其密切程度的重要指标。可见，园区企业间生态关联度越高，生态工业园内企业间相互利用副产品、废品的连接关系越多，企业间关系越密切。

1）园区企业间关联度的计算

下面以 15.2.1 节所给生态工业园的食物网为基础，利用式（15-4）和式（15-5）计算生态工业园和工业园的园区企业间生态关联度和园区企业间总关联度。

图 15-1 是 1975 年卡伦堡生态工业园的食物网。由图可见，该食物网的物种丰富度 $S_{1975}=7$，生态工业链数 $L_{e1975}=2$，产品链数 $L_{p1975}=5$，总食物链数 $L_{t1975}=L_{e1975}+L_{p1975}=7$。把 S_{1975} 和 L_{e1975} 代入式（15-4），可得该时期卡伦堡生态工业园的园区企业间生态关联度为

$$C_{e1975}=\frac{2}{\dfrac{7\times(7-1)}{2}}=0.095$$

把 S_{1975} 和 L_{t1975} 代入式（15-5），可得该时期卡伦堡生态工业园的园区企业间总关联度为

$$C_{t1975}=\frac{7}{\dfrac{7\times(7-1)}{2}}=0.333$$

图 15-2 是 1985 年卡伦堡生态工业园的食物网。由图可见，该食物网的物种丰富度 $S_{1985}=10$，生态工业链数 $L_{e1985}=8$，产品链数 $L_{p1985}=4$，总食物链数 $L_{t1985}=L_{e1985}+L_{p1985}=12$。把 S_{1985} 和 L_{e1985} 代入式（15-4），可得该时期卡伦堡生态工业园的园区企业间生态关联度为

$$C_{e1985}=\frac{8}{\dfrac{10\times(10-1)}{2}}=0.178$$

把 S_{1985} 和 L_{t1985} 代入式（15-5），可得该时期卡伦堡生态工业园的园区企业间总关联度为

$$C_{t1985}=\frac{12}{\dfrac{10\times(10-1)}{2}}=0.267$$

图 15-3 是 1995 年卡伦堡生态工业园的食物网。由图可见，该食物网的物种丰富度 $S_{1995}=11$。由自然生态系统的生物群落关联度计算方法知，两物种间无论有多少条食物链，均记为 1 条。所以，Statoil 精炼厂和 Asnaes 电站间的 4 条食物链记为 1 条，同样，Asnaes 电站与 Novo Nordisk 生物公司间的 2 条食物

链也记为 1 条。因此，该生态工业园的生态工业链数 $L_{e1995}=13$，产品链数 $L_{p1995}=4$，总食物链数 $L_{t1995}=L_{e1995}+L_{p1995}=17$。把 S_{1995} 和 L_{e1995} 代入式(15-4)，可得该时期卡伦堡生态工业园的园区企业间生态关联度为

$$C_{e1995}=\frac{13}{\dfrac{11\times(11-1)}{2}}=0.236$$

把 S_{1995} 和 L_{t1995} 代入式（15-5），可得该时期卡伦堡生态工业园的园区企业间总关联度为

$$C_{t1995}=\frac{17}{\dfrac{11\times(11-1)}{2}}=0.309$$

表 15-2 是卡伦堡生态工业园和我国 8 个生态工业园、2 个工业园的园区企业间生态关联度和园区企业间总关联度。

表 15-2　园区企业间生态关联度和园区企业间总关联度

国家	园　　　区	S	L_e	C_e	L_t	C_t
丹麦	1975 年卡伦堡生态工业园	7	2	0.095	7	0.333
	1985 年卡伦堡生态工业园	10	8	0.178	12	0.267
	1995 年卡伦堡生态工业园	11	13	0.236	17	0.309
中国	贵港生态工业园	15	20	0.190	22	0.210
	南海生态工业园	21	25	0.119	35	0.167
	鲁北生态工业园	12	20	0.303	31	0.470
	石河子生态工业园	6	6	0.400	7	0.467
	沱牌酿酒生态工业园	7	9	0.429	10	0.476
	沈阳铁西生态工业园	25	25	0.083	34	0.113
	抚顺矿业生态工业园	14	12	0.132	19	0.209
	通化张家生态工业园	13	22	0.282	24	0.308
	平均值	—	—	0.242	—	0.303
	工业园 A	54	8	0.006	—	—
	工业园 B	50	8	0.007	—	—

2)　分析

(1)　生态工业园和工业园的对比分析。

由表 15-2 可见，工业园 A 和 B 的园区企业间生态关联度很低，仅为 0.006～0.007，它们约是生态工业园的园区企业间生态关联度平均值（0.242）的1/35～1/40，相差很大。主要原因在于，工业园属于一定区域内建立起来的劳动密集型和技术密集型的经济技术开发区或高新技术开发区，它们只侧重于

经济发展"量"的扩张和"质"的提高，把经济发展与环境保护分离，淡化企业间物质和能量的流动关系，缺少构建企业间利用副产品、废品生态工业链的意识。虽然有些企业积极实施末端治理，但治理后的污染物大量堆积，对周围环境产生不同程度的影响。例如，工业园 B 每年在生产大量煤炭、石灰石和铁矿石等产品的过程中，也产生大量的副产品、废品，且利用率极低，严重地影响着周围环境，并制约着当地经济的发展。表 15-3 为工业园 B 的年产品量、副产品、废品量及副产品、废品的利用率。

表 15-3　工业园 B 的产品、副产品和废品年产生量及利用率

序号	产品		副产品、废品		利用率/%
	名　称	产量/万 t	名　称	产量/万 t	
1	原煤	150	掘进矸石	24	0
2	洗原煤	1547	累计矸石	300	0
3	精煤	935	洗煤矸石	106.6	19.1
4	焦炭	754	中煤	80	27.9
5	铁矿石	150	煤泥	40.2	93.0
6	生铁	170	煤焦油	21	80.9
7	钢坯	300	焦炉煤气	$3178\times10^6\,m^3$	79.2
8	钢材	100	富裕焦炉煤气	$1739\times10^6\,m^3$	—
9	石灰石	175	高炉煤气	$1304\times10^6\,m^3$	47.5
10	水泥	85	炭黑尾气	23 760 万 m^3	—
11	炭黑	12.5	粉煤灰	136	0
12	电	109 亿度	硫渣	10	0
13	甲醇	30	铁矿尾渣	350	0
14	—	—	水渣	102	9.8
15	—	—	钢渣	90	80.0
16	—	—	工业废水	1000	0

可见，在工业园内寻求工业企业间的连接，建立物质流和能量流的传递关系，形成相互利用副产品、废品的生态工业链，提高园区企业间生态关联度，对推进传统工业向生态工业的转变，以及实现资源利用的最大化和污染物排放的最小化具有十分重要的意义。因此，建立生态工业园，构建企业间相互利用副产品、废品的生态工业链，提高生态工业园的园区企业间生态关联度，对实现资源利用的最大化和污染物排放的最小化，以及社会、经济、环境的持续发展意义重大。可见，实施传统工业向生态工业的转变，以及工业园向生态工业园的转变非常必要。

（2）园区企业间关联度与生物群落关联度的对比分析。

由 15.3.1 节知，生物群落实际关联度的变化范围从最小值 0.049 到最大值

0.600，平均值为 0.305。由表 15-2 知，我国贵港等 8 个生态工业园的园区企业
间总关联度的变化范围从最小值 0.113 到最大值 0.476，平均值为 0.303。这 8
个生态工业园的园区企业间总关联度的平均值与生物群落实际关联度的平均值
非常接近，仅差 0.002。表明我国部分生态工业园的总体水平与自然生物群落
非常接近，并已具有生物群落的结构和功能。

由表 15-2 知，我国贵港等 8 个生态工业园的园区企业间生态关联度和园区
企业间总关联度的平均值分别为 0.242 和 0.303，与 1995 年卡伦堡生态工业园
的园区企业间生态关联度 0.236 和园区企业间总关联度 0.309 相比，同样非常接
近。表明我国部分生态工业园已达到一个较高的发展水平。我国生态工业园部
分规划和建设水平总体上接近自然生物群落。

（3）生态工业园的食物网结构与园区企业间生态关联度的关系。

由表 15-2 可见，沈阳铁西生态工业园的园区企业间生态关联度在 9 个生态
工业园中最低。通过对该生态工业园的食物网结构进行关联性分析可以发现，
相对于沈阳铁西生态工业园内众多的企业（25 家）来讲，企业间副产品、废品
再利用的食物链 25 条，食物链较少，副产品、废品资源化率较低，如热电厂蒸
汽未用；企业间物质输入和输出不匹配，致使该园区企业间生态关联度较低。
因此，为提高沈阳铁西生态工业园的园区企业间生态关联度，实现其资源利用
最大化和污染物排放最小化，可从以下两方面着手：

① 拓宽企业间副产品、废品资源化的范围。

通过技术改造或引进新技术、新设备，来提高企业间相互利用副产品、废
品的能力，扩大企业间的连接，从而提高园区企业间生态关联度，进而实现园
区资源利用的最大化和污染物排放的最小化。例如，若由热电厂向沈阳化工股
份有限公司、东北制药总厂、化工厂、沈阳红梅味精股份有限公司、方便面厂、
玉米淀粉厂和沈阳华润雪花啤酒有限公司供应蒸汽，一方面可降低上述各企业
生产蒸汽的资源、能源消耗和污染物的排放，同时可提高副产品、废品的资源
化率；另一方面可使园区增加 7 条生态工业链。与之对应，园区企业间生态关
联度将由 0.083 增长到 0.107，提高 28.9%。可见，拓宽企业间副产品、废品资
源化的范围，增加企业间相互利用副产品、废品的连接关系，园区企业间生态
关联度可得到较大幅度的提高。

② 增建"纽带"型企业。

通过对生态工业园的食物网结构进行关联性分析，可发现园区应该增建哪
些相关企业，使它在园区内的上下游企业间起到"纽带"作用，即利用上游企
业的副产品、废品，加工出适合下游企业使用的原料，从而扩大企业间相互利
用副产品、废品的连接关系，降低污染物的排放，提高资源效率。例如，若针
对园区环保电子、沈阳可口可乐饮料公司的废塑料未加利用问题，增建一塑料

厂。该塑料厂利用废塑料为沈阳红梅味精股份公司、沈阳化工股份有限公司、东北制药总厂、饲料加工集团生产塑料包装，这样，园区不仅提高了副产品、废品的资源化率，降低污染物的排放，而且园区还将增加 6 条生态工业链。与之对应，园区企业间生态关联度将由 0.083 增长到 0.095，提高 14.5%。可见，在园区内增建"纽带"型企业，同样可使园区企业间生态关联度得到提高。

如把上述两项措施同时实施，该园区生态工业链数将增加到 13 条。与之对应，园区企业间生态关联度将由 0.083 增长到 0.117，提高 41.0%。可见，园区企业间生态关联度得到大幅度地提高。当然，还可对园区食物网结构做进一步的关联性分析，扩大企业间副产品、废品资源化的范围，增建一些园区需要的具有"纽带"作用的企业，增加企业间相互利用副产品、废品的连接关系，提高园区企业间生态关联度，把副产品、废品消灭在园区生产过程中，实现园区资源利用的最大化和污染物排放的最小化。

综上可见，对生态工业园的食物网结构进行关联性分析，可以发现生态工业园中缺少的企业以及副产品、废品资源化的食物链。以此为基础，通过拓宽企业间副产品、废品资源化的范围，增建"纽带"型企业，进行多通道企业间的连接和组合，建立起相互关联、相互促进、共同发展的生态工业体系，必将对生态工业园充分发挥资源优势和工业优势，加快经济发展速度，提高经济发展质量，实现环境与经济协调发展具有重要意义。

15.4　园区资源化率

建设好一个生态工业园，除加强对生态工业园内企业间连接关系进行评价外，也要注意对生态工业园内副产品、废品资源化程度进行评价，以判断生态工业园内副产品、废品资源化量的大小，向外界环境排放了多少，以及对环境的影响，以便使生态工业园的规划更加切合实际。因此，本节将给出园区资源化率的定义和公式，并结合实际加以讨论。

15.4.1　园区资源化率的计算方法

园区资源化率是指统计期内园区企业间副产品、废品资源化率之和与园区最大可能的企业间副产品、废品资源化率之和的比值，即

$$C_R = \frac{\sum_{i=1}^{L_e} u_i}{\dfrac{S \times (S-1)}{2}} \times 100\% \tag{15-6}$$

式中：C_R 为园区资源化率，单位为%，$0 < C_R \leqslant 100\%$；L_e 为生态工业链的数

量；u_i 为企业资源化率，$0 < u_i \leqslant 100\%$，$i = 1, 2, \cdots, L_e$；S 为生态工业园内的企业数量。

假设一个生态工业园内有 S 家企业，如果该园区企业间相互利用副产品、废品的生态工业链为 L_{re} 条，且企业间副产品、废品的资源化率为 u_i（$0 < u_i \leqslant 100\%$，$i = 1, 2, \cdots, L_{re}$）。那么，该园区的企业资源化率之和为 $u_1 + u_2 + \cdots + u_{Lre}$，即 $\sum\limits_{i=1}^{L_{re}} u_i$；如果该园区企业间相互利用副产品、废品的生态工业链为 $S \times (S-1) / 2$ 条，且企业资源化率均为 100%，那么该园区最大可能的企业资源化率之和为 $S \times (S-1)/2$（$\sum\limits_{i=1}^{S(S-1)/2} u_{mi}$，其中企业资源化率 $u_{mi} = 100\%$），此时该园区内副产品、废品全部被作为原料供下游企业使用。可见，在生态工业园中，$\sum\limits_{i=1}^{L_{re}} u_i$ 与 $S \times (S-1)/2$ 的比值，说明了该园区内企业资源化率之和的变化。

当 $C_R = 100\%$ 时，园区的企业资源化率之和等于园区最大可能的企业资源化率之和，此时该园区内副产品、废品全部被作为原料供下游企业使用；当 $C_R = 0$ 时，园区的企业资源化率之和等于零，此时该园区内副产品、废品没有被作为原料供下游企业使用，而是全部散失于环境中；当 $0 < C_R < 100\%$ 时，园区内副产品、废品被作为原料供下游企业使用的数量介于上述两者之间。

可见，园区资源化率是衡量生态工业园内副产品、废品资源化程度的重要指标。园区资源化率越高，生态工业园内副产品、废品的资源化率越高；反之亦然。

对式（15-6）进行数学变换，可得

$$C_R = \frac{L_e}{\dfrac{S \times (S-1)}{2}} \times \frac{\sum\limits_{i=1}^{L_e} u_i}{L_e} \times 100\%$$

令 $r_L = \sum\limits_{i=1}^{L_e} u_i / L_e \times 100\%$。由于园区企业间生态关联度 $C_e = \dfrac{L_e}{S \times (S-1)/2}$，这样对上式进行化简整理，可得园区资源化率与园区企业间生态关联度之间的关系式为

$$C_R = C_e \times r_L \tag{15-7}$$

式中：r_L 为园区内企业资源化率的平均值，单位为 %，$0 < r_L \leqslant 100\%$。

由式（15-7）可见，园区资源化率的大小与园区企业间生态关联度和企业资源化率平均值的大小有关。当企业资源化率的平均值一定时，园区资源化率随园区企业间生态关联度的增加而提高；当园区企业间生态关联度一定时，园区资源化率随企业资源化率平均值的增加而提高。

15.4.2　园区资源化率的计算与分析

在南海生态工业园的规划中，给出了 2005 年和 2010 年该园区企业资源化率的目标值，它们分别是 50%（$u_{i2005}=50\%$）和 60%（$u_{i2010}=60\%$）。由 15.2.1 节知，南海生态工业园的企业数量（$S=21$）和生态工业链数（$L_e=25$）。把 S、L_e 和 u_{i2005} 代入式（15-6），可计算出 2005 年南海生态工业园的园区资源化率为

$$C_{R2005}=\frac{\sum_{i=1}^{25}50\%}{\dfrac{21\times(21-1)}{2}}=6.0\%$$

把 S、L_e 和 u_{i2010} 代入式（15-6），可计算出 2010 年南海生态工业园的园区资源化率

$$C_{R2010}=\frac{\sum_{i=1}^{25}60\%}{\dfrac{21\times(21-1)}{2}}=7.1\%$$

可见，南海生态工业园的园区资源化率较低。为了提高南海生态工业园的园区资源化率，可从以下两方面入手：一是要提高园区企业间生态关联度，以扩大企业间相互利用副产品、废品的范围；二是要提高园区内企业资源化率，以提高园区副产品、废品的资源化率。

在 15.2.1 节所讨论的 9 个生态工业园中，除南海生态工业园的规划中给出企业资源化率外，余下大部分未给出或部分给出企业资源化率。因此，在讨论这 9 个生态工业园的园区企业间生态关联度和企业资源化率的变化对园区资源化率的影响时，假设企业资源化率的平均值分别为 20%、40%、60%、80% 和 100%。把各园区企业间生态关联度和企业资源化率的平均值分别代入式（15-7），可计算出各生态工业园的园区资源化率。计算结果见表 15-4。

表 15-4　园区资源化率

国家	园　　区	C_e	r_L				
			20%	40%	60%	80%	100%
丹麦	1975 年卡伦堡生态工业园	0.095	1.9%	3.8%	5.7%	7.6%	9.5%
	1985 年卡伦堡生态工业园	0.178	3.6%	7.1%	10.7%	14.2%	17.8%
	1995 年卡伦堡生态工业园	0.236	4.7%	9.5%	14.2%	18.9%	23.6%
中国	贵港生态工业园	0.190	3.8%	7.6%	11.4%	15.2%	19.0%
	南海生态工业园	0.119	2.4%	4.8%	7.1%	9.5%	11.9%
	鲁北生态工业园	0.303	6.1%	12.1%	18.2%	24.2%	30.3%

国家	园　区	C_e	r_L				
			20%	40%	60%	80%	100%
中国	石河子生态工业园	0.400	8.0%	16.0%	24.0%	32.0%	40.0%
	沱牌酿酒生态工业园	0.429	8.6%	17.1%	25.7%	34.3%	42.9%
	沈阳铁西生态工业园	0.083	1.7%	3.3%	5.0%	6.7%	8.3%
	抚顺矿业生态工业园	0.132	2.6%	5.3%	7.9%	10.5%	13.2%
	通化张家生态工业园	0.282	5.6%	11.3%	16.9%	22.6%	28.2%
	平均值	0.242	4.9%	9.7%	14.5%	19.4%	24.2%

由表 15-4 可见，当园区企业间生态关联度为一定值时，园区资源化率随企业资源化率平均值的增加而提高，并且当企业资源化率平均值达到 100% 时，园区资源化率达到最大值，它等于园区企业间生态关联度的值。例如，贵港生态工业园，它的园区企业间生态关联度为 0.190，当企业资源化率平均值由 20% 增加到 80% 时，园区资源化率由 3.8% 提高到 15.2%；当企业资源化率平均值增加到 100% 时，园区资源化率值达到最大，为 19.0%，它等于园区企业间生态关联度的值 0.190。由此可见，园区资源化率的大小，在很大程度上取决于园区企业间生态关联度。因此，要想很大程度地提高园区资源化率，只有大幅度地提高园区企业间生态关联度，使园区内企业间形成更多生态工业链，为园区内副产品、废品的资源化创造更多的条件。所以，为了提高园区企业间生态关联度，要在运输成本允许的条件下，扩大副产品、废品的交换范围，不仅使副产品、废品可在一个园区（如生态工业园）内进行交换，而且还要扩大到园区所在城市或其他城市（社会范围），提高副产品、废品资源化的范围，进而提高园区资源化率。

由表 15-4 还可知，当各生态工业园内企业资源化率的平均值相同时，我国生态工业园的园区资源化率的平均值比 1995 年卡伦堡生态工业园的园区资源化率值略高，表明我国生态工业园的总体水平略高于 1995 年卡伦堡生态工业园的水平。在我国贵港等 8 个生态工业园中，当企业资源化率均为相同值时（如为 80%），因为沱牌酿酒生态工业园的园区企业间生态关联度最大为 0.429，所以它的园区资源化率也最大为 34.3%；同样因为沈阳铁西生态工业园的园区企业间生态关联度最小为 0.083，所以它的园区资源化率也最小为 6.7%。

可见，在生态工业园的规划和建设工作中，一方面要注意增加园区内企业间相互利用副产品、废品的连接关系，另一方面还要注意提高企业资源化率。这样不仅可以提高园区企业间生态关联度，而且还可以提高园区资源化率。从而使园区内企业间关系更密切，副产品、废品的资源化率更高，污染物排放量更少，进而使其真正成为一个资源利用率最高、污染物排放量最少、符合可持续发展要求的生态工业园。

主要参考文献

蔡晓明，尚玉昌. 2000. 普通生态学. 上册. 北京：北京大学出版社

蔡晓明，尚玉昌. 2000. 普通生态学. 下册. 北京：北京大学出版社

程金香. 2004. 生态工业园区建设中的各企业耦合研究 [硕士学位论文]. 西安：西北大学

抚顺矿业生态工业园区建设领导小组. 2003. 抚顺矿业生态工业园区建设规划. 清华大学生态工业研究
 中心、辽宁省环境科学研究院

国家环境保护总局. 2006. 综合类生态工业园区标准（试行）. 中华人民共和国环境保护行业标准.
 HJ/T274—2006

鲁成秀. 2003. 生态工业园区区规划建设理论与方法研究 [硕士学位论文]. 长春：东北师范大学

罗宏，孟伟，冉圣宏. 2004. 生态工业园区——理论与实证. 北京：化学工业出版社

南海国家生态工业示范园区暨华南环保科技产业园建设领导小组. 2001. 南海国家生态工业示范园区暨
 华南环保科技产业园建设规划. 中国环境科学研究院、清华大学化学工程系

沈阳铁西生态工业园区建设领导小组. 2003. 沈阳铁西生态工业园区建设规划. 沈阳环境科学研究院、
 同济大学可持续发展中心、欧盟—辽宁沈阳城市规划资项目办公室

苏伦·埃尔克曼. 1999. 工业生态学. 徐兴元译. 北京：经济日报出版社

新疆石河子国家生态工业园区（造纸）示范园区建设领导小组. 2002. 新疆石河子国家生态工业园区
 （造纸）示范园区建设规划. 中国环境科学研究院

阎传海，张海荣. 2003. 宏观生态学. 北京：科学出版社

于秀娟. 2003. 工业与生态. 北京：化学工业出版社

郑东晖. 2002. 生态工业园区区的产品体系规划与物质集成 [硕士学位论文]. 北京：清华大学

Briand F. 1983. Environmental control of food web structure. Ecology，64(2)：253～263

Cohen J E. 1978. Food Webs and Niche Space. Princeton：Princeton University Press

Côté R P，Cohen-Rosenthal E. 1998. Designing eco-industrial parks：a synthesis of some experiences.
 Journal of Cleaner Production，(6)：181～188

Lambert A J D，Boons F A. 2002. Eco-industrial parks：stimulating sustainable development in mixed
 industrial parks. Technovation，22：471～484

Lowe E A. 2001. Eco-Industrial Park Handbook for Asian Developing Nations. A Report to Asian
 Development Bank，Oakland

Lowe W，Warren J. 1998. The source of value：an executive briefing and source book on industrial
 ecology. Northwest National Richland，Wash：Pacific Laboratory：PNNL-10943

May R M. 1983. The structure of food webs. Nature，301：566～568

Paine R T. 1988. Food webs：road maps of interactions or grist for theoretical development? Ecology，
 69 (6)：1648～1654

Pimm S L，Lawton J H，Cohen J E. 1991. Food web patterns and their consequences. Nature，350：
 669～674

Wallner H P. 1999. Towards sustainable development of industry：networking，complexity and eco-
 clusters. Journal of Cleaner Production，(7)：49～58

Warren P H. 1990. Variation in food-web structure：the determinants of connectance. American
 Naturalist，136(5)：689～700

Williams R J，Martine N D. 2000. Simple rules yield complex food webs. Nature，404：180~183

Yodzis P. 1980. The connectance of real ecosystems. Nature，284：544~545

复习思考题

1. 什么是生物群落关联度？在计算关联度时，是否有必要考虑潜在食物链的影响？为什么？

2. 计算贵港工业园的园区企业之间生态关联度和总关联度。若企业资源化率 u_i 呈线性递增或指数递增，那么园区资源化将以何种形式变化？

第16章　生产流程中物流对能耗、物耗的影响

钢铁工业是典型的流程工业，本章以钢铁生产流程为例进行分析。钢铁生产流程中物料的流动情况很复杂，一些钢铁联合企业里庞大的货运系统，至少从一个侧面反映了这一问题的复杂性。仅就流动本身而言，就包括流向、流量、流速、流动距离等多个参数。何况在研究物流时，还必须注意到物料的物理、化学参数。所有这些参数对钢铁生产流程的吨材能耗和铁资源效率均有直接影响。因此，正确认识和分析钢铁生产流程中的物流问题，必将对钢铁生产的节能降耗工作产生深远的影响。

16.1　物质循环对能源消耗的影响

16.1.1　生产流程的能耗基准物流图

本节分析中以钢铁工业为例，只讨论铁的流动。

为便于分析生产流程中物流对能耗的影响，构思了一张"全封闭单行道"式的生产流程物流图。

①全流程中含铁物料的唯一流向是从上游工序流向下游工序；②在流程的中途，无含铁物料的输入、输出。把同时满足以上两个条件，并以 1t 成品材为最终产品的物流图，定义为生产流程的基准物流图。

图 16-1 是某一生产流程的能耗基准物流图。图中每个圆圈代表一道工序，圆圈内的号码1、2、3、4、5分别代表由上游至下游的5道不同的生产工序，箭头表示含铁物料的流向。在箭头的上下方分别标明各工序的实物产量和每吨物料中铁的重量（C_1、C_2、C_3，t 铁/t 物料）；第 4 道工序产出的钢铁产品，设 $C_4=1$；同理，其后工序 $C_5=1$。在上述各道工序的实物产出量中，铁的重量均为 1t。这是因为，$C_1 \times 1/C_1 = 1$，$C_2 \times 1/C_2 = 1$，$C_3 \times 1/C_3 = 1$。图中每个圆圈上面所标的 e_{01}，e_{02}，…，e_{05} 分别是各道工序的基准工序能耗，单位为 kg 标准煤/t 合格实物产品。基于这张基准物流图，可求得流程的吨材能耗（简称基准吨材

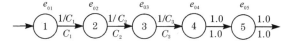

图 16-1　生产流程的能耗基准物流图

能耗）

$$E_0 = \frac{e_{01}}{C_1} + \frac{e_{02}}{C_2} + \frac{e_{03}}{C_3} + e_{04} + e_{05} \qquad (16\text{-}1)$$

式（16-1）是同各种物流状况下生产流程的能耗值进行对比的基准式。

生产流程的物流不可能满足上面提到的基准物流图的条件，偏离基准物流图的情况是普遍存在的。下面举几个典型的例子，分析生产流程偏离基准物流图对于吨材能耗的影响。

16.1.2　生产流程偏离基准物流图对于吨材能耗的影响

例 16-1.　不合格产品或者废品在工序内部返回，重新处理。

以图 16-1 中的工序 2 为例，说明这种情况下的物流及其对能耗的影响，见图 16-2。由图可见，这道工序合格的实物产量仍应保持原来的数量，即 $1/C_2$ t，但与此同时，产出了一些不合格产品或废品，其数量为原产量的 β 倍（$\beta<1$）。因此，总的实物产量增至 $(\beta+1)/C_2$ t。其中，β/C_2 t 不合格产品或废品返回到本工序入口端，重新处理。如 16.1.1 节所见，原来这道工序产出 $1/C_2$ t 实物时总能耗为 e_{02}/C_2 kg 标准煤。现因实物产量（合格与不合格产品均在内）增加到了 $(1+\beta)/C_2$ t，因此使这道工序总的能耗增至 $(1+\beta)\times e_{02}/C_2$ kg 标准煤。这样，在其他各道工序的物流和能耗都不变的情况下，仅因工序 2 的上述变化，就使吨材能耗变为

$$E = \frac{e_{01}}{C_1} + \frac{(1+\beta)\times e_{02}}{C_2} + \frac{e_{03}}{C_3} + e_{04} + e_{05} \qquad (16\text{-}2)$$

与基准吨材能耗 E_0 相比，其增量为

$$E - E_0 = \beta\times\frac{e_{02}}{C_2} \qquad (16\text{-}3)$$

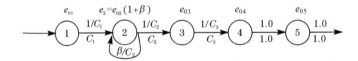

图 16-2　例 16-1 的物流图

由此可见，在其他条件相同的情况下，工序内部不合格产品或废品的返回量越大，吨材能耗的增量越大。此外，补充说明这种情况下对工序能耗的理解和计算方法如下：按规定，工序能耗＝工序总能耗/工序合格实物产品产量。所以，在有返料的情况下，工序 2 的工序能耗为

$$e_2 = \frac{(1+\beta)\times e_{02}/C_2}{1/C_2} = e_{02}\times(1+\beta) \qquad (16\text{-}4)$$

例 16-2.　下游工序的不合格产品或废品返回上游工序，重新处理。

以图 16-1 中的工序 5 为例，说明这种情况下的物流及其对能耗的影响，见图 16-3。由图可见，工序 5 的不合格产品及废品返回到工序 3 重新处理。工序 5 的合格产品仍应保持原来的数量，即 1t，但与此同时，有不合格产品或废品，其数量为原产量的 β 倍（$\beta < 1$）。因此，总的实物产量将增至 $(1+\beta)$ t，其中 β t 不合格产品或废品返回工序 3 重新处理。则第 3 和第 4 两道工序的实物产量将增至 $(1+\beta)/C_3$ t 和 $(1+\beta)$ t。

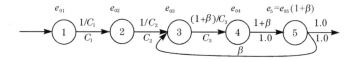

图 16-3　例 16-2 的物流图

由前面的讨论可知，工序 5 的工序能耗由原来的 e_{05} 变为 e_5，即

$$e_5 = e_{05} \times (1+\beta) \tag{16-5}$$

此外，第 3 和第 4 两道工序各自的总能耗，分别增至 $e_{03} \times (1+\beta)/C_3$ 和 $e_{04} \times (1+\beta)$。这样，吨材能耗变为

$$E = \frac{e_{01}}{C_1} + \frac{e_{02}}{C_2} + (1+\beta) \times \left(\frac{e_{03}}{C_3} + e_{04} + e_{05} \right) \tag{16-6}$$

与基准吨材能耗 E_0 相比，其增量为

$$E - E_0 = \beta \times \left(\frac{e_{03}}{C_3} + e_{04} + e_{05} \right) \tag{16-7}$$

可见，在其他条件相同的情况下，向上游工序的返料量越大，吨材能耗的增量越大。此外还可以看出，不合格产品或废品返回的距离（按进出两工序的序号差值计）越大，吨材能耗的增量越大。

例 16-3.　不合格产品、废品或其他含铁物料从某道工序向外界输出（不回收）。

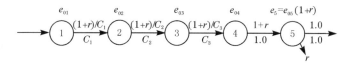

图 16-4　例 16-3 的物流图

以图 16-1 中的工序 5 为例，说明这种情况下的物流及其对能耗的影响，见图 16-4。由图可见，r t($r < 1$) 不合格产品、废品或其他含铁物料，由工序 5 直接向外界输出，例如向市场出售或散失于环境中。工序 5 的合格产品仍为 1t，而总的产出物为 $(1+r)$ t。上游各道工序的实物产量都将增至 $1+r$ 倍。在这种情况下，吨材能耗为

$$E = (1 + r) \times E_0 \tag{16-8}$$

与基准吨材能耗 E_0 相比，其增量为

$$E - E_0 = r \times E_0 \tag{16-9}$$

不难理解，在其他条件相同的情况下，发生上述情况的工序序号越大，吨材能耗的增量越大。

例 16-4.　含铁料从外界输入流程的某中间工序。

以图 16-1 中的工序 4 为例，说明这种情况下的物流及其对能耗的影响，见图 16-5。工序 4 的实物产量仍为 1t。但与此同时，有 a t($a < 1$) 含铁回收物料从外界输入，按含铁量计算，它相当于 a/C_3 t 工序 4 所用的原料。因此，从工序 3 进入工序 4 的物料量可由 $1/C_3$ t 减为 $(1/C_3 - a/C_3)$ t。上游各工序之间的物流量也相应减少。这样，流程的吨材能耗为

$$E = (1 - \alpha) \times \left(\frac{e_{01}}{C_1} + \frac{e_{02}}{C_2} + \frac{e_{03}}{C_3} \right) + e_{04} + e_{05} \tag{16-10}$$

与基准吨材能耗 E_0 相比，其增量为

$$E - E_0 = (-\alpha) \times \left(\frac{e_{01}}{C_1} + \frac{e_{02}}{C_2} + \frac{e_{03}}{C_3} \right) \tag{16-11}$$

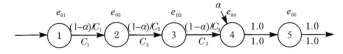

图 16-5　例 16-4 的物流图

由此可见，吨材能耗降低了。

16.1.3　生产流程的实际物流图

生产流程偏离基准物流图的情况，绝不像以上所举各个典型例子那么简单。实际上任何一道工序都可能发生偏离基准物流图的现象，且在同一道工序中还可能存在若干这种现象，甚至同一种现象亦包括几股不同的物流。因此，生产流程的实际物流图十分复杂。不过，以上各典型例子已足以用来分析生产流程的实际物流图，以及它与能耗之间的关系。

运用实际物流图进行能耗分析工作，大致可按以下三步进行：

（1）选定企业的某一流程，收集统计期内有关物流和能耗数据，弄清各股物流的来龙去脉，绘制出该流程的实际物流图。在绘制以吨材为计算基准的实际物流图中，各股物流的流量等于统计期内这些股实物流量分别除以钢材产量。

（2）以这张实际物流图为依据，绘制基准物流图。

（3）　对照基准物流图，分析实际物流对能耗的影响。

以实际物流图为依据，绘制基准物流图时，需标出各工序的实物产量，以及各工序能耗。在基准物流图上，很容易标出各工序的实物产量。假设第 4 道工序以后各工序的实物产量都是 1t；第 4 道工序前各工序的实物产量也只决定于各工序产品的实际含铁量，即 1、2 和 3 各工序的实物产量分别等于 $1/C_1$ t、$1/C_2$ t 和 $1/C_3$ t。

基准物流图上的各工序能耗（以下简称"基准工序能耗"），要按实际物流图的工序能耗（以下简称"实际工序能耗"）反算求得。例如，在上述例 16-2 中，工序 5 有 β t 不合格产品及废品返回上游工序去重新处理，所以，该工序能耗由原来的 e_{05}（基准工序能耗）增至 $e_5 = e_{05} \times (1+\beta)$，其中 e_5 是该情况下的实际工序能耗。所以，该工序的基准工序能耗为

$$e_{05} = \frac{e_5}{1+\beta} \tag{16-12}$$

式（16-12）表明了从实际工序能耗反算基准工序能耗的基本方法。有多股物流影响工序能耗时，反算方法不变，只是要把多股物流的影响叠加起来，比较复杂。

此外，还可按 16.1.2 节所述的单因素分析方法计算各股物流的单位变化量（即每增减 1kg）对于流程能耗的影响。这样可以比较各股物流对于能耗影响的重要性。

16.1.4　案例

1）　物流图

按某钢厂 2002 年的平均生产数据绘制该生产流程的物流图。图 16-6 是以 1t 材为计算基准的实际物流图。图中每个箭头上标明了各股物流的实物量，并在括号中标明了与之对应的铁元素重量。这 5 道工序的编号分别为 1、2、3、4、5。

图 16-7 是根据图 16-6 绘出的与之对应的基准物流图。

2）　实际吨材能耗与基准吨材能耗的计算和分析

按图 16-6 可求得该流程的实际吨材能耗为

$$E = \sum_{i=1}^{5} (e_i \times p_i)$$
$$= 11.7 \times 0.9066 + 71.6 \times 1.2805 + 426.7 \times 0.9133 + 19 \times 1.0252 + 65.1 \times 1$$
$$= 10.6 + 91.7 + 389.7 + 19.5 + 65.1$$
$$= 576.6 \text{（kg 标准煤/t）}$$

按图 16-7 可求得该流程的基准吨材能耗为

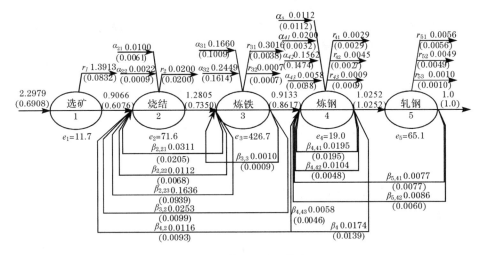

图 16-6　某钢厂实际物流图

图 16-7　某钢厂的基准物流图

$$E_0 = \sum_{i=1}^{5}(e_{0i} \times p_{0i})$$

$$=10.3\times1.4921+69.7\times1.7422+419.3\times1.0599+18.2\times1+63.5\times1$$

$$=15.4+121.4+444.4+18.2+63.5$$

$$=662.9(\text{kg 标准煤}/t)$$

表 16-1 列出了上述计算结果。根据以上两算式等号右侧各工序能耗及材比系数的差值，不难求得它们各自对能耗的影响量（见表 16-1 的最后两行）。工序的"材比系数"是指该工序的实物产量与材产量之比。

表 16-1　某钢厂实际吨材能耗和基准吨材能耗的对比　（单位:kg 标准煤 /t）

项目	工序					总计
	选矿	烧结	炼铁	炼钢	轧钢	
E	10.6	91.7	389.7	19.5	65.1	576.6
E_0	15.4	121.4	444.4	18.2	63.5	662.9
$E-E_0$	−4.8	−29.7	−54.7	1.5	1.6	−86.3
工序能耗变化引起的吨材能耗变化	1.2	2.4	6.8	0.8	1.6	12.8
材比系数变化引起的吨材能耗变化	−6	−32.1	−61.5	0.5	0	−99.1

由表 16-1 可见，该钢厂的实际吨材能耗比基准吨材能耗降低了 86.3kg 标准煤/t。其中，因实际工序能耗高于基准工序能耗而引起的能耗增量为 12.8kg 标准煤/t，且增量最大的工序是炼铁工序；因材比系数的差值而引起的能耗降低量为99.1kg 标准煤/t，降低量最大的工序也是炼铁工序。

下面讨论工序能耗和材比系数对实际吨材能耗的影响。实际吨材能耗与基准吨材能耗的差为

$$\Delta E = E - E_0$$
$$= \sum_{i=1}^{n} (e_i \times p_i) - \sum_{i=1}^{n} (e_{0i} \times p_{0i})$$
$$= \sum_{i=1}^{n} [p_i \times (e_i - e_{0i})] + \sum_{i=1}^{n} [e_{0i} \times (p_i - p_{0i})]$$
$$= \Delta E_e + \Delta E_p$$

其中

$$\Delta E_e = \sum_{i=1}^{n} [p_i \times (e_i - e_{0i})] \tag{16-13}$$

$$\Delta E_p = \sum_{i=1}^{n} [e_{0i} \times (p_i - p_{0i})] \tag{16-14}$$

式中：ΔE_e 是工序能耗变化对吨材能耗的影响量；ΔE_p 是材比系数变化对吨材能耗的影响量。

利用式（16-13），可求得工序能耗对吨材能耗的影响量，即

$$\Delta E_e = \sum_{i=1}^{5} [p_i \times (e_i - e_{0i})]$$
$$= 0.9066 \times (11.7 - 10.3) + 1.2805 \times (71.6 - 69.7) + 0.9133 \times (426.7$$
$$- 419.3) + 1.0252 \times (19 - 18.2) + 1 \times (65.1 - 63.5)$$
$$= 1.2 + 2.4 + 6.8 + 0.8 + 1.6$$
$$= 12.8 \text{（kg 标准煤 /t）}$$

利用式（16-14），可求得材比系数对吨材能耗的影响量，即

$$\Delta E_p = \sum_{i=1}^{5} [e_{0i} \times (p_i - p_{0i})]$$
$$= 10.3 \times (0.9066 - 1.4921) + 69.7 \times (1.2805 - 1.7422) + 419.3 \times$$
$$(0.9133 - 1.0599) + 18.2 \times (1.0252 - 1.0) + 63.5 \times (1.0 - 1.0)$$
$$= -6 - 32.1 - 61.5 + 0.5 + 0$$
$$= -99.1 \text{（kg 标准煤 /t）}$$

表 16-1 中列出了上述计算结果。工序能耗变化对吨材能耗影响量为 12.8kg 标准煤/t；材比系数对吨材能耗的影响量为 -99.1kg 标准煤/t，材比系

数影响最大。可见，材比系数是造成该流程吨材能耗降低的主要原因。在材比系数对吨材能耗的影响中，铁材比影响最大，其影响值为 -61.5kg 标准煤/t。由图 16-6 可见，炼铁材比系数为 0.9133t/t，相对较小。主要是由于炼钢工序所用炉料的 17.5% 由流程外购入，余下 82.5% 由流程内炼铁工序生产。因此，希望由流程外多购进一些原料，尤其是废钢等可回收资源。这样，一方面可降低流程的吨材能耗，另一方面还可以降低流程吨材铁耗。

16.2　物质循环对资源消耗的影响

本节分析中同样以钢铁工业为例。

吨材铁耗是衡量钢铁生产过程中铁矿石等天然铁资源节约程度的重要指标。它等于钢铁生产流程在统计期内所消耗的铁矿石等天然资源铁量除以最终合格钢材铁量，即

$$R = \frac{P_0}{P} \qquad (16\text{-}15)$$

式中：R 为流程吨材铁耗，单位为 t/t；P 为合格钢材铁量，单位为 t；P_0 为生产 P 吨合格钢材所消耗的铁矿石等天然资源铁量，单位为 t。

对于流程内各工序来讲，工序单位铁耗等于统计期内该工序所消耗的铁量除以合格产品铁量。这里，工序所消耗的"铁量"是指铁矿石等天然资源或由其加工所得的产品量；废钢等回收的二次资源量不计其内。这时，工序单位铁耗为

$$R_i = \frac{P_{i-1}}{P_i} \qquad (16\text{-}16)$$

式中：R_i 为第 i 道工序单位铁耗，单位为 t/t；P_i 为第 i 道工序生产的合格产品铁量，单位为 t；P_{i-1} 为第 i 道工序为生产 P_i 吨合格产品所消耗的铁量，单位为 t，其中包括由上道工序和由流程外输入该工序的铁量，但不包括流程外输入的废钢、工序内部或工序之间的循环铁量。

16.2.1　生产流程的铁耗基准物流图

图 16-8 是一生产流程的铁耗基准物流图，假定此流程全部以天然铁资源进行生产。图中每个圆圈分别代表一个工序，圆圈内的号码由 1~5 代表由上游至下游的 5 道不同的生产工序，箭头表示铁的流向，在箭头的上方标明了铁的重量。设第 5 道工序产出的合格产品量为 1t，由质量守恒定律知，其各道工序的铁量均为 1t。基于这张铁耗基准物流图，由式（16-15）可求得该流程的吨材铁耗（简称基准吨材铁耗）为

$$R = \frac{P_0}{P} = \frac{1.0}{1.0} = 1.0$$

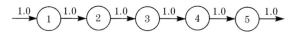

图 16-8　生产流程的铁耗基准物流图

可见，该流程铁耗基准物流图的铁耗为 1.0t/t。它是分析各种生产流程的铁耗的基础。

同样，由式（16-16）可计算出流程中各工序铁耗均为 1.0t/t。

顺便指出，图 16-1 中工序 1 左侧箭头上未标注任何数字，而图 16-8 却标注了数字。这是因为能耗计算只与输出工序的实物量有关；而铁耗计算不仅与输出工序的产品铁量有关，而且还与输入工序的铁资源量有关。

16. 2. 2　钢铁生产流程偏离基准物流图对于吨材铁耗的影响

例 16-5.　不合格产品或废品在工序内部返回，重新处理。

以图 16-8 中的工序 3 为例，说明这种情况下的物流及其对吨材铁耗的影响，见图 16-9。由图可见，工序 3 的不合格产品或废品 $\beta(\beta<1)$ t，返回到本工序入口端，重新处理。工序 3 的产量仍应保持原来的数量 1t，同时，生产流程内其他各道工序的产量仍为 1t。这样，从流程外输入的铁量及最终合格钢材铁量都仍为 1t，故该流程的吨材铁耗为 1.0t/t。由此可见，工序内部不合格产品或废品的返回量多少，对吨材铁耗没有影响。

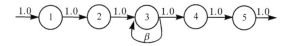

图 16-9　例 16-5 的物流图

各工序单位铁耗相乘，得

$$R_1 \times R_2 \times R_3 \times R_4 \times R_5 = \frac{1.0}{1.0} \times \frac{1.0}{1.0} \times \frac{1.0}{1.0} \times \frac{1.0}{1.0} \times \frac{1.0}{1.0} = 1.0 \quad (16\text{-}17)$$

可见，当不合格产品或废品在工序内部返回，重新处理时，流程吨材铁耗等于各工序单位铁耗的乘积。

例 16-6.　下游工序的不合格产品或废品返回上游工序，重新处理。

以图 16-8 中的工序 4 为例，说明这种情况下的物流及其对吨材铁耗的影响，见图 16-10。由图可见，工序 4 的不合格产品或废品返回到上游工序 2，重新处理。工序 4 的产量仍保持原来的数量 1t；但与此同时，工序 4 的不合格产品或废品量为 $\beta(\beta<1)$ t，它返回工序 2 重新处理。工序 2、3 的产量将增至 $(1+\beta)$ t。工序 1 的输入量和输出量仍为 1t。这样，吨材铁耗等于 1.0t/t。可见，下游工序的不合格产品或废品返回上游工序时，对流程的吨材铁耗没有影响。

各工序单位铁耗相乘，得

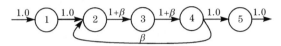

图 16-10　　例 16-6 的物流图

$$R_1 \times R_2 \times R_3 \times R_4 \times R_5 = \frac{1.0}{1.0} \times \frac{1.0}{1+\beta} \times \frac{1+\beta}{1+\beta} \times \frac{1+\beta}{1.0} \times \frac{1.0}{1.0} = 1.0$$

$$(16-18)$$

可见，不合格产品或废品由下游工序返回上游工序，重新处理，只对相关工序单位铁耗产生影响，而对流程的吨材铁耗没有影响，流程吨材铁耗仍等于各工序单位铁耗的乘积。对于工序之间有多股物流返回，重新处理时，上述结论同样适用。

例 16-7.　　不合格产品、废品或其他含铁物料从某道工序向外界输出（不回收）。

以图 16-8 中的工序 3 为例，说明这种情况下的物流及其对吨材铁耗的影响，见图 16-11。由图可见，$r(r<1)$ t 不合格产品、废品或其他含铁物料，由工序 3 直接向外界输出，不回收。工序 3 的产量仍为 1t，而上游各道工序的产量都将增至 $(1+r)$ t。此时，输入流程的铁资源量变为 $(1+r)$ t，故吨材铁耗变为 $(1+r)$ t/t。可见，不合格产品、废品或其他含铁物料从某道工序向外界输出，将提高吨材铁耗；输出量越大，吨材铁耗越大。

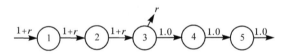

图 16-11　　例 16-7 的物流图

各工序单位铁耗相乘，得

$$R_1 \times R_2 \times R_3 \times R_4 \times R_5 = \frac{1+r}{1+r} \times \frac{1+r}{1+r} \times \frac{1+r}{1.0} \times \frac{1.0}{1.0} \times \frac{1.0}{1.0} = 1+r$$

$$(16-19)$$

可见，当不合格产品、废品或其他含铁物料从某道工序向外界输出时，流程吨材铁耗仍等于各工序单位铁耗的乘积。

例 16-8.　　废钢从外界输入流程中某道工序。

以图 16-8 中的工序 4 为例，说明这种情况下的物流及其对吨材铁耗的影响，见图 16-12。由图可见，向工序 4 输入废钢 $s(s<1)$ t，工序 4 的产量仍为 1t。因此，工序 3 进入工序 4 的原料量由 1t 减为 $(1-s)$ t。上游各工序之间的物流量也相应减少。因废钢不属于天然资源，所以，在计算铁耗时，不必计入；输入

该流程的铁资源量仅为（$1-s$）t。可见，从外界向流程中某工序输入废钢 s t，可降低流程吨材铁耗 s t/t；废钢输入量越大，吨材铁耗越低。

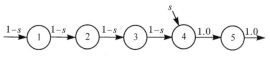

图 16-12　例 16-8 的物流图

各工序单位铁耗相乘，得

$$R_1 \times R_2 \times R_3 \times R_4 \times R_5 = \frac{1-s}{1-s} \times \frac{1-s}{1-s} \times \frac{1-s}{1-s} \times \frac{1-s}{1.0} \times \frac{1.0}{1.0} = 1-s$$

$$(16-20)$$

可见，从外界向流程中某工序输入废钢时，流程吨材铁耗仍等于各工序单位铁耗的乘积。

例 16-9.　铁矿石等天然资源从外界输入流程中某道工序。

以图 16-6 中的工序 4 为例，说明这种情况下的物流及其对吨材铁耗的影响，见图 16-13。由图可见，向工序 4 输入铁矿石等天然资源 $\alpha(\alpha<1)$ t，工序 4 的产量仍为 1t。同理，上游各工序之间的输入量也相应减少。但此时，输入流程的铁矿石等天然资源总量为 $1-\alpha+\alpha$，即 1t，故吨材铁耗不变，其值仍为 1.0t/t。不难理解，从外界向流程中某工序输入铁矿石等天然资源，不改变吨材铁耗。

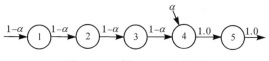

图 16-13　例 16-9 的物流图

各工序单位铁耗相乘，得

$$R_1 \times R_2 \times R_3 \times R_4 \times R_5 = \frac{1-\alpha}{1-\alpha} \times \frac{1-\alpha}{1-\alpha} \times \frac{1-\alpha}{1-\alpha} \times \frac{1-\alpha+\alpha}{1.0} \times \frac{1.0}{1.0} = 1.0$$

$$(16-21)$$

可见，铁矿石等天然资源从外界输入流程中某工序时，流程吨材铁耗仍等于各工序单位铁耗的乘积。

综上所述，流程吨材铁耗等于各工序单位铁耗的乘积。

同样，可按本节所述的单因素分析方法计算各股物流的单位变化量（即每增减 1kg）对于流程铁耗的影响。这样可以比较各股物流对于铁耗影响的重要性。

16.2.3　案例

基于上述分析，以 16.1.4 节的钢厂实例为对象，计算该厂吨材铁耗和工序单位铁耗，并讨论它们之间的关系。

按图 16-6 可求得该流程生产 1t 合格钢材所需的铁资源量为

$P_0 = 0.6908 + 0.0061 + 0.0009 + 0.1009 + 0.1614 + 0.0032 + 0.1474 + 0.0038$
$\qquad = 1.1145 \text{ (t)}$

把上式代入式（16-15），可求得该流程的吨材铁耗为

$$R = \frac{1.1145}{1.0} = 1.11 \text{ (t/t)}$$

同样，以图 16-6 数据为基础，利用式（16-16）可求得各工序单位铁耗为

$$R_1 = \frac{0.6908}{0.6076} = 1.1369 \text{ (t/t)}$$

$$R_2 = \frac{0.6076 + 0.0061 + 0.0009}{0.7350} = 0.8362 \text{ (t/t)}$$

$$R_3 = \frac{0.7350 + 0.1009 + 0.1614}{0.8617} = 1.1574 \text{ (t/t)}$$

$$R_4 = \frac{0.8617 + 0.0032 + 0.1474 + 0.0038}{1.0252} = 0.9911 \text{ (t/t)}$$

$$R_5 = \frac{1.0252}{1.0} = 1.0252 \text{ (t/t)}$$

将各工序单位铁耗相乘，可得

$R_1 \times R_2 \times R_3 \times R_4 \times R_5 = 1.1369 \times 0.8362 \times 1.1574 \times 0.9911 \times 1.0252$
$\qquad\qquad\qquad\qquad = 1.11 \text{ (t/t)}$

可见，流程吨材铁耗值等于各工序单位铁耗的乘积，此计算结果与 16.2.2 节的分析相符。

主要参考文献

戴铁军，陆钟武. 2004. 钢铁生产流程的铁流对铁资源效率的影响. 金属学报，40(11)：1127～1132

杜丽娜，李学超，刘永祥. 2003. 电炉铁水热装工艺实践. 太钢科技，4：21～24

李秀华. 2002. 2001 年大中型钢铁企业基本情况. 中国钢铁工业协会市场调研部

陆钟武，蔡九菊，于庆波等. 2000. 钢铁生产流程的物流对能耗的影响. 金属学报，36(4)：370～378

王筱留. 2001. 钢铁冶金学（炼铁部分）. 北京：冶金工业出版社

冶金工业部长沙黑色冶金矿山研究院. 1990. 烧结设计手册. 北京：冶金工业出版社

殷瑞钰. 2004. 冶金流程工程学. 北京：冶金工业出版社：115～116

中国钢铁协会. 2003. 中国钢铁工业生产统计指标体系：指标目录. 北京：冶金工业出版社

中国金属学会冶金工业信息中心. 2001. 2000 年重点大中型钢铁企业主要产品产量技术经济指标. 北京：中国金属学会冶金工业信息中心

Henningsson S，Hyde K，Smith A，et al. 2004. The value of resource efficiency in the food industry: a waste minimisation project in East Anglia, UK. Journal of Cleaner Production，12：505～512

Reinhard S，Knox Lovell C A，Thijssen G J. 2000. Environmental efficiency with multiple environmentally detrimental variables: estimated with SFA and DEA. European Journal of Operational Research，121：287～303

复习思考题

1. 如何定义生产流程的基准物流图？生产流程的能耗基准物流图是怎样的？生产流程的铁耗基准物流图是怎样的？思考一下两者之间的主要差别，为什么会有这种差别？

2. 什么是生产流程的铁资源效率、工序的铁资源效率？两者之间有何关系？

第六篇　企业的绿色化

第 17 章　企业的绿色化

究天人之际，通古今之变，成一家之言。

——司马迁

东方以综合思维模式（整体论）为主导，西方则是以分析思维（还原论）为主导。

用东方"天人合一"的思想和行动，济西方"征服自然"之穷，就可以称之为"东西文化互补论"。

——季羡林

第17章　企业的绿色化

凡从事生产、流通或服务性活动的独立经济核算单位，统称为企业。表17-1中列出了第一、第二、第三产业各类企业的名称。本章所讨论的内容，原则上适用于各类企业。

表 17-1　我国产业分类

第一产业	第二产业	第三产业
农业	采矿业	交通运输、仓储和邮政业
林业	制造业	信息传输、计算机服务和软件业
牧业	电力	批发和零售业
渔业	煤气及水的生产和供应业	住宿和餐饮业
	建筑业	金融业
		房地产业
		租赁和商务服务业
		科学研究、技术服务和地质勘察业
		水利、环境和公共设施管理业
		居民服务和其他服务业
		教育、卫生、社会保障和社会福利业
		文化、体育和娱乐业
		公共管理和社会组织
		国际组织

在人类社会经济系统中，企业是资源的最大消耗者，也是污染物的最大排放者；有不少企业更是影响各种产品在使用过程中资源消耗量和污染物排放量的主要源头。因此，在我国实施可持续发展战略，建设资源节约型、环境友好型社会的过程中，讨论企业的绿色化问题，具有重要意义。

17.1　绿色企业及企业的绿色化

从我国实际情况出发，我们认为，凡实施可持续发展战略的资源节约型、环境友好型企业，都是绿色企业。

绿色企业具有以下特征：

(1) 能自觉地承担企业的经济、社会和环境责任，而不是只承担经济责任。

(2) 能把环境保护列入企业的核心业务，而不是把它看成是一般性管理工作。

(3) 能对企业内部的管理工作进行实质性的变革。环保工作在企业经理直接领导下，各部门齐抓共管、各司其职，而不是只有环保部门一家管环保。

(4) 能按照全面的环保思路开展工作，而不是按照狭隘的传统环保思路开展工作。

(5) 能把资源消耗和污染物排放降到很低的程度，而且排放物中不含有毒物质。

(6) 能做到产品不仅符合国内环保标准，而且能满足国际上的环保要求。

(7) 企业给当地的生态环境带来的影响很小。

(8) 企业的各级干部，能用分析和综合两套思维模式，思考企业各方面的问题，其中包括资源环境问题。

我国绝大多数企业，与绿色企业相比，差距甚大。这是我国资源浪费严重、环境持续恶化的重要原因之一。为了建设资源节约型、环境友好型社会，必须加快我国企业的绿色化进程。

企业的绿色化是一般企业向绿色企业转变的过程。

企业的绿色化过程，实际上是企业内部进行一系列重大变革的过程。一般企业，不经过一段时间艰苦的努力，是不可能变成绿色企业的。

企业绿色化的关键是思想认识的提高：一是企业各级干部对于我国实施可持续发展战略，建设资源节约型、环境友好型社会的必要性和紧迫性，要有深刻的认识；二是联系实际，对于本企业绿色化的必要性和紧迫性，有深刻的认识。只有这样，企业的绿色化才有实现的可能。否则，是绝对没有可能的。

本章以下各节，将围绕绿色企业的特征和绿色化过程中的各种变革，作进一步的讨论。

17.2　企业的责任

按照以往的理解，企业（尤其是私营企业）几乎只有经济责任，而且主要是为它们产权所有者谋取利益。但是，这些年来，人们的观念发生了较大变化。企业不仅要承担经济责任，而且还有社会和环境责任（图 17-1）。

社会责任主要是指遵守商业道德、保护员工权益、发展慈善事业、捐助公益事业等。环境责任是指保护环境和节约资源。只有同时承担起经济、社会和环境三方面责任的企业，才算得上是绿色企业。这对于企业来说，无疑是一次观念的更新，一次严重的挑战。然而，为了跟上时代的步伐，企业必须积极主

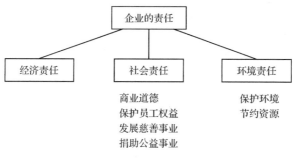

图 17-1　企业的责任

动地面对这个挑战。

表 17-1 中各类不同的企业，其业务活动的内容差别很大，资源消耗量和废物排放量的差别也很大。有些企业承受的环境压力大些，而另一些企业的压力小一些。但是，所有的企业都在消耗资源，排放污染物，所以无论如何，它们毫无例外地都要承担环境责任。

毫无疑问，如果企业能自觉地把环境责任承担起来，那么它就一定能主动地做好环境保护工作。否则，被动地去搞环境保护工作，是搞不好的。环境责任感是企业搞好环境保护工作的先决条件。

17.3　环境保护在企业中的地位

早先，世界各国环境保护的做法大同小异，都是政府制定法律、法规，提出若干指标和奖惩办法，督促企业执行。在指标方面，侧重的是废气、废水和固体废物的数量和几种污染物的含量。企业为了"达标"，采取的措施主要是对废气、废水和废物进行治理（即所谓末端治理）。如果治理不到位而"超标"，就得按规定交纳罚款，或称排污费。通常情况下，企业将这笔费用列入一般管理费的支出项中。这笔费用，对于企业的正常运转，一般不至于造成大的影响。因此，环境保护工作并不涉及企业的主要业务，也不能引起企业决策层的应有关注。

这些年来，对环境保护的认识加深了。人们逐渐认识到要想有效地保护环境，必须把注意力从"末端治理"扩展到"源头"，从企业内扩展到企业之外。出现了一系列新观点、新理论，扩大了环境保护工作的内涵，其中包括清洁生产、循环经济、采用二次资源、采用可再生能源、环境设计、生产者责任的延伸以及产品的环境标志等。目的是实现物质的减量化、碳的减量化，提高环境质量。此外，还开发了物流分析、产品生命周期分析等方法，作为评价环保工作的工具（见图 17-2）。

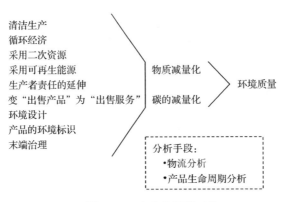

图 17-2　企业的环保工作

　　因此，现在的环保工作，已经变得越来越不像当初的环保工作了；反倒越来越像是产品设计、生产工艺、原料选择、财务、企业战略等方面的工作了。正因为如此，所以现在的环保工作，已经从一般性管理工作，变为企业核心业务和战略决策的一部分了。

　　我国的企业，只有深刻认识了这个变化，并在日常工作中实现了这个转变，才有可能成为绿色企业。

17.4　企业内部的管理工作

　　17.3 节已说明，环保工作已经从企业的一般管理工作转变为企业核心业务的一部分，上升到企业的战略决策层面。在这种情况下，企业内部的管理工作就需要进行相应的实质性变革。

　　变革的主要内容是环保工作要从个别部门负责，转变为公司经理领导下各职能部门齐抓共管、各司其职的管理模式。各职能部门包括财务、设计、生产、供销、研究等多个部门。此外，大公司上游的供应商和下游的经销商，也都包括在内。在企业内部管理体制上，实现上述这种转变，也是在企业绿色化过程中所必不可少的。

　　企业环保部门的干部，要更新知识。他们一定要从传统的环保观念中跳出来，扩大视野，跟上时代步伐，掌握这些年来发展起来的新东西。只有这样，他们才能成为企业最高领导在环保方面的重要助手。

　　对其他各部门的人员，只对他们进行本专业的培训是不够的。除此之外，还要对他们进行环境知识的普及和培训。而且要把最新的理念教给他们。目的是使他们能把各自的专长和经验与资源环境工作结合起来。他们不能只懂本专业，而且还必须认识到，建设资源节约型、环境友好型企业，是他们的重要责任。例如，搞设计的，不能按传统套路，只考虑产品的质量、成本等传统的指标，而且要考虑到资源、环境问题，即环境友好型设计。搞工艺的、设备的、采购的、财会的、销售的都是一样。许多与环保有关的事情，靠环保部门的干部是力所不及的，只有各方面的专家都来动脑筋才行。总之，一是环保人员要更新知识，二是其他专业人员要有环保知识。

17.5　企业环保工作思路和工作内容

环保工作思路的转变和环保工作内容的扩展，是企业绿色化过程中必须完成的重要任务。

传统的环保工作思路，以"末端治理"为主，不够全面，其主要弊端是：①没有关注产生污染物的根源；②末端治理设施的投资大，运转费用高；③容易造成污染物的转移，形成二次污染；④对于有些类型的污染（如农田面源污染等），末端治理是完全无能为力的。因此，传统的环保思路是不可取的，必须更新观念，树立新的更全面的环保工作思路。

本书第 4 章已经说明，比较全面的企业环保思路是：以控制资源消耗量为重点，完善末端治理，保护、修复和改善自然生态环境，标本兼治。

（1）控制资源消耗量是企业环保工作的重点。控制资源消耗量，不仅能节约资源，降低企业成本，而且是从源头上减少污染物排放，提高环境质量的治本之策。为此，主要要做好以下各项工作：调整企业内部生产力配置、调整产品结构、发展循环经济、提高技术水平、提高管理水平、调整能源结构、改变经营观念和策略等（见表 17-2）。控制资源消耗量的工作成果，反映在产品上，是单位产品（或服务）的资源消耗量，反映在产值上，是单位产值的资源消耗量。

（2）完善末端治理能削减排入环境中的污染物，是提高环境质量的必要措施。我国不少企业，废气、废水、固体废弃物的处理设施，还很不齐全，需要进一步配置和完善起来。在进行末端治理的同时，要实现废物的再资源化，这样不仅可以避免二次污染，而且对于降低资源消耗量会有所贡献。

（3）保护、修复和改善自然生态环境是提高环境自净能力和自修复能力的主要途径。在这方面，修复矿区生态环境、治理和绿化渣山、绿化厂区、治理被污染的土地、植树造林、退耕还林、退耕还草、限牧禁渔、治理湖泊、治理河流、治理水库等，都是重要工作内容。

表 17-2 中列出了企业环保工作的主要内容。

表 17-2　企业环保工作主要内容

名称	主要内容
① 调整生产力配置	淘汰落后生产能力，理顺生产流程
② 调整产品结构	开发环境友好材料，开发环境友好产品，开发高附加值产品，进行产品生命周期分析
③ 发展循环经济	推进清洁生产，推进大、中、小循环，开发链接技术，加强资源综合利用，开发再制造技术，进行物质流分析工作
④ 提高技术水平	按国内外规格生产产品，开发、推广节能、降耗技术，推广产品的环境设计
⑤ 提高管理水平	加强环境管理，进行企业的 ISO14000 认证，推进企业向集约型转变
⑥ 调整能源结构	利用清洁燃料，利用可再生能源
⑦ 改变经营观念、策略	探索从出售产品到出售服务的转变
⑧ 完善末端治理	完善废气、废水、固废的治理，利用"清洁发展机制 CDM"及"排放权交易"机制等
⑨ 保护、修复和改善生态环境	修复矿区生态环境，治理和绿化渣山，绿化厂区，治理被污染土地，植树造林，退耕还林、还草，限牧禁渔，治理湖泊、河流和水库

17.6　企业环保工作的原则

本节将以制造工业为例，提出企业环保工作中的若干原则。在企业绿色化过程中，各项环保工作应坚持这些原则：

（1）要使生产过程所消耗的每一焦耳能量、每一克水，都能在生产过程中充分发挥作用。要尽可能减少生产过程中的废物排放量。

（2）要使生产过程所用原燃材料中的每一个分子，都能得到有效利用，成为主产品或副产品的一个组成部分。

（3）要使生产过程使用的原材料和最终产品都无毒无害。在非用有毒物质不可的情况下，要确保有毒物质不向外排放。

（4）要尽可能多采用可再生能源，而不是把注意力集中在矿物燃料上。

（5）要尽可能多采用来自本行业、其他行业或社会上产生的二次资源（如废金属、废纸、废塑料、残渣，以及余热、余能等），而不是把注意力集中在天然资源上。

（6）要在产品设计和制造过程中，充分考虑延长产品使用寿命的可能性，以及使用寿命终了后的再使用、再制造和物质循环利用问题。

（7）要在产品设计工作中，充分考虑产品使用过程中的单位能耗和物耗，使之降到最低的程度。

（8）要研究企业的经营模式，充分考虑向用户出租产品（即出售服务）的可能性，而不是固定在出售产品这一种经营模式上。

（9）　要与企业的供应商和经销商共同合作，尽可能降低零部件和产品的包装所消耗的原材料，其中包括包装材料的循环利用等。

（10）　在新建和改扩建企业的过程中，要尽可能降低对当地自然资源和生态环境的破坏程度，其中包括少占土地、不占耕地、不占牧场、不滥伐森林、不破坏湿地，以及不影响当地生物种群的多样性等。

以上各原则，适用于制造业的企业从事各项环保工作。其他类型的企业，可根据各自的特点，制定相应的原则。

从以上各项原则可见，最重要的是把好设计这一关。如本书第 10 章所述，在设计工作（工厂或产品的设计）中，就要充分考虑资源、环境问题，否则事后会有很多麻烦，难以弥补。为此，设计人员要重视资源环境问题，并掌握必要的相关知识。此外，把设计工作和环境影响评价工作（详见本书第 11、第 12 两章），两者结合起来，交叉进行，对于提高设计工作的环保水平，可能是有效的措施。

17.7　关于思维模式

企业绿色化过程中，一个深层次的问题，是人们的思维模式。

人有两种思维模式：分析思维模式（还原论）和综合思维模式（整体论）。

分析思维模式的特点，是抓住一个东西，特别是物质的东西，分析下去，分析下去，分析到极其细微的程度，可是忽略了整体联系。如果把世界分成两半——西方和东方，那么在西方占主导地位的是分析思维模式。

综合思维模式的特点是有整体概念，讲普遍联系，而不是只注意个别枝节。这种思维模式，在东方占主导地位。

在宏观层面上，人的思维模式决定社会的发展模式。按照分析思维模式，人们在"征服自然"的过程中，不考虑自然界的"报复"，其结果是，经济虽然大幅度增长了，但同时出现了严重的资源环境问题。这样的发展是不可持续的。

相反，综合思维模式强调人和自然之间的和谐，主张"天人合一"。所以，运用综合思维模式的发展是可持续的。

那么结论是什么呢？结论是要把两种思维模式结合起来。"用东方'天人合一'的思想，济西方'征服自然'之穷"。21 世纪将是东西两种文化互相补充、互相融合的世纪。

西方有远见的学者，也有类似的观点。例如，《工业生态学：政策框架及其实施》的作者 Allenby 认为："一般来说，西方社会是不懂得怎样去做综合科学的工作的，这并不是过于简单化的一种说法。像中国、日本等亚洲国家，他们具有更为有机的、整体的世界观，能否会更加重视像工业生态学这类综合的学科呢，这是一个很有意思的问题。如果确实是这样，那么工业生态学很可能成为东方有机的整体论与西方还原论两个伟大文化相互结合的平台之一。"

Allenby 还认为，一定要用东方的综合思维去弥补西方还原论思维的不足。但与此同时，他还认为，这件事在西方国家做起来也并不容易，其原因在于还原论的思维在西方的大学、企业和政府机关，都有体现。

在微观层面上，思维模式决定每一个人的工作思路，其中包括环保工作思路。用分析思维去考虑环境保护，必然导致以末端治理为主的、狭隘的环保思路。用综合思维，就能拓宽环保思路，追根溯源，广泛联系，把环境保护与其他许多方面的工作联系起来，形成较为全面的环保工作思路。

现在要回过头来，看看我们自己的情况怎样了。要从学校说起，我们的看法，是在我国的大学里，占主导地位的也是还原论的思维模式。一方面，这是因为我国大学里的教学内容基本上都是从西方接受过来的，只有少数专业和课程例外（中文、中医等学科以及政治理论课程等）。另一方面，这是因为我们对于中华传统文化的继承和传播重视得不够，师生都忙于具体的业务，没有很好地学习传统中华文化。所以，就整体而言，学术体系基本上是西式的，思维模式基本上是还原论的。学生在学习各门课程过程中，逐步形成的是这种思维模式。学生毕业以后（也就是现在各行各业各界的骨干和领导），当然也还保留着在校期间学到的思想方法。在这种情况下，对中央提出的科学发展观（含可持续发展观），接受起来难免有些困难，其原因在于，一个人的思维模式决定着他的发展观。在中央提出的发展观与他本人的发展观不同的时候，他在思想上就可能有抵触；除非他转变思想，否则他不可能主动、积极地去落实。

因此，当前的任务是多做细致深入的宣传教育工作，使大家头脑中的综合思维所占的比重逐步增加起来，把大家的认识逐步统一到中央提出的可持续的科学发展观上来。这是企业走上绿色化道路上来的难点和关键。

主要参考文献

季羡林. 2004-12-23. 东学西渐与东化. 光明日报，第 9 版

陆钟武. 2006. 大学为可持续发展服务的思考. 高等教育研究，27(6)：19～22

陆钟武. 2006. 谈企业发展循环经济. 企业管理，(2)：56～60

许国志. 2000. 系统科学. 上海：上海科技教育出版社：31～36

中华人民共和国第十届全国人民代表大会常务委员会. 2005. 中华人民共和国公司法. 北京：中国法制出版社

中华人民共和国第十一届全国人民代表大会常务委员会. 2008. 中华人民共和国循环经济促进法. 北京：中国法制出版社

Allenby B R. 1999. Industrial Ecology：Policy，Framework and Implementation. New Jersey：Prentice Hall：3～4，51～52

Graedel T E，Allenby B R．2003．Industrial Ecology．2nd Edition．New Jersey：Prentice Hall

Graedel T E，Howard-Grenville J A．2005．Greening the Industrial Facility—Perspectives，Approaches and Tools．New York：Springer

复习思考题

1. 何谓 "绿色企业"？"绿色企业" 具有哪些特征？

2. 要构建 "绿色企业"，企业内部的管理工作要进行哪些相应的变革？在这一过程中，企业应树立怎样的环保工作思路？具体做法上，你觉得企业应怎样去做？

3. 你觉得企业在发展循环经济中应当充当怎样的角色？具体应怎样去做？